蔡彬清 黄雨婧 梁循 ◎ 著

环境规制对绿色建筑技术采纳的影响研究

中国财经出版传媒集团

经济科学出版社
Economic Science Press

图书在版编目（CIP）数据

环境规制对绿色建筑技术采纳的影响研究/蔡彬清，黄雨婧，梁循著．--北京：经济科学出版社，2022.11
ISBN 978-7-5218-4391-0

Ⅰ.①环…　Ⅱ.①蔡…②黄…③梁…　Ⅲ.①生态建筑-研究-中国　Ⅳ.①TU-023

中国版本图书馆 CIP 数据核字（2022）第 237769 号

责任编辑：孙丽丽　戴婷婷
责任校对：靳玉环
责任印制：范　艳

环境规制对绿色建筑技术采纳的影响研究
蔡彬清　黄雨婧　梁　循　著
经济科学出版社出版、发行　新华书店经销
社址：北京市海淀区阜成路甲 28 号　邮编：100142
总编部电话：010-88191217　发行部电话：010-88191522
网址：www.esp.com.cn
电子邮箱：esp@esp.com.cn
天猫网店：经济科学出版社旗舰店
网址：http://jjkxcbs.tmall.com
北京季蜂印刷有限公司印装
710×1000　16 开　19.75 印张　340000 字
2022 年 12 月第 1 版　2022 年 12 月第 1 次印刷
ISBN 978-7-5218-4391-0　定价：80.00 元
（图书出现印装问题，本社负责调换。电话：010-88191510）

前　言

2022年，党的二十大报告指出，推动绿色发展，促进人与自然和谐共生；加快发展方式绿色转型，发展绿色低碳产业，倡导绿色消费，推动形成绿色低碳的生产方式和生活方式；积极稳妥推进碳达峰碳中和，立足我国能源资源禀赋，坚持先立后破，有计划分步骤实施碳达峰行动①。绿色成为新时代中国的鲜明底色，绿色发展成为中国式现代化的显著特征。

中国是建筑大国，大规模建设和城市更新发展，耗费大量资源，伴随着高消耗及高排放。相关数据显示，中国建筑建造和运行用能在全社会能耗中的占比达到30%以上，建筑全过程碳排放总量占全国碳排放总量的比例超过50%②。建筑领域的节能减排对国家落实绿色发展战略至关重要。

建筑领域落实绿色发展战略，发展绿色建筑是大势所趋。如何有效降低建筑碳排放、发展具有低碳理念的绿色建筑成为各个国家关注的重点议题。2013年，《绿色建筑行动方案》发布。国家和地方政府纷纷制定绿色建筑发展战略，并推动实施各类绿色建筑激励政策以支持绿色建筑发展。当前，我国绿色建筑发展已经取得一定成效，但总体上绿色建筑占比仍然较低。科学制定和实施有效政策以推动绿色建筑技术采纳和绿色建筑发展需要持续研究和探索实践，对建筑业落实碳达峰碳中和行动、推进绿色转

① 习近平．高举中国特色社会主义伟大旗帜 为全面建设社会主义现代化国家而团结奋斗——在中国共产党第二十次全国代表大会上的报告［M］．人民出版社，2022.

② 中国建筑节能协会能耗专委会．https：//www. cabee. org/.

型发展具有重要的理论意义和应用价值。

本书基于环境规制视角，提出“绿色建筑技术发展、技术采纳意愿、技术采纳行为、技术采纳应用”的研究思路和研究框架，开展环境规制对绿色建筑技术采纳的影响研究。本书的基本内容共9章：第1章，绪论，包括研究背景及意义、主要研究内容、研究方法及研究思路；第2章，相关研究基础，包括绿色建筑、环境规制等研究基础；第3章，基于专利的绿色建筑技术分析；第4章，环境规制对绿色建筑技术采纳的影响因素分析；第5章，环境规制与绿色建筑技术采纳意愿的关系实证研究；第6章，静态环境规制下绿色建筑技术采纳行为分析；第7章，动态环境规制下绿色建筑技术采纳行为分析；第8章，环境规制下绿色建筑技术采纳应用的经济性分析；第9章，总结与研究展望。本研究是对已有绿色建筑技术采纳应用和绿色建筑发展研究的补充和拓展，也为如何更好地选择和实施环境规制政策促进绿色建筑技术采纳应用、推动绿色建筑发展提供参考和建议。

本书的完成凝聚着研究团队的智慧和辛劳，除了三位作者之外，郭怡参与了第3章撰写，在此向他们表示衷心的感谢。本书参考了国内外许多学者的论著，吸收了同行的辛勤劳动成果，获得了很多的教益和启发，在此向各位同行和专家表示诚挚的谢意。本书引文和参考文献较多，标注时难免疏漏，还要向在标注中被疏漏的引文或参考文献的作者表示深深的歉意。

走绿色发展之路，是符合时代大势的正确选择。绿色建筑在新时代被赋予更高的使命。如何促进绿色建筑技术采纳应用、推动绿色建筑发展是一个需要持续研究和实践的重要问题。本书只能起到抛砖引玉的作用。衷心地期盼有关专家、同行及广大读者对本书给予批评、指正。

蔡彬清
2022年12月于旗山湖畔

目　录

第 1 章　绪论 ………… 1

1.1　研究背景及意义 ………… 1

1.2　主要研究内容 ………… 7

1.3　研究方法 ………… 8

1.4　研究思路 ………… 9

第 2 章　相关研究基础 ………… 11

2.1　绿色建筑 ………… 11

2.2　环境规制 ………… 26

第 3 章　基于专利的绿色建筑技术分析 ………… 43

3.1　绿色建筑技术专利分析 ………… 43

3.2　绿色建筑技术专利合作网络分析 ………… 55

3.3　研究结论 ………… 62

第 4 章　环境规制对绿色建筑技术采纳的影响因素分析 ………… 64

4.1　命令控制型环境规制 ………… 64

4.2　市场激励型环境规制 ………… 67

4.3　配套服务型政策工具 ………… 78

4.4　建筑业主的资源与意识 ………… 81

4.5　研究变量 ………… 83

4.6 理论模型 …… 84

第 5 章 环境规制与绿色建筑技术采纳意愿的关系实证研究 …… 86
5.1 问卷量表设计与收集 …… 86
5.2 实证数据的质量分析 …… 88
5.3 相关性分析 …… 95
5.4 回归分析 …… 114
5.5 中介效应检验分析 …… 140
5.6 研究结论 …… 171

第 6 章 静态环境规制下绿色建筑技术采纳行为分析 …… 175
6.1 演化博弈理论 …… 175
6.2 差异型碳税环境规制的影响 …… 179
6.3 碳排放权交易环境规制的影响 …… 185
6.4 复合型环境规制的影响 …… 192
6.5 数值仿真分析 …… 199
6.6 研究结论 …… 206

第 7 章 动态环境规制下绿色建筑技术采纳行为分析 …… 208
7.1 复合型环境规制情形 …… 208
7.2 动态环境规制下的演化博弈模型分析 …… 210
7.3 数值仿真分析 …… 218
7.4 复合型环境规制对绿色建筑技术采纳影响的对比分析 …… 225
7.5 研究结论 …… 233

第 8 章 环境规制下绿色建筑技术采纳应用的经济性分析 …… 236
8.1 工程经济分析理论 …… 236
8.2 某绿色住宅小区 S 项目案例分析 …… 239
8.3 某绿色公共建筑 Z 项目案例分析 …… 261
8.4 研究结论 …… 281

第 9 章　总结与研究展望 …… 283
9.1　研究结论 …… 283
9.2　政策建议 …… 288
9.3　研究展望 …… 289

参考文献 …… 291
附录 …… 304

第1章

绪 论

1.1 研究背景及意义

2017年，党的十九大报告提出“建设美丽中国”“实施健康中国战略”① 的时代要求。2018年和2019年，习近平总书记多次强调高质量发展②。建筑业高质量发展越来越受关注。2020年9月，中国明确提出2030年“碳达峰”与2060年“碳中和”目标。2020年年底，召开的中央经济工作会议，把“做好碳达峰、碳中和工作”列为2021年八项重点任务之一。2022年，党的二十大报告强调③，推动绿色发展，促进人与自然和谐共生。促进人与自然和谐共生，是中国式现代化的本质要求之一。

党的二十大报告提出，要加快发展方式绿色转型，实施全面节约战略，发展绿色低碳产业，倡导绿色消费，推动形成绿色低碳的生产方式和生活方式；积极稳妥推进碳达峰碳中和，立足我国能源资源禀赋，坚持先立后破，有计划分步骤实施碳达峰行动。

中国是建筑大国，建筑业快速增长，大规模建设和城市更新发展，耗费

---

① 习近平．决胜全面建成小康社会 夺取新时代中国特色社会主义伟大胜利——在中国共产党第十九次全国代表大会上的报告［M］．人民出版社，2017.

② 2019年习近平这样谈高质量发展．新华网．http：//www. xinhuanet. com/politics/xxjxs/2019-12/11/c_1125334606. htm.

③ 习近平．高举中国特色社会主义伟大旗帜 为全面建设社会主义现代化国家而团结奋斗——在中国共产党第二十次全国代表大会上的报告［M］．人民出版社，2022.

大量资源，且伴随着高消耗及高排放，加剧了环境污染。《2020 年中国绿色地产指数 TOP30 报告》中世界银行的预测指出，到 2030 年要实现节能减排目标，70% 的潜力在建筑节能减排领域①。2020 年，全球建筑建设联盟发布的《2019 年建筑业全球形势报告》指出，建筑业能耗量占全球能耗量的 36%，相关二氧化碳（CO_2）排放占全球排放量的 39%②。《2021 年全球建筑建造业现状报告》指出，2020 年全球建筑业 CO_2 排放量占全球与能源相关 CO_2 排放总量的 37%③。《中国建筑节能年度发展研究报告（2022）》显示，2020 年全国建筑面积达到了 660 亿平方米，其中包括城镇居住建筑面积 292 亿平方米、公共建筑面积 140 亿平方米，占全国建筑面积比例为 65%，大部分是高能耗建筑，报告显示中国建筑建造和运行用能在全社会能耗中的占比达到 32%，略高于全球整体水平，中国建筑建造与运行 CO_2 排放量约占中国总二氧化碳排放量的 32%④。根据《中国建筑能耗研究报告（2021）》，2019 年建筑全过程能耗总量达到 22.33 亿吨标准煤当量，占全国能源消费总量比重为 45.8%，其中建筑运行阶段能耗总量为 10.3 亿吨标准煤当量，占全国能源消费总量比重超过 21%，建筑全过程碳排放总量为 49.97 亿吨二氧化碳，占全国碳排放总量的比例超过了 50%，其中建筑运行阶段碳排放总量达到 21.3 亿吨二氧化碳，全国建筑碳排放总量整体呈现出持续增长趋势⑤。

随着经济社会快速发展，建筑业逐渐超过工业、交通业成为用能的重点行业，建筑领域的节能减排对国家落实绿色发展战略至关重要。建筑成为能耗、物耗和污染物排放最大的单一产业，应通过绿色建筑推广实现绿色发展⑥。落实绿色发展战略，加快可持续发展进程，发展绿色建筑是大势所趋。如何有效降低建筑碳排放、发展具有低碳理念的绿色建筑成为各个国家关注的重点议题。

---

① 搜狐网 . https：//www. sohu. com/a/412610702_200224.

② 中国日报网 . https：//fashion. chinadaily. com. cn/a/202101/15/WS6001458ba3101e7ce973aff6. html.

③ 友绿智库 . https：//www. 360kuai. com/pc/92f1e390f41cc7180？ cota = 3&kuai _so = 1&sign = 360_57c3bbd1&refer_scene = so_1.

④ 清华大学建筑节能研究中心 . 中国建筑节能年度发展研究报告 2022 ［R］. 中国建筑工业出版社，2022.

⑤ 中国建筑节能协会能耗专委会 . https：//www. cabee. org/.

⑥ 中国城市科学研究会 . 中国绿色建筑（2020）［M］. 中国城市出版社，2020.

2005年，第一届国际绿色建筑与建筑节能大会暨新技术与产品博览会由国家发改委、建设部等六部委主办，在北京召开，向全社会提出我国开始大规模发展绿色建筑。2013年，《绿色建筑行动方案》发布①；《国家新型城镇化的发展规划》② 中明确提出：城镇绿色建筑占新建建筑的比例要从2012年的不到2%，提升到2020年的50%。2015年，习近平总书记在气候变化巴黎大会上明确提出“中国将通过发展绿色建筑和低碳交通等一系列措施来应对气候变化”③。

经过十多年的发展，绿色建筑的性能从最初的“四节（节地、节能、节水、节材）一环保”发展为“五大性能（安全耐久、健康舒适、生活便利、资源节约、环境宜居）”。绿色建筑必须兼顾建筑的安全、生态可持续性以及人居环境的提升。绿色建筑为人们提供一种舒适健康宜居的生活工作环境，使用适宜低碳技术、清洁能源，充分利用可再生能源，对环境造成的影响小，很好地体现了人与自然和谐共生的理念，也在一定程度上改变人们对生态环境“随意挥霍”的不负责任态度。绿色建筑发展不仅涵盖了当代人的宜居，还涵盖对下一代人的生态空间需求④。

纵观我国绿色建筑全面发展的十多年，在动态复杂因素的驱动下，实现了从无到有、从少到多、从个别城市到全国范围、从推荐到强制、从单体建筑到城区再到城市的规模化发展，以及理念的丰富性演化⑤。如何促进绿色建筑技术采纳，可持续提升绿色建筑质量，促进绿色建筑发展是一个需要不断思考和实践的重要问题。

为了在全国范围内大力促进绿色建筑推动低碳经济，国家和地方政府制定绿色建筑发展战略，并实施各种政策措施支持绿色建筑发展。各省区市政府实施各类绿色建筑激励政策，如表1－1所示，主要包括开设专项资金奖励、对开发绿色建筑的企业实施相应标识等级补贴、奖励容积率、减免或返还城市配套费、评奖优先推荐上报、科研补助等不同方面，其中，财政补贴成为大部分地方政府实施激励政策的首选措施。

---

① 中国政府网. http：//www. gov. cn/zhengce/content/2013－01/06/content_4572. htm.

② 中国政府网. http：//www. gov. cn/zhengce/2014－03/16/content_2640075. htm.

③ 新华网. http：//www. xinhuanet. com//politics/2015－12/01/c_1117309626. htm.

④⑤ 中国城市科学研究会. 中国绿色建筑（2020）［M］. 中国城市出版社，2020.

表1-1　　　　中国部分省区市绿色建筑激励政策汇总

省区市	主要激励措施	省区市	主要激励措施	省区市	主要激励措施
北京	财政补贴	山东	财政补贴	陕西	财政补贴
福建	财政补贴、奖励容积率	河南	奖励容积率、评优评选中优先推荐上报	四川	评优评选中优先推荐上报
上海	财政补贴	湖北	奖励容积率	贵州	奖励容积率
浙江	资金补助、“四新”研究开发费用享受税前加计扣除	湖南	奖励容积率、优先纳入省重点工程	内蒙古	评优评选中优先推荐上报、减免城市配套费
黑龙江	评优评选中优先推荐上报、财政补贴	海南	返还城市基础设施配套费、财政补贴	青海	返还城市配套费
吉林	财政补贴	江苏	财政补贴	乌鲁木齐	财政补贴
重庆	财政补贴	天津	节能专项资金奖励	山西	财政补贴
河北	提供技术支持	广东	财政补贴	宁夏	财政补贴

注：根据收集资料整理而成。

在政府推动下，我国绿色建筑发展已取得一定成效。全国绿色建筑面积已超过13亿平方米，但是现存建筑中95%以上为高耗能建筑，每年新建建筑中高能耗建筑占比超过80%①，绿色建筑占比仍旧较低。与普通建筑相比，开发绿色建筑的增量成本、绿色建筑收益的不确定性和长期性等制约了绿色建筑技术的采纳应用。因此，探索并实施有效的激励政策以推动绿色建筑技术采纳和绿色建筑发展具有重要意义。

绿色建筑发展的相关研究中，国内外学者分别运用经济指标、价值工程、博弈论、灰色系统理论等研究方法对开展绿色建筑评价，验证绿色建筑相对于传统建筑的优势，以期能建立群体选择绿色建筑的评价机制或者探寻绿色建筑发展的影响因素，从而推动绿色建筑规模化发展。有学者根据实际案例对绿色建筑增量成本及增量效益之间的关系进行论述，从经济指标层面

① 李倩文，龙如银，陈红．普遍信任视角下城市居民绿色住宅支付意愿的影响因素：中国部分一线城市的证据［J］．系统工程理论与实践，2021，41（1）：58-76.

论证推广绿色建筑的可行性[①②]。

同时，也有学者通过宏观层面对绿色建筑规模化推广影响因素进行分析。曹申等[③]、朱昭等[④]、金占勇等[⑤]运用经济指标、价值工程、动态演绎等研究方法结合其正外部性特征，对绿色建筑全寿命周期进行经济评价，寻找促使绿色建筑发展的影响因素；占松林等[⑥]、李楠楠[⑦]分别基于行为因素理论及绿色建筑特点的视角，提出应由政府、开发商、消费者共担节能投资成本，以及绿色建筑全寿命周期相关者应成为利益共同体等观点。此外，也有专家对政府不同激励政策下绿色建筑发展影响因素开展研究，提出绿色建筑存在价值链等观点。

环境规制措施的相关研究中，环境经济学提出政府的环境规制措施可以分为两大类，即市场激励型环境规制和命令控制型环境规制。市场激励型环境规制包括碳排放权交易、碳税、补贴等措施[⑧]。有国外专家分别对碳交易体制、碳税的正面推力进行了详细阐述[⑨⑩]。马晓国等[⑪]、计国君等[⑫]学者分别运用GM(1，1)、演化博弈等研究方法对单一碳交易或碳税环境规制下企业生产决策进行分析。有学者认为政府不应只关注市场环境规制，而应该将激励强度集中在供给端，以提高房地产开发绿色建筑的积极性。虽然国内外

---

① Lisa Fay Matthiessen，Peter Morris. Costing Green：A Comprehensive Cost Database and Budgeting Methodology［J］. Davis Langdon，2004：3－27.

② Zhang X，Platten A，Shen L. Green property development practice in China：Costs and barriers［J］. Building and Environment，2011，46（11）：2153－2160.

③ 曹申，董聪．绿色建筑全生命周期成本效益评价［J］．清华大学学报（自然科学版），2012，52（6）：843－847.

④ 朱昭，李艳蓉，陈辰．绿色建筑全生命周期节能增量成本与增量效益分析评价［J］．建筑经济，2018，39（4）：113－116.

⑤ 金占勇，孙金颖，刘长滨，等．基于外部性分析的绿色建筑经济激励政策设计［J］．建筑科学，2010，26（6）：57－62.

⑥ 占松林，韩青苗，刘长滨．基于行为选择理论的建筑节能市场需求影响因素分析［J］．北京交通大学学报（社会科学版），2009，8（1）：65－69.

⑦ 李楠楠．绿色建筑全寿命周期增量成本的综合效益分析［D］．东北财经大学，2012.

⑧ 孟凡生，韩冰．政府环境规制对企业低碳技术创新行为的影响机制研究［J］．预测，2017，36（1）：74－80.

⑨ Hyun Seok Kim and Won W. Koo. Factors affecting the carbon allowance market in the US［J］. Energy Policy，2009，38（4）：1879－1884.

⑩ Meltzer J. A carbon tax as a driver of green technology innovation and the implications for international trade［J］. Energy Law Journal，2014，35（1）：45－69.

⑪ 马晓国，熊向阳．绿色建筑碳排放的计量与交易机制探讨［J］．统计与决策，2015（23）：46－49.

⑫ 计国君，胡李妹．考虑碳税的企业碳减排演化博弈分析［J］．统计与决策，2015（12）：58－61.

学者在绿色建筑发展、不同碳排放环境规制方面取得了一定研究成果，但是仍然存在着一些方面可以进一步深入研究：

（1）经济层面上对采取不同环境规制措施下绿色建筑技术增量成本及效益分析研究不足，大多停留在开展直接增量成本效益分析，未充分考虑政府采取不同碳排放激励型环境规制的外部因素对建筑业主采纳绿色建筑技术的影响。

（2）现有研究大多集中在政府财政补贴政策下对绿色建筑技术采纳影响机制的研究，而且大部分研究是针对政府补贴、碳排放权交易或统一型碳税等单一环境规制措施的影响研究，对复合型（碳排放权交易和碳税）环境规制措施还有进一步研究空间。

（3）大多研究假设政府实行碳减排环境规制的执行力度为固定不变，对政府实行动态碳减排环境规制研究较少。

本书在已有研究的基础上，关注环境规制对绿色建筑技术采纳的影响。首先，通过对绿色建筑技术专利分析，探究绿色建筑技术发展现状；其次，以问卷调查法和统计分析法相结合，分析命令控制型环境规制、市场激励型环境规制、配套服务型政策、建筑业主的资源与意识等因素对绿色建筑技术采纳意愿的影响；第三，构建政府与建筑业主的绿色建筑技术采纳的演化博弈模型，从静态环境规制和动态环境规制两个视角，利用数值仿真模拟分析碳排放权交易、差异型碳税、复合型三种不同激励型环境规制对采纳绿色建筑技术的影响，并对比静态、动态复合型环境规制对其的影响效果，剖析政府和建筑业主双方策略的互动机制，从而揭示不同情境下绿色建筑技术采纳行为。最后，应用工程经济分析理论，探讨绿色住宅小区项目和绿色公共建筑项目的实际工程项目案例，分析环境规制下绿色建筑技术应用的经济性。

本书基于环境规制视角，从绿色建筑技术发展、技术采纳意愿、技术采纳行为、技术采纳应用的经济性这一研究思路和研究框架，开展环境规制对绿色建筑技术采纳的影响研究，对于推进绿色建筑技术采纳研究和实践具有理论意义和应用价值。本书从环境规制视角开展研究是对已有绿色建筑技术采纳应用和绿色建筑发展研究的补充和拓展，也为如何更好地选择和实施环境规制政策促进绿色建筑技术采纳、推动绿色建筑发展提供参考和建议。

1.2　主要研究内容

本书以绿色建筑技术为研究对象，基于绿色建筑、环境规制、碳排放权交易和碳税等相关研究基础，基于专利分析绿色建筑技术发展状况，从环境规制视角分析绿色建筑技术采纳意愿的影响因素、绿色建筑技术采纳行为的影响因素，并以实践工程案例对环境规制下绿色建筑技术应用的经济性进行验证。主要内容包括以下六个部分。

（1）基于专利的绿色建筑技术分析。以绿色建筑专利技术为研究对象，运用分类分析和社会网络分析的方法，并应用 Gephi 软件，深入挖掘绿色建筑技术相关专利在数量、类型、地域、技术等方面的分布情况以及申请人合作情况，探究绿色建筑专利研发现状和申请人合作网络等基本情况，把握我国绿色建筑技术发展情况。

（2）环境规制对绿色建筑技术采纳的影响因素分析。驱动绿色建筑发展的影响因素具有动态复杂性，本书从环境规制措施和政策，分析命令控制型环境规制、市场激励型环境规制、配套服务型政策工具、建筑业主的资源与意识等因素对绿色建筑技术采纳的影响，提出研究假设，构建理论模型。

（3）环境规制与绿色建筑技术采纳意愿关系的实证研究。开展问卷调研收集相关数据资料，选取 5 个潜变量以及对应的观测变量，实证分析不同变量之间的相关关系，应用多元线性回归分析法探讨命令控制型环境规制、市场激励型环境规制、配套服务型政策、建筑业主的资源与意识对绿色建筑技术采纳意愿的影响，检验建筑业主的资源与意识分别在命令控制型环境规制、市场激励型环境规制、配套服务型政策工具与绿色建筑技术采纳意愿之间的中介作用。

（4）静态环境规制下绿色建筑技术采纳行为分析。针对差异型碳税环境规制、碳排放交易环境规制、复合型环境规制三种静态环境规制，构建政府与建筑业主的演化博弈模型，通过复制动态方程对模型主体进行稳定性分析，寻找稳定策略，并运用 Matlab 软件进行数值仿真模拟，直观地展现统一型碳税环境规制、差异型碳税环境规制、碳排放交易环境规制、统一型碳税和碳排放权交易复合型环境规制、差异型碳税和碳排放权交易复合型环境规制下建筑业主绿色建筑技术采纳行为的策略选择的演化轨迹，分析不同静态环境规制对绿色建筑技术采纳的影响。

（5）动态环境规制下绿色建筑技术采纳行为分析。引入动态碳税和动态碳排放权交易环境规制，剖析政府和建筑业主双方策略的互动机制，运用Matlab软件进行数值仿真模拟，对比分析静态差异型碳税和静态碳交易的复合型环境规制、动态差异型碳税和静态碳交易环境规制、静态差异型碳税与动态碳交易环境规制、动态差异型碳税与动态碳交易环境规制四种情形对绿色建筑技术采纳的影响。同时，模拟分析在复合型环境规制情形下，建筑业主选择采纳绿色建筑技术的概率与碳税税率、碳排放权交易价格、罚金和政府监管审查成本四个参数变化的相关性。

（6）环境规制下绿色建筑技术采纳应用的经济性分析。结合工程经济分析理论，以某二星级绿色建筑住宅小区与某三星级绿色公共建筑为例，收集案例相关数据，利用工程经济指标进行分析验证，并对结果进行讨论。

1.3 研究方法

运用文献研究、社会网络分析、问卷调查、统计分析、博弈分析、系统仿真、案例分析等方法，分析环境规制对绿色建筑技术采纳的影响。主要采用的研究方法有：

（1）文献研究。根据研究需要，广泛查阅国内外与绿色建筑、碳排放权交易、碳税等领域的相关文献资料，并对此进行梳理和分析，分析总结国内外相关研究成果，了解目前绿色建筑主题研究方向与研究方法等现状，为提出研究问题和相关研究假设，开展模型构建提供有力的理论支撑。

（2）社会网络分析法。社会网络分析是对社会网络的关系结构以及属性分析的方法。在Patentics专利数据库①中检索2012～2021年中国绿色建筑技术专利，运用分类统计与社会网络分析方法，并借助Gephi软件，绘制

① Patentics是集专利信息检索、下载、分析与管理为一体的平台系统。Patentics专利数据库收录105个国家、地区和组织的专利数据，同时还收录了引文、同族、法律状态等数据信息，收录总量超过1.4亿条。

图表与合作网络，挖掘相关专利在数量、类型、地域、所涉国民经济行业、被引用次数、法律状态、技术等方面的分布情况以及申请人合作情况，展现我国绿色建筑技术专利的现状。

（3）实证分析法。根据研究目的，设计并发放环境规制对绿色建筑技术采纳的影响的调查问卷。运用 SPSS Statistics 23 软件对问卷调查所收集的样本数据进行统计分析，分析绿色建筑技术采纳的影响因素。提出研究假设并构建理论模型，运用多元线性回归分析法，分别探讨命令控制型环境规制、市场激励型环境规制、配套服务型政策工具、建筑业主的资源与意识对绿色建筑技术采纳意愿的影响；运用 Bootsrap 分析法对建筑业主的资源与意识的中介作用进行检验。

（4）博弈分析法。综合分析绿色建筑技术采纳相关主体及其收益的影响因素，基于政府与建筑业主在采纳绿色建筑技术上的博弈关系，应用演化博弈理论，分别构建政府和建筑业主在多种静态、动态环境规制下的博弈模型，通过复制动态方程及其稳定性分析，寻找稳定策略点，研究不同情境下演化路径、各主体参与行为及其关系。

（5）系统仿真法。在构建模型的基础上，利用 Matlab 软件进行数值仿真可视性分析，模拟分析各个相关因素对博弈双方主体行为演化趋势的影响及作用，验证博弈模型的可行性和稳定性。

（6）案例分析法。选取绿色建筑住宅小区与绿色公共建筑等代表性绿色建筑实际工程案例，应用工程项目数据资料，结合工程经济指标计算，分析建筑业主在不同环境规制下的效益情况，对演化博弈模型进行实例验证，得到相关结论，并结合实际提出环境规制促进绿色建筑技术采纳的建议。

1.4 研究思路

本书关注环境规制下建筑业主的绿色建筑技术采纳意愿和行为分析，基于绿色建筑、环境规制等相关研究基础，运用社会网络分析方法探究绿色建筑技术发展状况；采用问卷调查法和统计分析法，探讨命令控制型环境规制、市场激励型环境规制、配套服务型政策工具、建筑业主的资源与意识对绿色建筑技术采纳意愿的影响；运用演化博弈理论，分别在静态环境规制情境和动态环境规制情境构建政府与建筑业主之间的博弈模型，得到不同环境规制政策对绿色建筑技术采纳行为的影响等研究结论；基于工程经济理论，进行环境规制下绿色建筑技术应用的经济性分析验证，为制定与实行推广绿色建筑发展的环境规制措施提供理论依据，为促进绿色建筑技术采纳的政策制定提供借鉴和参考。本书的具体研究思路如图 1－1 所示。

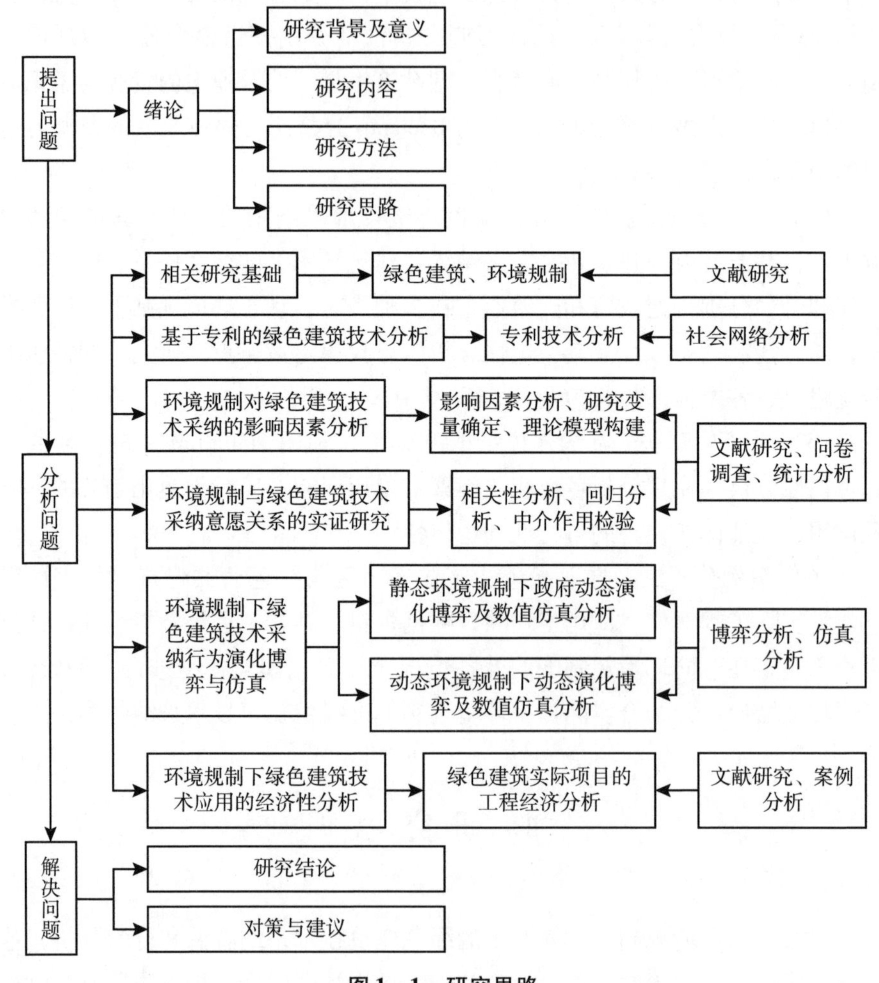

图 1－1　研究思路

本章主要介绍了研究背景、研究意义、研究方法、研究内容和研究思路，为下一步深入研究奠定基础。

第2章

相关研究基础

2.1 绿色建筑

2.1.1 绿色建筑发展

1. 绿色建筑发展历程

美籍意大利建筑师保罗·索勒瑞（Paul Soleri）于20世纪60年代提出了生态建筑新理念①，他认为建筑设计应考虑项目所在地的地域特征、气候特征。自20世纪70年代石油危机开始，环境保护引起了人们的关注，发达国家开始重视建筑节能技术的研究。1999年，国际建筑师协会第二十届世界建筑师大会提出可持续发展作为工程师新世纪工作准则的明确要求②，而绿色建筑发展符合可持续发展要求，绿色建筑也逐渐深入人心，在世界各地得到迅速发展。

中国住建部在2004年启动“全国绿色建筑创新奖”，这标志着绿色建筑进入了全面发展阶段。我国国务院参事仇保兴先生在2020年10月举办的第十三届江苏省绿色建筑发展大会上提出：在人类活动中，建筑领域的二氧化碳增长速度最快，绿色建筑推广初心就是为了降低碳排放量，让生活更加

① 陆洋．中新天津生态城社区中心项目生态建筑成本效益分析［D］．天津大学，2017.
② 北京宪章．https：//baike.so.com/doc/6482207－6695912.html.

美好[①]。仇保兴先生总结了我国建筑绿色全面发展的五大里程碑[②]，具体如表2-1所示。

表2-1　　　　我国绿色建筑发展五大里程碑

序号	时间	事　件
1	2005年	首届绿色建筑大会召开，向全社会正式提出我国开展大规模发展绿色建筑
2	2006年	第二次绿色建筑大会提出了"智能，通向节能省地型建筑的捷径"。我国首部绿色建筑评价标准（GB/T50378-2006）公开发布
3	2006年	中国绿色建筑与节能专业委员会成立
4	2013年	《绿色建筑行动方案》发布。《国家新型城镇化的发展规划》中明确提出："城镇绿色建筑占新建建筑的比例要从2012年的不到2%，提升到2020年的50%"。从此，绿色建筑被列入多个国家政策指引目录，各地也纷纷出台了激励政策
5	2015年	习近平总书记在巴黎峰会上明确提出"中国将通过发展绿色建筑和低碳交通来应对气候变化"*

注：*新华网.http：//www.xinhuanet.com/politics/2015-12/01/c_1117309642.htm.

纵观我国绿色建筑全面发展的十多年，在动态复杂因素的驱动下，实现了从无到有、从少到多、从个别城市到全国范围、从推荐到强制、从单体建筑到城区再到城市的规模化发展，以及理念的丰富性演化[③]。

2. 绿色建筑的内涵及演化路径

《绿色建筑评价标准 GB/T 50378-2014》[④]对绿色建筑的定义是：在全寿命期内，最大限度地节约资源（节能、节水、节地、节材）、保护环境、减少污染，为人们提供健康、适用和高效的使用空间，与自然和谐共生的建筑。《绿色建筑评价标准 GB/T 50378-2019》[⑤]关于绿色建筑的定义是：在

① 中国建设新闻网.http：//www.chinajsb.cn/html/202010/22/14620.html.

② 仇保兴.我国绿色建筑回顾与展望［J］.建筑节能，2019，47（5）：1-4.

③ 中国城市科学研究会.中国绿色建筑（2020）［M］.中国城市出版社，2020.

④ 住房和城乡建设部.https：//www.mohurd.gov.cn/gongkai/fdzdgknr/tzgg/201404/20140416_224219.html.

⑤ 住房和城乡建设部.https：//www.mohurd.gov.cn/gongkai/fdzdgknr/tzgg/201905/20190530_240717.html.

全寿命期内，节约资源、保护环境、减少污染，为人们提供健康、适用、高效的使用空间，最大限度地实现人与自然和谐共生的高质量建筑。虽然两个版本对绿色建筑的定义有所差异，但深究内涵都是一致的，均包含“能源节约、环境保护、人与自然和谐”的共同特点。同时，强化要从全生命周期来衡量绿色建筑的可持续性特征。

我国绿色建筑的演化路径丰富，可以归纳为五条轴线①。

第一条轴线围绕能源节约。从省地节能建筑到被动房、低能耗建筑、近零能耗建筑，再到零能耗建筑，以及碳中和建筑等建筑形式。

第二条轴线是围绕技术变革，发展装配式建筑。从预制混凝土结构（即 PC 结构）延伸到模块化、智能建筑、全钢建筑、三维打印（即 3D 打印）建筑，其中智能建筑的理念是借助人工智能、物联网等，使得建筑的温湿度、照明、能耗、水耗都能调节到对环境友好、对人类更宜居的“双全”状态。

第三条轴线是向适老建筑、立体园林建筑、生态建筑、健康建筑方向演化，将园林、建筑和环境融合在一起。

第四条轴线是乡村的绿色建筑、生土建筑到地埋式建筑的演变路线，将我国传统生态文明积淀的地方知识、地方智慧凝聚到中国绿色建筑设计建造之中。

第五条轴线是建筑与各种各样可再生能源结合在一起，建筑就是利用可再生能源最好的场所，建筑不仅是用能的单位，而且也是发电的单位，是一个能够输出能源的单位，即“正能”建筑。

可见，绿色建筑的演化范围很广泛。我国绿色建筑覆盖范围也越来越大，从住宅建筑、商业建筑、商店建筑、绿色村落建筑、工厂建筑等不断拓展，所有类型的建筑都可设计建造为绿色建筑。绿色建筑是一种环境适应性的建筑，是与周边环境、气候“融合”“生成”的绿色细胞，也应是一种包容性较大的自组织系统，鼓励多样绿色建筑技术和模式的创新和应用②。

3. 绿色建筑评价标准

2006 年，住建部发布实施《绿色建筑评价标准 GB/T50378 – 2006》，作

① 中国城市科学研究会. 中国绿色建筑（2020）［M］. 中国城市出版社，2020.

② 仇保兴. 我国绿色建筑回顾与展望［J］. 建筑节能，2019，47（5）：1 – 4.

为我国颁布的第一版绿色建筑标准，被视为我国推广绿色建筑的重要节点。并于2014年和2019年完成《绿色建筑评价标准》的“三版两修”，绿色建筑技术评价指标体系不断完善。

2014年版《绿色建筑评价标准 GB/T 50378 - 2014》在第一版评价标准基础上，添加了施工管理的指标并将评价范围扩展至各类民用建筑。2019年版《绿色建筑评价标准 GB/T 50378 - 2019》修订旨在全面贯彻落实党的十九大精神，坚持以人民为中心的基本理念，结合我国社会主要矛盾变化，以构建新时代绿色建筑供给体系、提升绿色建筑质量层次为目标，充分结合工程建设标准体制改革要求，改变重技术轻感受、重设计轻运营的模式，扩充绿色建筑内涵，提升绿色建筑品质，形成高质量绿色建筑技术指标体系，并与强制性工程建设规范有效衔接。修订的主要内容有①：

（1）重构评价指标体系，响应社会主要矛盾的变化。2006年版和2014年版的指标体系均以传统的“四节一环保”为基础，2019年版以贯彻落实绿色发展理念、推动建筑高质量发展、节约资源保护环境为目标，创新重构了“安全耐久、健康舒适、生活便利、资源节约、环境宜居”五大指标体系。

（2）重新设定评价阶段，引导绿色技术落地实施。2006年版规定了绿色建筑的评价为运行评价，2014年版规定了绿色建筑的评价分为设计评价和运行评价。设计评价应在建筑工程施工图设计文件审查通过后进行，运行评价应在建筑通过竣工验收并投入使用一年后进行。2019年版修订时研究确定了“绿色建筑的评价应在建设工程竣工验收后进行”，取消设计评价，但在设计阶段可以依据相关技术内容进行预评价。

（3）增加绿色建筑基本级，全面推广绿色建筑。2006年版和2014年版均规定了绿色建筑等级为一星级、二星级、三星级。2019年版在三个星级基础上，新增“基本级”，则绿色建筑的等级分为基本级、一星级、二星级、三星级4个等级。绿色建筑评价条文满足“控制项”的要求即为“基本级”，基本级所有控制项将全部纳入正在编制的39本全文强制性工程规范；增加基本级也兼顾了地区发展不平衡和城乡发展不平衡的问题；另外，

① 以人为本推进绿色建筑高质量发展 解读新版《绿色建筑评价标准》. 中国建设新闻网. 2019-08-02.

绿色建筑分为四个等级也是国际主要绿色建筑评价标准的普遍做法，方便绿色建筑领域的国际合作与交流。

（4）扩展内涵和技术要求，与建筑科技发展相适应。建筑科技发展迅速，修订研究增加了 2006 年版和 2014 年版考虑较少或未考虑的内容，如建筑工业化、海绵城市、垃圾资源化利用、健康宜居、建筑信息模型等相关技术要求，拓展绿色建筑的内涵。

（5）提升建筑性能，推进绿色建筑高质量发展。2006 年版和 2014 年版中均未涉及促进人在建筑中的身心健康方面的内容，2019 年版在多个章节中体现安全、健康、适老等性能要求，例如建筑阳台、楼梯、落地窗等设置防坠落措施，适老、适幼技术措施，无障碍设施，室外交流空间，健身条件，宜居的室外环境，室内空气品质提升，水质要求，舒适的室内环境。

4. 绿色建筑研究发展

绿色建筑的推广是建筑业高质量发展和可持续发展中的重要议题，也是绿色发展和建筑业转型升级中专家学者们研究的热点。近些年来，很多专业领域中学者们研究绿色建筑的特征、评价标准、经济体系、政策制度等方面，政府也在致力于寻找适合本国国情的激励机制，多方合力根据绿色建筑的优势特征寻找适合本国绿色建筑的发展道路。

20 世纪 60 年代，美籍建筑师保罗·索勒瑞（Paul Sollery）提出了“生态建筑学”理念①，表明人们逐渐意识到建筑与生态之间的关系，到了 70 年代爆发的两次能源危机使人们不得不重视生态能源。生态建筑、可持续发展、节能建筑、绿色建筑等理念应运而生。虽然全球对于绿色建筑没有统一的定义，但是重点都在于强调人与自然和谐共生。在本研究中，采用我国 2019 年发布的最新版本《绿色建筑评价标准 GB/T 50378－2019》中对绿色建筑的定义，即在全寿命周期内，节约资源、保护环境、减少污染、为人们提供健康、适用、高效的使用空间，最大限度地实现人与自然和谐共生的高质量建筑②。

---

① Soleri Paolo. Arcology：Cities in the Image of Man ［M］. Cambridge：MIT Press，1969：194－198.

② 住房和城乡建设部. https：//www. mohurd. gov. cn/gongkai/fdzdgknr/tzgg/201905/20190530_240717. html.

（1）绿色建筑政策研究。

在政府政策研究中，冯威等通过总结美国联邦建筑部门在绿色建筑方面做的尝试及经验，对比中美绿色建筑发展情况，提出政府应该设置绿色建筑发展计划并有专业机构进行实施的政策[①]。埃德温（Edwin H. W. Chan）等采用问卷调查方法对英国和新加坡绿色建筑市场进行深入研究，得出政府干预特别采用激励制度是绿色建筑发展的重要动力[②]。奥卢本米（Olubunmi）等认为合理的激励机制对促进绿色建筑发展具有良好的效果[③]。施骞、柴永斌通过阐述我国绿色建筑发展现状和总结国外经验，提出绿色建筑发展过程中政府应采取税收、补贴、强制性标准等机制[④]。张瑶通过构建影响因素理论模型和结构方程模型进行研究，得出在影响房地产绿标认证意愿因素中，政府激励型政策支持因素的影响程度大于政府实施强制规制压力因素的影响程度[⑤]。

何立华（Lihua H.）等建立两阶段博弈分析模型，探讨不同补贴政策对绿色建筑推广的激励效果，认为同时补贴开发商和消费者可以获得最高的社会福利[⑥]。周强等在其研究中利用 30 个省区市获得绿色建筑认证项目数据构建空间面板模型，基于 SAC 模型的研究表明市场、企业及政府在推动绿色建筑发展的正向推动力未能充分发挥出来，并对构建我国绿色建筑发展多元驱动机制的四个重要方面提出建议[⑦]。刘玉明在分析北京市绿色建筑发展现状的基础上，认为政府在绿色建筑发展的前期阶段中起到了不可忽略的作用，此时不仅要对供给端进行正向激励，也要重视需求端的激励措施，而等

---

① 冯威，Nina Z. Khanna 等．美国绿色建筑发展、经验及对中国的启示［J］．工业建筑，2016，46（12）：6－12.

② Edwin H. W. Chan，Queena K. Qian，Patrick T. I. Lam. The market for green building in developed Asian cities—the perspectives of building designers［J］. Energy Policy，2009，37（8）：3061－3070.

③ Olanipekun Ayokunle Olubunmi ，Paul Bo Xia，Martin Skitmore. Green building incentives：A review［J］. Renewable and Sustainable Energy Reviews，2016，59：1611－1621.

④ 施骞，柴永斌．推动我国绿色建筑发展的政策与措施分析［J］．建筑施工，2006，28（3）：200－202.

⑤ 张瑶．房地产开发企业绿色住宅绿标认证意愿影响因素研究［D］．西安建筑科技大学，2019.

⑥ He L H，Chen L Y. The incentive effects of different government subsidy policies on green buildings［J］. Renewable and Sustainable Energy Reviews，2021，135：110－123.

⑦ 周强，王海鹏，薛海燕．绿色建筑发展的驱动机制研究［J］．西安建筑科技大学学报（社会科学版），2019，38（1）：28－38.

到绿色建筑发展到一定阶段时应再进行负向激励①。

田易辉（Yihui Tian）等运用演化博弈理论，构建政府、企业、消费者等三方利益相关者博弈模型，模拟绿色建筑供应链管理过程，得出影响其发展的重要因素之一是政府财政补贴②。陈双和庞宏威在研究中构建房地产开发商与消费者供需两方演化博弈模型，认为绿色建筑的推广不只是市场形成的过程，也是需要政府政策支持的过程，在不同发展阶段，政府政策应随之变化才能正确合理引导绿色建筑市场走向③。桑培东提出适度的政府奖励及开发商优惠程度有利于利益相关者建立合作关系，且较低的政府支出成本可促进绿色建筑发展④。还有学者研究表明容积率奖励、强制管控公共建筑能有效促进绿色发展（Kuo C F J et al.，2017）⑤。郭斌等认为补贴和惩罚激励模式更有效推动绿色住宅市场发展⑥。梁喜等从绿色建筑供给侧角度分析补贴和税收对推动绿色建筑发展的影响，发现动态补贴与静态税收的政策组合有利于绿色建筑发展⑦。但也有学者提出财政补贴会让企业产生依赖，不利于企业长远可持续发展，具有消极效应（González et al.，2012；Park，2014）⑧⑨。王莹和张路平研究了多种激励政策对开发商的激励效果，提出了当前财政补贴对绿色建筑发展的局限性⑩。实践也表明，财政补贴不一定

---

① 刘玉明．北京市发展绿色建筑的激励政策研究［J］．北京交通大学学报（社会科学版），2012，11（2）：46－51.

② Yihui Tian，Kannan Govindanb. A system dynamics model based on evolutionary game theory for green supply chain management diffusion among Chinese manufacturers［J］. Journal of Cleaner Production，2014，80：96－105.

③ 陈双，庞宏威．基于增量成本的绿色地产市场演化博弈研究［J］．湖北大学学报（哲学社会科学版），2013，40（5）：97－101.

④ 桑培东，姚浩娜，张琳．绿色住宅利益相关者协同推广演化博弈［J］．土木工程与管理学报，2019，36（4）：33－39.

⑤ Kuo C F J，Lin C H，Hsu M W，et al. Evaluation of intelligent green building policies in Taiwan－Using fuzzy analytic hierarchical process and fuzzy transformation matrix［J］. Energy and Buildings，2017，139：146－159.

⑥ 郭斌，冯子芸．动态博弈视角下绿色住宅激励模式优选研究［J］．生态经济，2018，34（1）：83－88.

⑦ 梁喜，付阳．政府动态奖惩机制下绿色建筑供给侧演化博弈研究［J］．中国管理科学，2021，29（2）：184－194.

⑧ González A B R，Díaz J J V，Wilby M R. Dedicated tax / subsidy scheme for reducing emissions by promoting innovation in buildings：the eco－tax［J］. Energy Policy，2012，51（4）：417－424.

⑨ Park S. Evaluating the efficiency and productivity change within government subsidy recipients of a national technology innovation research and development program［J］. R&D Management，2014，45（5）：549－568.

⑩ 王莹，张路平．绿色住宅市场激励政策优化仿真研究——以西安市为例［J］．系统工程，2018，36（5）：37－46.

能够完全弥补开发商支出的增量成本，并且加大政府财政压力，无法全地区覆盖长期实行，在实践中也出现开发商主动放弃绿色建筑财政补贴现象。

（2）绿色建筑评价研究。

在绿色建筑评价体系、增量成本效益分析等方面，有学者采用访谈调查等实证方法和社会网络分析方法等对绿色建筑项目的利益相关者深入研究，其结果将可应用于绿色建筑项目决策管理（Ka Yan Mok et al.，2018）[①]。臧朋和邵必林在其论文研究中通过采用生态足迹分析法和案例分析法，以定量方法检测绿色建筑项目是否真正为生态作出应有的贡献，从生态角度上评价绿色建筑项目[②]。何小雨等运用群层次分析法和证据推理法，确定绿色建筑评价指标权重及度量，建立评价指标体系，并结合专家打分法与实例研究，验证此方法可以有效评价绿色建筑及发现绿色建筑的不足问题[③]。

（3）绿色建筑的碳减排研究。

绿色建筑顺应可持续发展道路，可最大限度地减少建筑业碳排放量，降低环境污染，从节能减碳的角度出发，推广发展绿色建筑势在必行。赵华等对比 8 个绿色建筑和传统建筑项目的碳减排效益和室内环境指标，认为相比传统建筑，绿色建筑不仅能提高人们居住舒适度，更能节约能源降低碳排放[④]。学者们还将使用寿命估计方法应用于 CO_2 排放评价措施，并运用案例分析，研究表明采用绿色建筑建造技术不仅能有效降低碳排放量，也可以延长建筑使用寿命（Rakhyun Kim et al.，2017）[⑤]。李秀珍认为绿色建筑设计应该融入低碳理念，节约能源，降低碳排放，达到节能环保的目

---

① Ka Yan Mok，Geoffrey Qiping Shen，Rebecca Yang. Stakeholder complexity in large scale green-building projects［J］. Engineering，Construction and Architectural Management，2018，25（11）：1454－1474.

② 臧朋，邵必林．生态视角下的绿色建筑评价方法研究［J］．建筑科学，2014，30（2）：19－23.

③ 何小雨，杨璐萍，吴韬，等．群层次分析法和证据推理法在绿色建筑评价中的应用［J］．系统工程，2016，34（2）：76－81.

④ 赵华，张峰，王嘉惺．发展绿色建筑的环境效益分析［J］．施工技术，2017，46（S2）：1310－1313.

⑤ Rakhyun Kim，Sungho Tae，Seungjun Roh. Development of low carbon durability design for greenapartment buildings in South Korea［J］. Renewable and Sustainable Energy Reviews，2017，77：263－272.

的①。陈奕等结合天津市某新建办公楼项目，分析绿色建筑全生命周期碳排放，认为综合采用多种节能技术可以有效降低建筑使用阶段的碳排放量，达到碳减排效果②。毛艳辉等构建碳排放模型，得到基于不同星级绿色建筑碳排放量的不同容积率奖励额度，从而达到推广绿色建筑降低碳排放的目标③。刘科等对比分析三种绿色建筑评价指标体系，提出增加和完善我国《绿色建筑评价标准》体系碳排放指标的建议④。郭春梅等研究显示在绿色建筑碳排放效益随着星级提高而增加的过程中，政府鼓励激励政策发挥着不可忽视的重要作用⑤。

综上所述，以绿色建筑为研究对象，从定义、政府政策、评价体系、增量成本效益以及碳减排等方面开展研究，已取得不少的研究成果。绿色建筑是一种节能环保健康和谐的高质量建筑，从全寿命周期来看，绿色建筑具有良好的经济效益、生态效益，大力发展采用绿色建筑技术能够助推建筑业达到降低碳排放效果。在绿色建筑推广发展过程中，政府政策支持起到了非常重要的作用，学者们尤其对财政补贴进行了较多的研究，在肯定其对绿色建筑技术采纳的促进作用的同时，也提出财政补贴具有一定的局限性，不利于绿色建筑的长久可持续发展。因此，探索各类有效的激励型政策以推动绿色建筑技术采纳应用，推动建筑业碳减排具有重要意义。

2.1.2　绿色建筑技术

依据《绿色建筑评价标准 GB/T50378 - 2014》，绿色建筑技术主要包括了节地、节水、节能、节材、室内环境等方面，从中选取因地制宜的建筑技术措施，提供绿色环保建筑物的目标。绿色建筑功能的实现离不开绿色建筑技术措施的选择，并且不同技术措施的采用会影响建筑物的增量成本与增量效益。

---

① 李秀珍．低碳概念下的绿色建筑设计策略［J］．产业创新研究，2020（16）：78 - 79.

② 陈奕，宋晨，谢鹏程，等．绿色办公建筑碳排放分析［J］．建设科技，2019（Z1）：112 - 115.

③ 毛艳辉，王云海．基于碳排放的绿色建筑容积率奖励额度测算［J］．建筑经济，2016，37（6）：88 - 91.

④ 刘科，冷嘉伟．亚洲绿色建筑评价体系 CO_2 减排指标比较研究［J］．建筑技艺，2020（7）：14 - 17.

⑤ 郭春梅，黄梦娜，楚尚玲．绿色公共建筑运营阶段二氧化碳排放量分析［J］．系统工程，2018，36（5）：184 - 188.

1. 节地与室外环境技术

受到我国地少人多的影响，节约用地、合理规划土地、提高土地利用率是我国可持续发展的必要保证。节地与室外环境技术主要包括：

节约集约利用土地：设置好容积率指标，适当提高建筑物密度，提高土地利用率，结合原有周围的生态环境和基础设施进行规划设计，既要因地制宜采用场地资源技术，加强自然环境保护，避免不良影响，也要与周边区域形成资源共享、设施互补。

合理设置绿地：科学种植宜地宜居的绿化植物，可与雨水基础设施相结合，比如规划设计下凹式绿地、透水铺装等，也可以设计屋顶绿化和墙体绿化，保证建筑空间的绿化率，降低热岛效应。

合理开发利用地下空间：地下空间是珍贵资源，依据自身需求合理高效开发地下空间，比如设置多层地下车库、人民防空、公用设施房间等多功能空间，特别是可将泵房等噪声源用房放在地下来避免噪声干扰。

室外环境（涉及照明、噪声、风环境）：采用玻璃幕墙应重点关注其可见光反射比，合理设置夜景照明，避免产生光污染；在实施过程中要充分考量周围环境的噪声情况，可采取设置隔音玻璃门窗、隔音绿化带等控制噪声技术。

交通设施及生活便利：场地出入口、人行便道与公共设施的范围设置要符合方便、安全的要求，其中公共设施包括交通设施、生活服务设施等。

生态设计：场地设计与布局要对原有自然环境做好保护，不应进行过度的地形地貌改造，可采取适当的生态补偿措施，回收和利用好表层土，保护好生态环境。

2. 节能与能源利用技术

采用适合的节能技术，不仅能够明显有效降低建筑能耗减少碳排放，也能为居住者带来不同舒适的体验感。节能与能源利用技术在绿色建筑技术体系中占据了很重要的地位。具体技术分类见表2-2。

表2-2 节能与能源利用技术分类

主项目	部分子项目
建筑围护结构技术	外墙保温节能技术
	屋面节能技术
	门窗节能技术
	遮阳节能技术
供暖、空调与通风技术	冷热源机组节能技术
	分层空调控制节能技术
	全新风运行及变新风技术
	温湿度独立控制空调系统技术
照明与电气技术	照明系统节能控制技术
	电梯节能控制技术
	能耗分项计量技术
	供配电系统节能技术
	建筑设备的电气节能控制技术
能源综合利用	余热回收利用技术
	可再生能源利用节能技术 (包括风能、太阳能、水能、导光系统等)
	蓄热蓄冷系统节能技术

3. 节水与水资源利用技术

水资源利用在绿色建筑技术运用中占据着不可忽略的地位。在水资源污染严重、淡水资源日益匮乏的状态下，节水技术成为绿色建筑技术体系中重要指标之一。现阶段，为了实现节约水资源以及提高水资源利用率的目的，在已建成的绿色建筑中普遍使用的节水技术主要有节水卫生器具、雨水回收利用、节水灌溉技术等，具体技术分类见表2-3。

表 2－3　　节水与水资源利用技术

主项目	部分子项目
节水卫生器具	节水水龙头
	节水淋浴器具
	节水便器
	节水洗衣机
雨水回收利用技术	雨水收集回用系统
	雨水入渗系统
	调蓄排放系统
节水灌溉技术	栽种抗旱耐旱型植物
	新型高效节水灌溉方式
中水利用技术	物理化学处理技术
	生物处理技术

4. 节材与材料利用技术

普通建筑在建设与材料使用过程中，经常存在材料浪费现象。绿色建筑节材技术主要涉及材料节约设计、材料选用两大内容。绿色建筑评价标准中要求建筑材料：尽可能选用本地建材，以避免材料运输过程中不必要的损耗和污染；尽量使用高强、高耐久性的材料；使用可循环、可重复利用、可回收的材料；在保证建筑必要使用性能的基础上，减少选用纯装饰性能的无价值构件设计，改变普通建筑为追求美感而肆意浪费材料的理念。

5. 室内环境与质量控制技术

改善室内环境、调节室内空气质量，致力于为人们营造一个健康舒适的室内环境，这也是绿色建筑相对于普通建筑所具备的独特优势。这部分绿色建筑控制技术主要包括：

室内声环境控制技术，包括合理对建筑内部空间进行布局、提高围护结构隔声性能以及做好设备隔声减震处理。

室内光环境与视野技术，应合理设计建筑房间朝向、改善主要功能房间的天然采光效果、合理设置窗户位置及规格等，以满足一年四季采光标准以及视野要求。

室内热湿环境控制技术，可从采用遮阳措施和使用空调供暖设备控制室内温度湿度这两方面入手。

室内空气质量控制技术，主要涉及建筑内部可增设空气质量检测系统——对 CO（一氧化碳）、CO_2 等浓度进行实时检测收集及报警、合理选用绿色环保无污染的装修材料、合理采用科学有效的通风换气方法，促进室内空气的流通。

同时，选择绿色建筑技术要在全寿命周期内考虑节地、节能、节水、节材、保护环境、减少碳排放等因素基础上遵循因地制宜的原则，比如在阳光充沛的地区可优先选择太阳能能源，在雨水充沛的区域可考虑设置雨水回收系统，要将区域的特别优势融入绿色建筑技术选择中，凸显出绿色建筑的真正价值。

2.1.3　绿色建筑的增量成本和效益

现阶段绿色建筑的前期投资金额高于普通建筑，但是后期运营阶段低能耗能从绿色技术带来的优势获得收益，所以对绿色建筑进行经济性评价应该结合前期增量投入和后期增量效益来考虑。

"增量成本"一词来源于经济学边际成本，是指当不同项目采用不同改进技术方案额外增加的成本。绿色建筑增量成本是指建筑为了提高各方面性能达到绿色建筑评价标准比普通建筑多投入的资金。增量成本的影响因素主要包括政府执行政策、不同地区的自然环境及资源情况、技术成熟普及程度等方面。绿色建筑技术增量成本是指相对普通建筑而言，采用绿色建筑技术、设备而增加的投资，主要涉及节地、节能、节水、节材以及室内环境等方面。绿色建筑技术是实现绿色建筑功能的必然保证，也是造成绿色建筑成本增加的主要因素。因此，本书重点分析绿色建筑技术的增量成本效益，主要研究采用各种绿色建筑技术、设备所带来的增量成本，未考虑前期咨询设计增量费用。根据上述定义，绿色建筑技术增量成本的计算方式如下：

$$\Delta C = C_{绿色建筑技术} - C_{普通建筑技术} \tag{2.1}$$

绿色建筑增量效益是指因采用相关绿色技术达到星级标准的绿色建筑相对于普通建筑在后期运营阶段获得的收益，这部分增量收益主要包括直接经济效益、环境效益和社会效益。

直接经济效益是显性效益，指绿色建筑带来的节能节水节材等能源节约额。一般来说，绿色建筑技术增量效益的计算是通过能耗对比分析的，计算出采用绿色建筑技术前后建筑能耗减少量，再依据现有能耗价格，从而估算出以货币为单位的绿色建筑技术带来的增量直接经济效益额。

环境效益是隐形效益，它包含了建造阶段中建筑垃圾污染的减少以及建筑碳排放量的降低，绿色建筑在运营阶段消耗的传统能源更少，节约的能源量可以减少 CO_2 的排放从而减弱温室效应现象，体现其节约能源的优势。根据有关研究可知，CO_2 是建筑领域排放量最大的污染气体，采用绿色建筑技术时不仅应该考虑经济问题，也要着重考虑碳减排量的高低。合理运用绿色建筑技术可在减少建筑能耗的同时减少这部分二氧化碳的排放量，这部分的排放量减少可以有效营造和改善生态环境。

社会效益主要包括居住工作环境的改善带来的居住者生活质量的提高和工作效率的提高，提高人们的绿色自然意识，营造一个健康和谐的自然状态。

综上所述，绿色建筑技术增量效益的计算公式如下：

$$\Delta D_{绿色建筑技术} = D_{直接经济} + D_{环境效益} + D_{社会效益} \tag{2.2}$$

学者们对绿色建筑增量成本效益开展研究。翟博文等在论文中结合 2014 年版本《绿色建筑评价标准》和作业成本法分析绿色建筑增量成本分类构成，设计包含绿色建筑增量成本估算表及会计科目核算表的绿色成本可视化方法，并认为此方法可以应用于绿色技术方案财务评价及项目内部精细化管理，从而提高管理者决策质量及消费者对绿建的认可度①。熊峰采用收益法作为研究方法，构建 CASBEE 评估体系（包括环境荷载与环境质量），深入研究绿色建筑的全寿命周期收益价值，结合实例分析，最后得出应从长远角度来看整体收益，能够更好评估绿色建筑的有效价值②。马晓国在研究中对绿色建筑增量成本及增量效益进行识别及计量，将实物期权法与经济评价法相结合，得出政府前期财政补贴与市场机制结合可以有效推动绿色建筑

① 翟博文，陈辉林，马丽丽．绿色建筑增量成本可视化设计与应用研究［J］．建筑经济，2019，40（4）：87－92.

② 熊峰，蔺玥，涂淑琪．基于 CASBEE 的绿色建筑市场价值评估［J］．深圳大学学报（理工版），2016，33（2）：194－201.

发展的结论[①]。

焦琳璐认为投资者对建设项目进行决策时要从全生命周期入手，将住房全生命周期涉及的所有主体概括为主体综合性[②]。梁潘好提出房地产企业应从传统管理模式转变为绿色建筑全过程管理模式，统筹协调好开发设计施工运营等阶段，包括建立最终使用者节能管理标准引导绿色理念，获取最大的项目经济效益[③]。靳家佳和郝生跃认为房地产企业为回收绿色技术带来的增量投资保证自身利润，而通过抬高房价将所有成本转嫁给消费者，这在一定程度上与中国正在实行宏观调控房价的政策相违背，且消费者在短期利益驱使下必然会选择传统建筑放弃绿色建筑[④]。马素贞等简述了增量成本分别在美国与中国的定义及计量方法，并定义了增量成本计算时的两个基准方案，认为对房地产开发商而言更加倾向现有设计方案作为基准方案，而科研人员选择国标设计方案作为基准方案更为合理，最后根据案例分析增量成本效益指标得出节能技术部分的增量成本最大，并对节水措施提出建议[⑤]。赵华等在文中根据全寿命周期分 4 个阶段阐述了绿色建筑全生命周期 LCA 成本效益评价方法及应用范围，建立一个部品成本效益评价技术体系[⑥]。陈小龙和刘小兵运用成本经济学和博弈论的研究方法，构建不同市场竞争决策情境下 2 类非合作开发商的博弈模型（静态古诺博弈模型、贝叶斯古诺模型），提出政府制定相关绿色政策时应该将交易成本因素考虑进去，体现了交易成本对企业和政府的重要性[⑦]。黄定轩等建立政府与开发商关于绿色建筑演化博弈模型，并结合系统动力学模型，借助数据仿真分析，最后得出系统稳定与政府奖励处罚、开发商增量成本增量效益等因素有关，以及增加开发商的增

---

① 马晓国．基于实物期权的绿色建筑增量成本效益评价［J］．技术经济与管理研究，2015（5）：17－20.

② 焦琳璐．住房全生命周期成本分析及国际比较［D］．江苏科技大学，2019.

③ 梁潘好．房地产项目绿色管理模式的应用分析［D］．华南理工大学，2009.

④ 靳家佳，郝生跃．节能建筑推广利益相关者行为分析［J］．工程管理学报，2012，26（4）：32－35.

⑤ 马素贞，孙大明，邵文晞．绿色建筑技术增量成本分析［J］．建筑科学，2010，26（6）：91－94＋100.

⑥ 赵华，张峰，高立新，等．绿色建筑部品全生命周期成本与效益评价方法研究［J］．施工技术，2011，40（23）：97－99＋102.

⑦ 陈小龙，刘小兵．交易成本对开发商绿色建筑开发决策的影响［J］．同济大学学报（自然科学版），2015，43（1）：153－159.

量效益能够促进绿色建筑发展①。

2.1.4 绿色建筑利益相关者

建筑工程项目全寿命周期是指一个建筑工程包含了从工程规划、设计、施工、运营管理到拆除阶段的所有阶段。在全寿命周期内，绿色建筑的推广发展涉及多方主体，主要有政府、建筑业主、设计单位、施工单位、材料供应商、监理单位、碳排放第三方审查机构、使用者等利益相关者，其中较为关键的利益相关者是政府和建筑业主。

政府是促进绿色建筑市场长远发展的宏观调控者、监督者和引导者，主要通过合理实施政策，包括强制型措施和激励型措施，监督建筑物节能减排的实现效果，积极引导绿色建筑技术的采纳，为绿色建筑发展提供保障。

建筑业主是建筑物节约能源和碳减排目标的主要责任者，在整个建筑物全寿命周期内担任着重要的角色。由于绿色建筑的全寿命周期特点以及碳减排的特殊性，在工程开发与建设阶段，建筑业主是指项目的建设单位，而在运营维护阶段，由物业单位或者建筑维护管理单位作为建筑业主代表，开展节能减排工作等。

2.2 环境规制

2.2.1 环境规制的内涵

规制通常又被称为政府管制，史普博在其研究中指出规制就是政府相关部门采用直接方式或间接手段来干预企业组织的经济行为②。张波认为政府规制的最终目的是在于纠正市场失灵问题③。所以规制实质上就是政府通过采取颁发一些举措，包括但不仅限于法律法规、规章制度以及行政手段等，对社会组织的经济活动进行约束与调节。

---

① 黄定轩，陈梦娇，黎昌贵．绿色建筑项目供给侧主体行为演化博弈分析［J］．桂林理工大学学报，2019，39（2）：482－491.

② 丹尼尔·F. 史普博．管制与市场［M］．上海人民出版社，1999：16－17.

③ 张波．政府规制理论的演进逻辑与善治政府之生成［J］．求索，2010（8）：62－64.

环境规制顾名思义就是政府在治理环境污染方面的规制，是指政府相关部门为了满足环境保护的目标而对因经济行为给自然生态带来污染的企业组织进行一定程度上的管制与引导，达到经济与环境共赢。庇古理论提出，通过政府行为可以有效地把环境污染问题转化为内部问题，进而符合减少污染的效果。

环境规制的概念随着时代发展也在不断深化。熊鹰和徐翔指出环境规制就是政府借助国家政权，采取环境质量指标、法律法规颁布等刚性或者强制性行政手段的设定，从而减少环境污染问题①。姜亚等曾提出政府不仅能够采取直接行政方法来干预企业行为带来的环境污染问题，也能依靠环境税、排污配额交易等市场经济方式达到保护环境的目的②。肖璐认为解释环境规制的含义要从两个角度出发，一个是从行政决策角度，环境规制就是政府相关部门制定并颁布一系列法律法规、政策以及强制性环境标准，对社会组织实施的经济行为进行干预、限制以及规范；另一个角度是基于市场机制，环境规制实质上就是在特定的环境政策情境下不同社会利益相关者相互博弈而产生③。

综合以上学者们的研究可以发现，环境规制的主体主要是政府与企业，其中政府是环境规制政策的制定者与管制者，企业是实施者和被管制者。随着专家学者研究的深入，将公众、协会等纳入讨论的范畴，王分棉等提出由企业或者协会自愿发起的环境规制可以在一定程度上弥补前两者实施上的不足④。因此，结合专家学者的研究，对环境规制的定义为：政府不仅能通过制定并颁布环境保护相关的法律法规以及强制性标准等强制性手段，也能采取财政补贴、税收等市场激励手段，干预并约束社会性组织的经济行为，从而达到绿色减排环保的目的。政策环境因素对于绿色建筑技术采纳具有重要的影响。因此，为了更好地促使建筑业主采纳绿色建筑技术，政府部门需要采用政策手段来激发建筑业主的积极性，从而达到绿色节能减排的目标。

---

① 熊鹰，徐翔．政府环境监管与企业污染治理的博弈分析及对策研究［J］．云南社会科学，2007（4）：60－63.

② 姜亚，马艳娜，付文磊．环境规制对区域生态效率的影响研究［J］．企业科技与发展，2018（8）：22－23＋25.

③ 肖璐．FDI 与发展中东道国环境规制的关系研究［D］．江西财经大学，2010：33.

④ 王分棉，贺佳，孙宛霖．命令型环境规制、ISO 14001 认证与企业绿色创新——基于《环境空气质量标准（2012）》的准自然实验［J］．中国软科学，2021（9）：105－118.

2.2.2 环境规制的分类

现阶段国内外学者对于环境规制工具的分类并没有统一标准，有学者曾提出环境规制工具的不同分类并未穷尽，也不是处于互相排斥的情况①。最早时学者们将环境规制工具分成命令控制型和市场激励型这两类。随后，我国专家学者以此为分类基础对环境规制工具进行深入研究，从不同角度、不同依据以及研究关注点进行环境规制工具的分类。张嫚②、原毅军等③、周海华等④在其研究中提出环境规制工具可分成两大类：正式环境规制和非正式环境规制。正式环境规制一般是通过政府制定颁布相关的法律法规、规章制度等来干预和约束企业的经济行为，具有一定程度的强制性作用，而非正式环境规制相对于正式环境规制来说并没有强制性，由社会组织自行参与。张嫚在此基础上对正式环境规制工具进一步分类，即正式环境规制可依据约束经济主体排污行为的不同分成 CAC 命令控制型和 MBI 市场激励型两种，而非正式环境规制只是道义劝告，通常需与正式环境规制配合实施⑤。赵玉民等关注于环境规制表现形式的差异，将其分成显性环境规制和隐形环境规制，其中显性指此类环境规制具备直观性，主要是利用一些法律法规的颁布实施来约束经济主体的生产形式，具有一定隐蔽性的则为隐形环境规制，如绿色环保观念等⑥。董景荣等在研究中采用的是依据排污行为约束手段的差异来划分环境规制，分别为命令型、投资性以及费用性环境规制⑦。其中，费用性环境规制包括购买排污指标配额、转让排污许可证等与市场相关的方法手段，投资型环境规制工具是运用长期环境保护目的的投资方法，包括但不限于治理环境污染的投资、环保工程的投资等一系列与投资相关的方式。

---

① Salamon L M. The tools of government : A guide to new govermance [M]. London: Oxford University Press, 2002.

②⑤ 张嫚. 环境规制与企业行为间的关联机制研究 [J]. 财经问题研究, 2005 (4): 34-39.

③ 原毅军, 谢荣辉. 环境规制的产业结构调整效应研究——基于中国省际面板数据的实证检验 [J]. 中国工业经济, 2014 (8): 57-69.

④ 周海华, 王双龙. 正式与非正式的环境规制对企业绿色创新的影响机制研究 [J]. 软科学, 2016, 30 (8): 47-51.

⑥ 赵玉民, 朱方明, 贺立龙. 环境规制的界定、分类与演进研究 [J]. 中国人口·资源与环境, 2009, 19 (6): 85-90.

⑦ 董景荣, 张文卿, 陈宇科. 环境规制工具、政府支持对绿色技术创新的影响研究 [J]. 产业经济研究, 2021 (3): 1-16.

马富萍等[①]、赵（Zhao）等[②]的研究中将环境规制划分成三类：命令控制型、市场激励型和自愿性环境规制。丁潇君等在研究过程中将我国环境规制分为命令控制型、市场激励型以及公众参与型这三种工具[③]。王红梅在研究中将环境规制工具更加细分为命令—控制、公众参与、自愿型以及市场激励型这四种工具[④]。贾瑞跃在研究两型社会中提出环境规制工具可划分成五种：命令控制型、经济诱因型、公众参与型、信息披露型以及自愿性环境规制，这五种工具如要进一步进行归类，可将命令控制型和经济诱因型这两种环境规制可归类为正式环境规制，其余三种则归为非正式环境规制这一大类型[⑤]。胡珺等在企业技术创新研究中提到环境规制根据其作用机制和主体的不同，可分成命令控制型和市场激励型环境规制两大类[⑥]。

综合上述文献分析可知，虽然在学术研究中存在较为多种多样的分类形式，但是不难发现，无论是如何划分环境规制工具，均包含着命令控制型和市场型环境规制这两类，属于环境规制工具分类普遍认可的分类基础，而对于公众参与、自愿性等方面的分类存在着不同的看法。同时在较多研究与实践过程中，命令控制型与市场激励型不仅涉及的主体包括政府与经济主体，而且也较容易影响到经济主体所实施的经济行为。所以，在本书实证分析中，选用命令控制型与市场激励型环境规制作为绿色建筑技术采纳意愿的主要影响因素进行研究。

综上所述，环境规制是社会性规制的重要组成部分，政府为了调节企业经济活动与污染环境的外部不经济性之间的关系，制定相应政策措施，以便达到环境保护和稳步提高经济间协调关系的目标。依据对经济主体的不同约束行为，环境规制可分为命令控制型和市场激励型，其中市场激励型涉及补

---

① 马富萍，茶娜．环境规制对技术创新绩效的影响研究——制度环境的调节作用［J］．研究与发展管理，2012，24（1）：61－66.

② Zhao X，Yin H，Zhao Y. Impact of environmental regulations on the efficiency and CO_2，emissions of power plants in China［J］. Applied Energy，2015，149：238－247.

③ 丁潇君，房雅婷．中国环境规制与绿色创新关系研究——基于元分析方法的实证分析［J］．价格理论与实践，2018（6）：34－37.

④ 王红梅．中国环境规制政策工具的比较与选择——基于贝叶斯模型平均（BMA）方法的实证研究［J］．中国人口·资源与环境，2016（9）132－138.

⑤ 贾瑞跃，赵定涛．工业污染控制绩效评价模型：基于环境规制视角的实证研究［J］．系统工程，2012，30（6）：1－9.

⑥ 胡珺，黄楠，沈洪涛．市场激励型环境规制可以推动企业技术创新吗？——基于中国碳排放权交易机制的自然实验［J］．金融研究，2020（1）：171－189.

贴政策、碳税、碳排放权交易、押金返还等政策环境规制。“碳税”和“碳交易”是碳减排的两项重要政策工具。本研究的环境规制主要探讨指市场激励型环境规制中的碳税以及碳排放权交易机制。

2.2.3 碳税

1. 碳税制度概述

碳税是以减少二氧化碳排放量为目的对企业排放二氧化碳所征收的一种税，被称为“基于价格”的经济手段。从广义上来看，碳税理论基础来源于庇古税。英国著名经济学家庇古（Pigou）基于外部性理论，提出可通过征收税收的形式将这部分外部成本内部化，缩短污染企业生产成本与社会成本的距离，尽量使两者相等①。庇古认为排放二氧化碳会导致外部性问题，企业边际成本可能会低于社会成本，市场机制价格无法体现出排污造成的环境成本，从而会导致污染的市场值过低，进而更为肆意碳排放。

碳税制度的优点在于：（1）属于行政手段，具有强制性、无偿性、固定性等税收基本特征，由政府现有税收机关负责执行落实；（2）碳税制度具有较高的公开透明度，不会出现类似碳交易分配不公的现象；（3）碳税制度的实行具有“双重红利”优势，一是可以有效改善生态环境，二是降低税收制度的扭曲性。关于碳税制度“双重红利”概念的首次提出者是皮尔斯（Pearce）②。征收碳税在短期内有可能增加企业成本支出的负担，但长期而言会反向促进企业加大绿色技术的使用力度，降低碳排放量，走绿色发展新道路，达到环境治理与提高社会福利的良好效果。

2. 国外碳税制度的实践

随着环境污染越来越严重，碳税制度逐渐进入了人们的视野。碳税是国际上为应对全球变暖和减少二氧化碳排放而采取的最重要政策之一。目前，许多国家先后开始实行碳税制度。芬兰是实施碳税制度的先行者，挪威、瑞典、丹麦、意大利、英国、日本、加拿大等国家也相继启动碳税制度。这些

---

① 阿瑟·塞西尔·庇古．福利经济学［M］．英国：伦敦麦克米兰公司，1920.

② Pearce D. The Role of Carbon Taxes in Adjusting to Global Warming［J］. Economic Journal，1991，101：938－948.

国家在实施碳税制度方面已经累积丰富的经验做法。根据世界银行报告，目前全球范围内已有 20 多个国家实施了碳税制度①。已征收碳税的国家大致可分为三种类别：第一类是以芬兰、丹麦、瑞典等为代表的北欧国家，是世界上碳税机制运行较为成功的经济体，执行力度较大，截至目前都已经建立起较为完善的碳税制度；第二类是经济比较发达的国家地区，例如法国、意大利，它们虽然启动了碳税政策，但是执行较为不稳定；第三类是像日本、新加坡等一些国家，以自身利益入手实行碳税制度，但积极性不强。

1990 年，芬兰开始正式向国内所有能源征收碳税，刚开始时推行较低的碳税税率，仅为 1.12 欧元/吨 $CO_2$②，当较低碳税税率未能有效明显降低碳排放量时，芬兰政府逐渐提高了碳税税率。经过调整后，芬兰 1998 年的二氧化碳排放量明显低于 1990 年碳排放量，有效控制了二氧化碳排放量。

在芬兰开启了碳税制度的帷幕后，瑞典在 1991 年也加入了碳税制度的步伐。瑞典刚开始对工业企业征收较高碳税税率，税率为 250 瑞典克朗/吨 CO_2，执行一段时间后，政府为了提高国内工业企业的竞争力而选择降低了原先的碳税税率——对高能耗行业（比如电力、制造业）税收全免，对工业企业执行 80 瑞典克朗/吨 CO_2 的碳税税率征收，同时瑞典在 1994 年的经济总量比 1979 年增长了 43%③。

1992 年，丹麦开始实施碳税制度，刚开始对工商企业用天然气征收碳税，但不同企业性质碳税税率执行标准不同，比如在 1993 年对供暖企业征收 100% 能源税以及 100 丹麦克朗/吨 CO_2 的碳税，对未签订减排协议及已签订减排协议的轻工业分别征收 12.1 欧元/吨 CO_2 和 9.2 欧元/吨 $CO_2$④。目前，丹麦执行碳税税率为 24 ~ 28 美元/吨 CO_2。据以往数据统计，丹麦国内生产总值在 1990 ~ 2006 年期间增长率高于欧洲水平，实践证明丹麦碳税机制持续执行不仅有效控制了碳排放量，也促进了丹麦经济发展⑤。

美国面对碳税制度持有消极态度。2001 年美国政府为避免减少碳排放量影响经济发展而拒绝《京都协定书》，虽然后期美国国会先后提出《拯救

---

① 中国清洁发展机制基金. http://www.cdmfund.org/28931.html.

② 碳排放交易网. http://www.tanpaifang.com/tanshui/2013/0826/23434.html.

③ 康樾桐，毛晓杰，刘文静. 国际碳税实践及启示 [J]. 中国金融，2022，972 (6)：82 - 83.

④ 俞元峰. 关于碳排放税的博弈分析 [D]. 浙江财经学院，2013.

⑤ 唐滔，葛杨. 碳税制度的国际实践及启示 [J]. 金融纵横，2022 (2)：21 - 28.

我们的气候法案》《提高工资、削减碳法》等多个碳税法案，部分美国州开始实行碳税机制，但是国家层面上未有碳税执行动作[①]。

日本作为碳排放量较高的国家之一，在碳税执行力度上远不如北欧国家。2007 年日本实施碳税制度的目的是增加政府税收收入，增加政府投资，从而促进日本经济更好更快发展。因此，日本政府执行碳税的基本原则“低税率、广范围、宽减免”，征收对象为使用化石燃料的企业。根据 2019 年相关数据显示，日本当前征收的碳税税率为 3 美元/吨 CO_2[②]。

根据以上国家碳税实行情况分析，碳税制度不仅能有效明显达到国家碳减排量的目标，从长远角度来看也有可能促进经济发展。部分国家征收碳税情况见表 2 -4。

表 2 -4　　其他部分国家征收碳税情况

国家	开始实施碳税时间	2018 ~2019 年碳税税率
斯洛文尼亚	1996 年	19 美元/吨 CO_2
爱沙尼尔	2000 年	2 美元/吨 CO_2
瑞士	2008 年	96 ~97 美元/吨 CO_2
爱尔兰	2010 年	22 美元/吨 CO_2
冰岛	2010 年	36 美元/吨 CO_2
英国	2013 年	23.5 美元/吨 CO_2 起
法国	2014 年	50 美元/吨 CO_2
葡萄牙	2015 年	14 美元/吨 CO_2
哥伦比亚	2017 年	5 美元/吨 CO_2
南非	2019 年	8 美元/吨 CO_2

注：本表由作者整理汇总。

3. 碳税的相关研究

碳税是一种针对排放二氧化碳征收的税收，是为了达到减少二氧化碳的

① 老木．世界各国是如何征收碳税的［J］．环境教育，2014（7）：59 -61.
② 碳排放交易网．http：//www. tanpaifang. com/tanshui/2021/0720/78745. html.

目标，最早是由庇古提出来的，他认为政府应该对造成污染危害的排放者收取税收，进而弥补私人成本及社会成本之间的差额。此后许多经济学家对这个理论进行进一步系统研究。王丹舟和王心然详细阐述了瑞典、芬兰、日本、加拿大、丹麦 5 个地方碳税实施情况，说明碳税在推动低碳发展的正向作用①。拉尔夫·马丁（Ralf Martin）等收集英国制造工厂相关生产数据，对缴纳全额碳税及部分税额的两类企业进行比较分析，表明征收碳税能够对用电量和能源强度的企业产生重要的影响，推动制造企业节能减排②。迟春节（Chunjie Chi）等建立简化的能源系统优化模型，针对碳税和技术分歧对发展新能源技术影响进行深入研究，发现实施碳税具有减少碳排放的效果，并在不增加过高成本的基础上，结合其他政策干预措施进一步减少碳排放③。计国君和胡李妹运用演化博弈模型方法，对两家企业在碳税机制实行情境下生产策略选择分析其演化结果，结合市场机制或政府政策补贴下低碳生产的演化模型和数值仿真模拟，得出在技术研发方面政府要设立财政补贴制度辅助碳税征收④。刘畅和杜伟构建联立方程模型，研究不同碳税对我国原油、天然气、煤炭行业的影响，评估碳排放情况，结果表明碳税对碳减排的作用均显著，并能促使新能源结构的发展，同时兼顾碳减排和经济发展的前提下碳税的征收应该循序渐进⑤。徐文成和毛彦军构建一个包含碳税、人力资本等变量的 E－RBC 模型，研究碳税改革对长期低碳经济的影响，认为碳税的征收不会对经济增长率造成负面作用而会增加产能，并证实了碳税确实存在“双重红利”⑥。

白玮提出实施碳税是会使各方投资成本增加但同时能够有效减少碳排放的一种具有成本效率的手段，我国应对高排污者征收碳税才能使碳排放呈现

---

① 王丹舟，王心然，李俞广．国外碳税征收经验与借鉴［J］．中国人口·资源与环境，2018，28（S1）：20－23.

② Ralf Martin and Laure B. de Preux and Ulrich J. Wagner. The impact of a carbon tax on manufacturing：Evidence from microdata［J］. Journal of Public Economics，2014，117：1－14.

③ Chunjie Chi and Tieju Ma and Bing Zhu. Towards a low－carbon economy：Coping with technological bifurcations with a carbon tax［J］. Energy Economics，2012，34（6）：2081－2088.

④ 计国君，胡李妹．考虑碳税的企业碳减排演化博弈分析［J］．统计与决策，2015（12）：58－61.

⑤ 刘畅，杜伟，庞淑娟．征收碳税对我国二氧化碳减排的影响［J］．中国能源，2014，36（9）：21－26.

⑥ 徐文成，毛彦军．碳税改革的低碳发展效应［J］．北京理工大学学报（社会科学版），2019，21（2）：30－37.

不断下降的趋势，有效调整能源结构①。孙建构建居民、企业和政府一般均衡模型，认为应在推动企业编制碳排放清单及碳交易市场机制的基础上，逐步在我国开展碳税试点工作，进一步完善政府碳排放政策制度②。王坤和赵道致在实行差异碳税的前提下构建政府与排放依赖型企业的斯塔克尔伯格（Stackelberg）博弈模型，认为随着碳税的增长，实行减排的企业收益利润会先降后增以及受到税率的影响渐小，竞争力增强，最后会促使全部企业进行碳减排③。黄欣和袁志杰通过建立政府—多家生产企业的微分动态博弈模型，提出市场上企业的数量多少会对生产成本增加降低产生影响，从而促使政府制定碳税高低的差异④。学者们还利用需求系统模型对西班牙消费者与食品生产阶段中碳排放缴纳的碳税效果进行分析，结果表明实行碳税体制会使得消费者更倾向健康食品的消费，改变消费者的偏好习惯结构（Xaquin Garcia - Muros et al.，2017）⑤。许士春和张文文在征收碳税的情景下，建立动态 CGE 模型深入研究碳税与不同返还措施相结合的效果，得出实行碳税带来的经济负面影响会逐渐减弱，但在初期阶段应对企业采取减免生产税及对个人减免所得税的措施辅助碳税制度⑥。

卡罗林·菲舍尔（Carolyn Fischer）等对碳税机制、碳交易机制的减排效果及在经济层面上的影响程度进行比较，表明碳税在一定程度会对经济产生负面作用，但同时强制性的碳税制度比推广碳交易制度更能达到减排效果，见效更快⑦。倪娟对碳税机制和碳交易机制进行对比，借鉴国外实行相应碳排放机制的经验，结合我国碳交易市场机制的现状，梳理国际上不同机制的做法对我国的启示，从税务理论层面提出统一碳税和碳交易相结

---

① 白玮．我国建筑节能经济激励政策初探［J］．暖通空调，2009，39（12）：37 - 41.

② 孙建．环保政策、技术创新与碳排放强度动态效应——基于三部门 DSGE 模型的模拟分析［J］．重庆大学学报（社会科学版），2020，26（2）：31 - 45.

③ 王坤，赵道致．差异碳税下企业的最优生产和减排决策研究［J］．软科学，2014，28（8）：21 - 25.

④ 黄欣，袁志杰．基于微分博弈理论下的碳税减排策略分析［J］．合肥工业大学学报（自然科学版），2019，42（2）：278 - 283.

⑤ Xaquin Garcia - Muros，Anil Markandys，Desiderio Romero - Jordan，et al. The distributiongal effects of carbon - based food taxes［J］. Journal of Cleaner Production，2017，140：996 - 1006.

⑥ 许士春，张文文．不同返还情景下碳税对中国经济影响及减排效果——基于动态 CGE 的模拟分析［J］．中国人口·资源与环境，2016，26（12）：46 - 54.

⑦ Carolyn Fischer，Michael Springborn. Emissions targets and the real business cycle：Intensity targets versus caps or taxes［J］. Journal of Environmental Economics and Management，2011，62（3）：352 - 366.

合的复合运用模式可能会弥补单个机制的不足，有助于我国碳排放量与价的共同控制，达到减排目标[①]。鲁书伶等认为为了能够如期圆满地实现我国双碳“碳达峰”目标，可择机实施征收碳税制度[②]。石庆伟（Qingwei Shi）等支持碳税作为一种合理的能源政策，提出动态可计算一般均衡模型对碳税在建筑行业宏观层面经济分析，表明就长远发展而言，碳税达到60元/吨是一个适当水平，但是不同建设阶段合适的碳税水平应具体情况具体分析[③]。陈小龙以欧盟建筑领域的碳税政策为例，提出碳税和补贴政策的实施可以有效促进建筑领域节能减排[④]。张涑贤和路明在征收碳税的基础上将二氧化碳成本计算进建设项目成本当中，利用项目案例数据，结合LINGO软件求解模型，研究项目生命周期碳排放成本对整个项目成本的影响，表明此政策情境下碳税税率不同对项目成本影响程度不同，并且碳成本是影响建设项目决策的重要因素之一[⑤]。蔡文祥（Tsai W H）等建立包含碳税在内的作业成本决策模型，研究了碳税对绿色建筑发展的推动作用[⑥]。杨亚萍和谢颖阐述了建筑业二氧化碳排放现状及实施碳税制度的必要性，认为实行碳税制度在短期内会造成经济的负面影响，但是长远发展下去可以促使建筑业向低碳转型稳步前进，有利于建筑业在国家可持续发展的前景下占据一席之地[⑦]。

总之，从文献研究可以看出，学者们研究表明实施碳税机制可以达到减少碳排放的目的，碳税是碳减排的重要政策工具。虽然目前在建筑领域针对碳税研究文献较少，但碳税相关研究为本书研究碳税机制对绿色建筑技术采纳的影响提供了依据和基础。

---

① 倪娟．碳税与碳排放权交易机制研析［J］．税务研究，2016（4）：46－50.

② 鲁书伶，白彦锋．碳税国际实践及其对我国2030年前实现“碳达峰”目标的启示［J］．国际税收，2021（12）：21－28.

③ Qingwei Shi，Hong Ren，Weiguang Cai，et al. How to set the proper level of carbon tax in the context of Chinese construction sector? A CGE analysis［J］. Journal of Cleaner Production，2019，240（C）：117955.

④ 陈小龙，刘小兵．基于碳税/补贴的建筑碳排放管制政策研究——以欧盟的建筑碳排放政策为例［J］．城市发展研究，2013，20（10）：21－27.

⑤ 张涑贤，路明．碳税政策下建筑企业工程项目决策［J］．科技管理研究，2014，34（23）：76－80.

⑥ Tsai W H，Yang C H，Huang C T，et al. The impact of the carbon tax policy on green building strategy［J］. Journal of Environmental Planning and Management，2017，60（8）：1412－1438.

⑦ 杨亚萍，谢颖．开征碳税对建筑业发展的预期影响［J］．经济师，2014（11）：133－134.

2.2.4 碳排放权交易

《京都议定书》于1997年签署后，碳排放权就开始进入了人们的视野当中，成为稀缺的具有商品属性的“市场资源”，全球各国也相继依据自身国情开始建立碳排放权交易市场，以促进碳减排目标的达成。碳排放权交易，简称碳交易，被称为“基于总量”的数量调控工具，是一种运用科斯定理来达到降低全球温室气体排放量的市场环境规制。通俗来说，将二氧化碳等温室气体作为商品拿到市场上进行交易。当企业所需的碳排放量低于政府给予的免费碳排放量时，企业可以作为碳排放权交易的卖方，将其多余碳排放量出售，获得一定的收益回报；当政府分发的免费碳排放量不够企业经济活动所需碳排放量时，企业将成为碳交易市场上的买方，从市场上购买相应碳排放量而付出经济成本。由此可见，碳排放权交易本身具有经济本质，不仅能够激励企业完成转型，也能有效完成减排任务。

1. 国外碳排放权交易市场

截至目前，全球范围内欧盟、亚洲、大洋洲、北美洲均有相关国家建立碳排放权交易市场，其中最为典型的碳排放权交易市场有欧盟碳排放权交易体系（强制性碳排放权交易市场典型代表）、CCX芝加哥气候交易所（自愿性碳排放权交易市场典型代表）、CDM体系、美国加州碳交易市场、英国碳排放贸易计划等（见表2-5）。

表2-5　国外部分碳交易计划情况

国家/地区	交易所	特　点
美国	芝加哥交易所	2003年建立，全球第一个规范性的碳排放权交易市场
	加州碳交易市场	2013年启动
欧盟	欧盟碳排放权交易体系	全球最大最成功的碳交易体系
日本	东京碳排放权交易市场	亚洲首个碳交易市场，也是第一个城市级别的碳交易市场

续表

国家/地区	交易所	特 点
英国	碳排放贸易计划	全球第一个广泛的温室气体排放权交易体系
澳大利亚	新南威尔士州温室气体减排体系 NSW GGAS	全球上最早强制实施的碳减排体系之一
瑞士	碳排放权交易市场	2008 年启动

根据 ICAP 国际碳行动伙伴组织发布《全球碳市场进展 2020 年度报告》，目前四大洲 27 个不同级别司法管辖区一共拥有了 21 个碳排放权交易市场，还有 22 个碳交易市场在建设或者探讨中，而这些正在运行的碳排放权交易市场所覆盖的碳排放量占全球碳排放总量的比例仅为 9%①。

2. 国内碳排放权交易市场

我国年度碳排放量在全球范围内居于前列，碳减排已迫在眉睫。习近平总书记在 2020 年第 75 届联合国大会上表示将会采取更为有力有效的碳减排政策措施，努力在 2060 年前实现碳中和②。我国碳减排目标的实现将成为完成全球碳减排任务的重中之重。目前，我国碳排放权交易市场体系还不够成熟，北京、上海、湖北、重庆、广东、天津、深圳于 2011 年经国家发改委批准正式建立碳交易试点市场，2016 年福建省主动积极开展碳交易活动，我国在 2017 年 12 月正式开启了全国统一碳交易市场。生态环境部于 2020 年 9 月召开新闻发布会，会上提到我国 7 个试点碳市场从启动运行以来，碳市场配额累计成交量达到 4.06 亿吨，累计成交额大概为 92.8 亿元③。

然而，各个试点碳交易市场的公开交易价格波动较大，并且不同地区的碳排放权成交量差异较大。这种碳市场运行不稳定状态有可能加大消耗企业

① 碳排放交易网 . http：//www. tanpaifang. com/tanguwen/2020/0328/69518. html.

② 中国政府网 . http：//www. gov. cn/gongbao/content/2020/content_5549875. htm.

③ 生态环境部 . https：//www. mee. gov. cn/xxgk2018/xxgk/xxgk15/202009/t20200925_800543. html.

碳减排计划的重置成本，也会大大打击企业参与碳交易的主动积极性。从2013~2020年全国各碳排放权交易市场成交价情况看，其中北京的成交价自2017年以来高于其他省区市碳交易市场成交价，其他碳交易市场自2015年开始其最高成交价几乎未超过50元。图2-1的柱状图展现了2013~2020年全国各碳排放交易市场成交量、成交额概况，从图中可知，湖北省碳交易市场自正式启动以来总成交量和成交额两个指标均为最多，广东次之，天津碳市场碳成交量最少，重庆碳市场成交额最低；从图2-1的成交量和成交额对比，也可发现北京的碳交易成交额远高于成交量，上海碳市场成交额柱状的高度略微高于成交量，其余碳市场两者柱状高度对比均为成交量大于成交额。由此可见，目前我国的碳交易市场配额交易价格普遍过低，无法发挥出激发市场碳减排积极性的潜力。

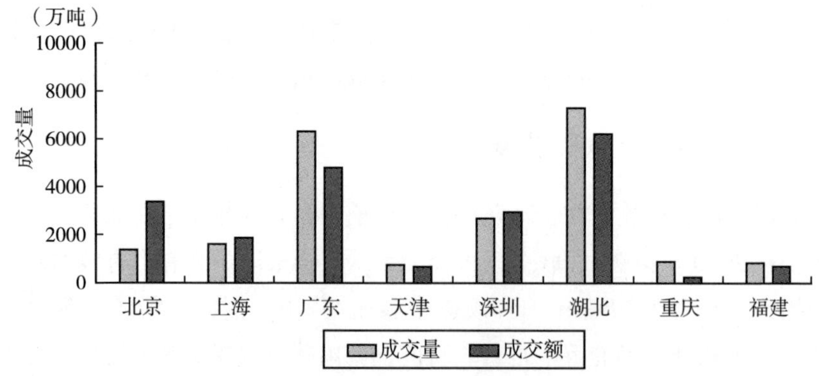

图2-1　2013~2020年全国碳市场配额成交量、成交额概览

资料来源：碳排放交易网. http：//www. tanpaifang. com/。

3. 碳排放权交易的相关研究

碳排放权交易的概念最先来源于20世纪经济学家戴尔斯所提出的“排污权交易”①，之后成为各个国家最重要的环境经济政策之一。美国、德国、英国等国家先后在大气及河流污染治理中使用排污权交易这个政策措施。2013年以来，我国在7省市先后开启碳排放权交易试点工作②，为全国建立

① 碳排放交易网. http：//www. tanpaifang. com/tanguwen/2015/1008/47944. html.
② 中国政府网. http：//www. gov. cn/xinwen/2021-08/03/content_5629115. htm.

统一碳排放交易市场担任了探路先锋角色。

卫志民列举了欧盟、芝加哥、澳大利亚等国际碳排放市场发展经历，对构建并促进中国碳排放市场发展路径提出建议[①]。胡东滨等认为在完全竞争的市场结构中，碳交易是有效的环境政策，同时合理设置碳交易初始配额能提高碳交易市场的运行效率[②]。胡玉才（Yucai Hu）等采用差分—差分（DID）模型对中国碳排放交易体系行业面板数据进行检验其体系是否对节能减排能够产生影响，最后得出碳排放交易体系的实施能够起到节能减排的效果[③]。朱磊等运用局部均衡分析方法进行构建模型，基于国内电力企业节能减排成本曲线，分析不同情境下碳减排量和碳价格，表明碳排放交易市场的推行对电力行业有着成本节约的效果，同时必须加快建立全国统一碳交易市场的必要性[④]。张海军（Haijun Zhang）等使用 DID 模型和 ps－DID 模型，从省级行业角度分析碳排放交易计划（ETS）的节能减排，根据研究结果可知，ETS 试点工作在促进行业减排效果中起到了显著作用并且在不断增强，并得出政府在制定相关政策时应该降低免费碳配额度[⑤]。

陈晓红等采用面板回归等研究方法进行实证分析，提出要促进碳交易价格的合理形成需建立良好的交易制度和政策，保证碳配额科学分配[⑥]。比亚图尔·霍尔茨马克（Bjart Holtsmark）等利用数值模型对国际碳排放交易在石油、煤炭等市场上重要性进行评估，认为采取不同政策体制会对碳排放交易价格涨跌产生影响[⑦]。饶从军（Congjun Rao）等在文中提出了碳排放权交

---

① 卫志民．中国碳排放权交易市场的发展现状、国际经验与路径选择［J］．求是学刊，2015，42（5）：64－71.

② 胡东滨，汪静，陈晓红．配额免费分配法下市场结构对碳交易市场运行效率的影响［J］．中国人口·资源与环境，2017，27（2）：52－59.

③ Yucai Hu，Shenggang Ren，Yangjie Wang，et al. Can carbon emission trading scheme achieve energy conservation and emission reduction? Evidence from the industrial sector in China［J］. Energy Economics，2020，85（C）：104590.

④ 朱磊，梁壮，谢俊，等．全国统一碳市场对电力行业减排的影响分析［J］．环境经济研究，2019，4（2）：28－43.

⑤ Haijun Zhang，Maosheng Duan，Zhe Deng. Have China's pilot emissions trading schemes promoted carbon emission reductions? —the evidence from industrial sub－sectors at the provincial level［J］. Journal of Cleaner Production，2019，234：912－924.

⑥ 陈晓红，胡维，王陟昀．自愿减排碳交易市场价格影响因素实证研究——以美国芝加哥气候交易所（CCX）为例［J］．中国管理科学，2013，21（4）：74－81.

⑦ Bjart Holtsmark，Ottar Mæstad. Emission trading under the Kyoto Protocol—effects on fossil fuel markets under alternative regimes［J］. Energy Policy，2002，30（3）：207－218.

易统一价格的三种假设拍卖机制，重点研究了该机制的非对称纳什均衡问题，表明该机制不会出现任意最低均衡价格，并对如何达到最佳理想的碳排放拍卖均衡提出了建议①。

针对建筑领域，马晓明等采用LMDI分解法进行分析，认为城镇住宅建筑和农村自建房这两类建筑引起的碳排放量是我国近些年建筑碳排放量持续增长的主要因素②。张涑贤和郭朦朦构建公共建筑碳排放权交易体系，并对我国碳排放权交易体系存在的不足及发展提出差异性碳减排目标等建议③。申立银（Liyin Shen）等建立层次结构和MICMAC技术，分析建筑业实行碳排放权交易制度的影响因素之间的复杂关系④。丁勇等详细论述了建筑碳排放交易核算方法、范围等相关理论，基于边界条件，表明适合我国建筑市场的碳排放核算方法，对比三种不同碳排放—碳交易组合情况优势并提出相应情况下的分配方案⑤。郑生钦等基于系统动力学建立公共建筑碳交易仿真模型，表明在一定条件下碳交易机制能够有效促进公共建筑实现碳减排目标⑥。李月寒等通过情景分析开展建筑业运营维护阶段公共建筑碳排放基准线方法研究，为上海市建筑业碳交易市场发展提供参考⑦。徐盈之等在研究中基于投入产出分析角度对中国各产业部门（包括建筑业）碳减排责任分析，认为应该遵循“生产者与消费者共担”原则⑧。魏琦和李东亮建立古诺模型，研究处于参与碳交易收益情境下的房地产开发商与消费者共赢机制，认为开发商在市场中获得的绿色建筑碳排放权交易收入应该部分让利于消费者，让消费者配合企业参与到碳交易过程中来，与购房者形成互利双赢、良

---

① Congjun Rao，Yong Zhao，Chuanfeng Li. Asymmetric Nash equilibrium in emission rights auctions [J]. Technological Forecasting & Social Change，2012，79（3）：429－435.

② 马晓明，郇洵，谷硕，等．基于LMDI的中国建筑碳排放增长影响因素研究［J］．现代管理科学，2016（11）：3－5.

③ 张涑贤，郭朦朦．公共建筑碳排放权交易体系研究［J］．生态经济，2016，32（4）：80－83.

④ Shen L Y，Song X N，Wu Y，Liao S J，Zhang X L. Interpretive structural modeling based factor analysis on the implementation of emission trading system in the Chinese building sector［J］. Journal of Cleaner Production，2016，127：214－227.

⑤ 丁勇，王雨，白佳令，等．建筑碳交易过程的碳排放核算［J］．建筑节能，2019，47（3）：110－116.

⑥ 郑生钦，司红运，姜永生，等．既有公共建筑碳减排激励政策影响［J］．土木工程与管理学报，2017，34（1）：38－43.

⑦ 李月寒，胡静，刘佳．面向碳交易的上海市建筑运营维护阶段碳排放基准线研究［J］．环境与可持续发展，2019，44（3）：132－136.

⑧ 徐盈之，吕璐．基于投入产出分析的我国碳减排责任分配优化研究［J］．东南大学学报（哲学社会科学版），2014，16（3）：15－22＋134.

性互动的结果[①]。李健和朴胜任基于我国基本国情，从消费端参与碳排放权交易的角度出发，探讨建立个人碳交易体制的可行性，构建个人碳交易运行体系，结合市场激励机制和政策扶持，引导消费者实现低碳生活的目标[②]。郭道燕等构建政府与家庭关于碳排放交易市场下初始分配额的演化博弈模型，采用Matlab软件进行数值仿真分析，为政府今后实行消费端碳交易制度提供政策建议，调动公众参与碳减排的积极性[③]。

周广来和鹿翠运用人工鱼群算法和主成分分析方法提出房地产项目全寿命周期碳减排能力评价方法，认为房地产拥有较大的碳减排空间，并对建筑项目节能减排提出建议[④]。高沂和刘晓君构建建筑碳排放边际成本曲线，发现碳排放权交易可使绿色建筑碳排放成本实现有效配置[⑤]。任燕将碳排放权交易融入绿色建筑成本效益评价，定量分析低碳技术带来的碳减排效益[⑥]。高泉平引用碳减排交易价值机制进行绿色建筑项目成本效益评价，进行案例分析，表明这种新经济评价方式会凸显绿色建筑的价值，为正确合理评价绿色建筑效益提供了一种途径[⑦]。娄秉文和万丁乙在实行碳配额的背景下构建政府创新补贴和中小企业低碳创新投入的演化博弈模型，探讨碳配额与碳交易价格对双方演化结果的影响，表明碳排放带来的收益达到一定程度时会推动企业技术创新的投入[⑧]。

因此，根据碳排放权交易概念、发展影响及建筑领域应用的文献研究，碳排放权交易机制是一种有效的环境经济政策，将碳排放权交易融入绿色建筑技术分析中可凸显碳减排效益，调动建筑业主参与碳减排的积极性，推动绿色建筑技术的采纳，达到绿色建筑碳减排目的。而之前的研究内容大多集

---

① 魏琦，李东亮．基于碳交易的房地产企业与购房者双赢机制设计［J］．南方金融，2019（2）：21－30.

② 李健，朴胜任．个人碳交易模式和运行机制研究［J］．干旱区资源与环境，2014，28（10）：1－6.

③ 郭道燕，陈红，龙如银．消费端碳交易市场中政府初始碳配额分配策略研究——基于政府和家庭演化博弈的视角［J］．中国人口·资源与环境，2018，28（4）：43－54.

④ 周广来，鹿翠．房地产开发项目碳减排能力评价［J］．建筑节能，2015，43（4）：119－123.

⑤ 高沂，刘晓君．基于成本效率的绿色建筑碳排放权的确定和分配［J］．西安建筑科技大学学报（自然科学版），2016，48（5）：755－759＋766.

⑥ 任燕．碳减排视角下的绿色建筑成本效益评价研究［D］．北京交通大学，2017.

⑦ 高泉平．低碳理念下绿色建筑的经济效益分析［J］．武汉理工大学学报，2010，32（15）：189－192.

⑧ 娄秉文，万丁乙．中小企业低碳技术创新与政府行为演化博弈［J］．中国集体经济，2019（30）：69－72.

中在碳排放交易价格形成、发展不足、影响因素与价值以及碳配额分配等，较少运用建筑业主与政府间的演化博弈模型来研究碳排放权交易机制对绿色建筑技术采纳的影响。

综合上述绿色建筑、碳排放权交易和碳税等国内外相关研究，一方面，很多学者运用多种研究方法建立绿色建筑评价体系，采用实际建设项目对绿色建筑的成本效益经济性进行分析，认为绿色建筑在初期增量投资都能通过后期使用过程的节能效益进行回收，有着良好的经济性及价值性。另一方面，学者们已经在绿色建筑领域中对其发展现状、政府财政补贴制度、评价标准体系、国内外经验对比等方面进行了深入研究，表明政府政策制度及绿色建筑区别于传统建筑的优劣点对绿色建筑发展有着重要的影响作用。同时，也有国内外不同行业学者对建立碳排放权交易、统一型碳税制度这两种环境规制的来源、特点、影响及在其他高污染重点行业的运用开展研究，从中可看出碳交易、碳税制度对于推动低碳经济发展能起到一定的正面作用。这些研究成果为本书研究提供了坚实的理论基础。

不可否认的是，实施不同的环境规制措施对绿色建筑技术采纳的作用可能也存在差异性，所以本书突破以往较多的单一型环境规制和静态环境规制角度，探讨不同静态、动态环境规制对采纳绿色建筑技术的影响，这将会进一步拓展绿色建筑研究思路和丰富环境规制下绿色建筑技术发展的研究内容。

本章是相关理论基础部分，介绍绿色建筑的发展和定义，阐述绿色建筑国内外研究现状；从节地、节水、节能、节水、节材、室内环境等五个方面对绿色建筑技术进行分析，介绍增量成本效益以及主要利益相关者基础理论；介绍环境规制的概念，对碳税和碳排放权交易这两种激励型环境规制进行分析，梳理环境规制、碳税和碳排放权交易国内外研究现状，为后文实证研究、演化博弈模型的构建和案例的经济性分析奠定理论基础。

第3章

基于专利的绿色建筑技术分析

专利技术是行业企业科技发展的重要代表和象征，是衡量技术发展水平的标准之一。本书基于专利数据分析绿色建筑技术发展状况。本章以绿色建筑专利技术为研究对象，深入挖掘相关专利在数量、类型、地域、技术等方面的分布情况以及专利申请人合作情况，展现我国绿色建筑技术的现状。

利用 Patentics 专利数据库①，以“绿色建筑”作为关键词，搜索 2012 ~ 2021 年之间授权，且相关度在 60% 以上的专利。检索式为：R/绿色建筑 and REL/60 and GRD/2012 - 2021。检索时间为 2022 年 3 月 1 日，共检索到 43000 件授权专利，其中单独申请并授权专利 40077 件，合作申请并授权专利 2923 件。

3.1 绿色建筑技术专利分析

3.1.1 专利类型分析

从整体上来看，2012 ~ 2021 年间，绿色建筑技术相关专利授权总数呈增长趋势，如图 3 - 1 所示。发明专利授权数量整体上比较平稳，在 2016 年时达到了最高，2016 年后又有所回落。绿色建筑技术专利授权总数的增长

① Patentics 是集专利信息检索、下载、分析与管理为一体的平台系统。Patentics 专利数据库收录 105 个国家、地区和组织的专利数据，同时还收录了引文、法律状态等数据信息，收录总量超过 1.4 亿条。

主要来源实用新型专利的增长，实用新型专利授权数量的趋势与总体趋势相同，但是在2014年和2019年时，实用新型专利授权数量和绿色建筑专利授权总数都略有下降。

分析我国绿色建筑发展的政策颁布与实施可知，绿色建筑技术发明专利数量变化趋势很大程度上受到了国家和行业政策影响。1992年联合国环境与发展大会以来，我国政府陆续颁布了若干政策以促进绿色建筑发展。2013年，国家住建部与发改委联合发布《绿色建筑行动方案》，对“十二五”规划期间绿色建筑规模提出明确要求，自此我国绿色建筑进入规模化发展新时代。2014年，国务院印发《国家新型城镇化规划（2014－2020年）》，将发展绿色建筑作为绿色城市建设重点，并且视为实现城市发展模式科学合理目标的方式之一。2014年，住建部发布了《绿色建筑评价标准 GB/T 50378－2014》。2019年，住建部发布新修订版《绿色建筑评价标准 GB/T 50378－2019》。2020年，我国提出2030年“碳达峰”与2060年“碳中和”目标。诸多政策促进了绿色建筑技术申请授权专利数量的增长，尤其是2019年后，绿色建筑技术实用新型专利保持较快增长。

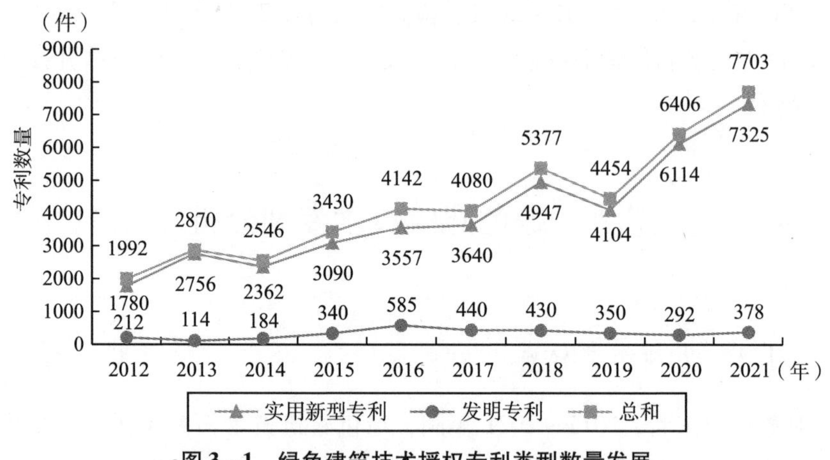

图3－1　绿色建筑技术授权专利类型数量发展

3.1.2　地域分布情况分析

根据绿色建筑技术专利权人所在地区进行分类，国外申请人授权专利25件，国内申请人授权专利42975件。

各省份专利授权数量如图 3－2 所示。江苏省以 5134 件授权专利位居第一，山东省、北京市、广东省、浙江省、上海市居前列，分别为 4656 件、3848 件、3704 件、3366 件、2889 件专利。这些省份的建筑业产值高、规模大、人口多、经济发展水平较高、建筑市场需求大，同时更是绿色建筑率先推广的地区，这些地区企业、个人、高校、科研院所等主体对于绿色建筑技术的研究意愿更高，研究成果也更为丰富。

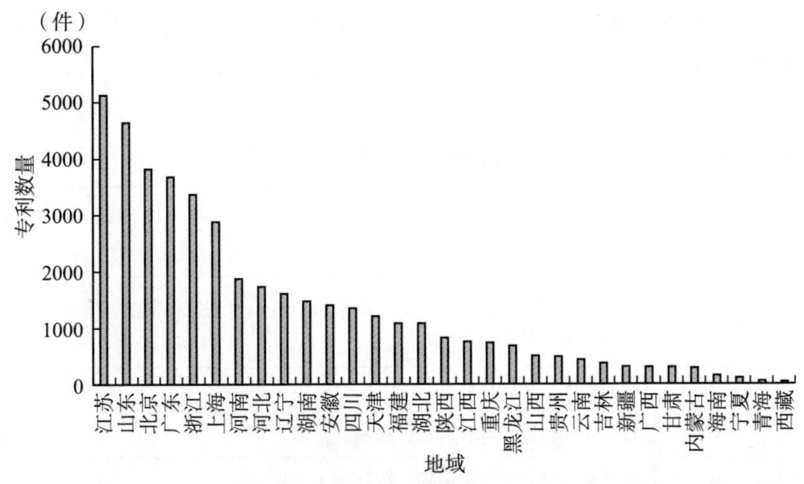

图 3－2　授权专利地域分布

3.1.3　技术类别分析

针对专利技术类别，按照国际专利分类号，即 IPC 分类，对检索到的专利按照国际小类和国际子分类进行分类，并统计数量前十的分类，分别得到表 3－1 和表 3－2。一个专利可能包含多种技术，因此每个专利所涉及的国际分类可能也有多个。根据表 3－1 中分类号的含义，可以看出绿色建筑技术专利主要集中在墙体、建筑材料和装修等三个方面，占总授权专利量的 89.12%。根据表 3－2，可以发现我国绿色建筑专利技术更多地关注于建筑的保温、防火、防噪、密封等性能。

结合我国住建部 2019 年新修订并颁布的《绿色建筑评价标准 GB/T 50378－2019》，该标准重新构建了绿色建筑评价指标体系，这一指标体系包含了六个要素，分别为：安全耐久、健康舒适、生活便利、资源节约、环境宜居、提高和创新，各个指标下又分为若干个评分项。利用技术分类的主题词和《绿色建筑评价标准》的指标体系进行匹配，可以发现数据中专利侧重的性能多与“安全耐久”指标相关，其次与“健康舒适”指标相关，对于其他四个指标的关注程度比较低。“健康舒适”指标包含室内空气品质、水质、声环境与光环境、室内热湿环境四个评分项，但是从技术分类来看，显然声环境的改善更加受到重视。室内空气品质主要通过建筑材料和装修材料来改善，但是在这两类专利中，研究如何降低空气污染物的专利数量却不多。综合技术类别分布情况，可看出我国绿色建筑专利技术集中度较高，全面性有所欠缺。

表 3－1　　按国际小类分布情况

序号	国际分类－小类	含　义	数量（件）
1	E04B	一般建筑物构造；墙，例如，间壁墙；屋顶；楼板；顶棚；建筑物的隔绝或其他防护	24654
2	E04C	结构构件；建筑材料	8064
3	E04F	建筑物的装修工程，例如，楼梯，楼面	5603
4	E04D	屋面覆盖层；天窗；檐槽；屋面施工工具	4895
5	E04H	专门用途的建筑物或类似的构筑物；游泳或喷水浴槽或池；桅杆；围栏；一般帐篷或天篷	3996
6	E04G	脚手架、模壳；模板；施工用具或辅助设备，或其应用；建筑材料的现场处理；原有建筑物的修理，拆除或其他工作	2932
7	E02D	基础；挖方；填方；地下或水下结构物	1560
8	E06B	在建筑物、车辆、围栏或类似围绕物的开口处用的固定式或移动式闭合装置，例如，门、窗、遮帘、栅门	1435
9	H02S	由红外线辐射、可见光或紫外光转换产生电能，如使用光伏（PV）模块	1322
10	B32B	层状产品，即由扁平的或非扁平的薄层，例如泡沫状的、蜂窝状的薄层构成的产品	1114

表 3-2 按国际子分类分布情况

序号	国际分类-子类	含义	数量（件）
1	E04B002/00	建筑物的墙，例如，间壁墙；隔绝墙的构造；专门用于墙的连接（建筑结构的一般连接入 E04B1/38；隔绝本身入 E04B1/62；建筑物部件中的比较薄的建筑构件入 E04C2/00）	5558
2	E04B001/76	专门用于保温的（一般的绝热入 F16L59/00）	4450
3	E04B001/80	板式的	3449
4	E04B001/94	防火（消防入 A62C；木材或类似材料的浸渍入 B27K；防火门入 E06B5/16）	2864
5	E04F013/075	用于隔绝或表面保护的，例如，防噪声或碰撞	2165
6	E04B001/66	密封（使灰浆具有防渗漏性质的添加剂入 C04B；沥青密封材料入 C08L95/00；一般水利工程设施的密封入 E02B3/16；地下潮气或地下水的防护入 E02D31/02；防雨或防其他大气降落物的覆盖入 E04D；密封片的材料成分或制造参见有关这些片材的类）	2155
7	E04C002/30	以形状或结构为特征的（透明的入 E04C2/54）	1880
8	E04B001/00	一般构造；不限于墙，例如，间壁墙，或楼板或顶棚或屋顶中任何一种结构（脚手架，模板入 E04G；特殊用途的建筑物用的专用结构，建筑物的一般布置，例如，模数协调入 E04H；建筑物的特殊构件见这些构件的有关组）	1540
9	E04C002/288	由隔绝材料和混凝土、石料或石类材料组成〔6〕	1460
10	E04B002/88	幕墙	1406

3.1.4 国民经济行业分布情况分析

利用 Patentics 专利数据库的分组功能，对检索到的 2012～2021 年间 43000 件绿色建筑授权专利涉及的国民经济行业进行分类。结合国家统计局 2017 年颁布的《国民经济行业分类》，对照其中的分组和释义对绿色建筑技术专利的国民经济行业分布情况进行分析。根据分类结果，各经济行业的专利数量如图 3-3 所示，数据中的专利共涉及七个经济行业，分别为农、林、牧、渔业（代码为 A），采矿业（代码为 B），制造业（代码为 C），电力、热力、燃气及水生产和供应业（代码为 D），建筑业（代码为 E），信息传输、软件和信息技术服务业（代码为I），居民服务、修理和其他服务业（代码为O）。各类经济行业的专利数量总和大大超过已检索的专利总数，可见大多数绿色建筑专利技术涉及至少两个以上经济行业。跨行业合作已经成为绿色建筑技术发展的必然趋势。

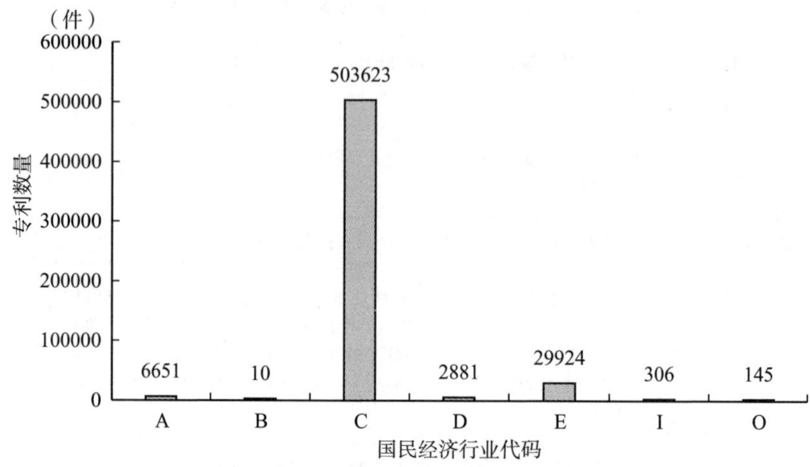

图3-3　绿色建筑技术专利的国民经济行业分布

从图3-3可以明显看出，与制造业相关的绿色建筑技术专利数量达503623件，占绝对优势。为深入对与制造业相关的绿色建筑技术专利进行分析，从与该行业相关的专利中选取数量排名前十的子分类进一步分析，排名结果如表3-3所示。表3-3所列的十个与制造业子分类相关的专利数量不仅在同一大类中排名前十，在专利所涉及的所有经济行业子类中都是排名前十的，充分表明，近10年来我国绿色建筑技术研究和应用很大程度上集中于建筑材料和建筑构造等制造方面。

表3-3　与制造业相关的绿色建筑技术专利前十分布情况

序号	子类代码	类别名称	数量（件）
1	C3024	轻质建筑材料制造	32082
2	C3051	技术玻璃制品制造	30505
3	C3032	建筑用石加工	30369

续表

序号	子类代码	类别名称	数量（件）
4	C3311	金属结构制造	29900
5	C3021	水泥制品制造	29734
6	C3033	防水建筑材料制造	29611
7	C3022	砼结构构件制造	29519
8	C2031	建筑用木料及木材组件加工	29375
9	C3031	粘土砖瓦及建筑砌块制造	29370
10	C3062	玻璃纤维增强塑料制品制造	29360

除制造业外，专利数量较多的相关经济行业有建筑业，农、林、牧、渔业，电力、热力、燃气及水生产和供应业。选取各行业专利数量前五名的子类进行分析，排名结果如表 3－4、表 3－5、表 3－6 所示。

从表 3－4 看，其他房屋建筑和住宅房屋建筑的绿色建筑技术专利数量居多，均达到 7000 件以上。其他房屋建筑包括除体育场馆建筑外的公共建筑，例如商业及服务用房屋建筑，办公用房屋建筑，科学研究用房屋、教育用房屋、医疗用房屋建筑，厂房及建筑物建筑，客运等候及指挥用房屋建筑等。住宅房屋建筑包括保障性住房建筑，普通商品房建筑，公寓、别墅建筑等。这两类包含了住宅建筑和公共建筑的大部分类别。这两大类建筑的建成场所都有人流量较多或者人口密度较大的特点，在这两类建筑中推行绿色建筑技术可以获得更大的成效，并容易形成规模效应，因此，为了专利技术成果能够更好地转化应用和推广，专利申请人更倾向于研发与该两类建筑相关的绿色建筑技术。

表 3－4　　与建筑业相关的绿色建筑技术专利前五分布情况

序号	子类代码	类别名称	数量（件）
1	E4790	其他房屋建筑	7699
2	E4710	住宅房屋建筑	7279
3	E4720	体育场馆建筑	4724
4	E4999	其他建筑安装	1847
5	E4840	工矿工程建筑	1365

为更加具体地分析其他房屋建筑和住宅房屋建筑涉及的具体技术，在国民经济行业分类的基础上，按照国际专利分类号进行技术分类，取各技术分类数量排名前十绘制成图 3－4。从数量上可以发现，针对其他房屋建筑和住宅房屋建筑，研发主要集中的技术领域是相似的。

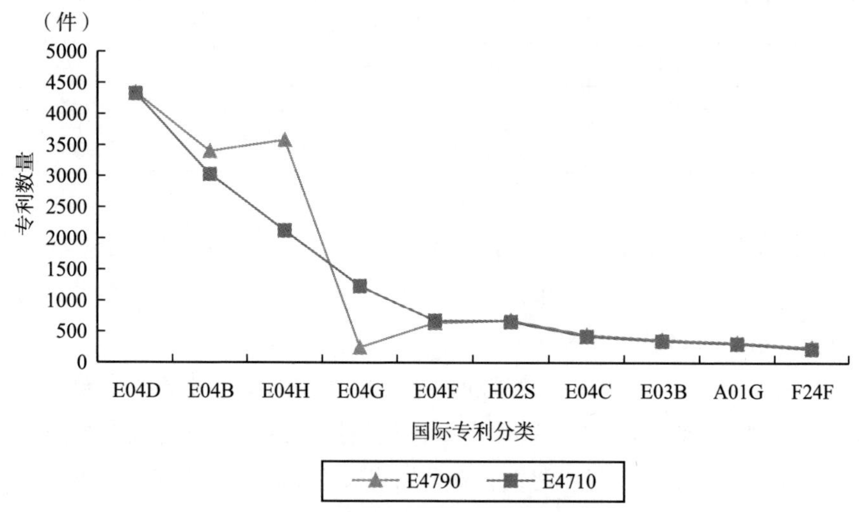

图 3－4　其他房屋建筑和住宅房屋建筑的技术分类

从表 3－5 来看，与农、林、牧、渔业相关的绿色建筑技术专利中，与农业相关的绿色建筑专利数量居多。表 3－5 中所列的五个经济行业子类专利数量相当，列出其公开号后，发现这五个子类中的专利有很高的重复率，表明同一个技术既可以用在建筑中美化环境、改善空气质量，也可以用在不同类型的农业种植中，达到既定目的的同时又起到绿色环保的作用。但是在实践中，此类技术很少应用于农业活动的建筑中。

表 3－5　与农、林、牧、渔业相关的绿色建筑技术专利前五分布情况

序号	子类代码	类别名称	数量（件）
1	A0159	其他水果种植	239
2	A0163	香料作物种植	239

续表

序号	子类代码	类别名称	数量（件）
3	A0190	其他农业	239
4	A0143	花卉种植	231
5	A0112	小麦种植	228

从表 3－6 来看，与电力、热力、燃气及水生产和供应业相关的绿色建筑技术专利中，大多数与能源以及水资源的产出有关。与煤和石油相比，太阳能作为相对清洁的能源，相关技术在我国获得大力推广。在碳排放量居高、能源需求较大的建筑行业，太阳能发电技术的研发更是热点。太阳能发电技术专利数量达到 1338 件，是自来水生产和供应技术专利数量的两倍之多。热力生产供应主要用于北方城市冬季供暖，是小范围一定时期内的能源供应，而风力发电受地理因素影响较大，普及难度较大，所以这两类专利研发数量比之前两类相对较少。在前五个子类中，数量最少的是污水处理及其再生利用，仅有 82 件授权专利。可见，比起能源产出，在绿色建筑领域各研发主体对能源废弃物的回收再处理重视以及投入产出的力度还不大。

表 3－6　与电力、热力、燃气及水生产和供应业相关的绿色建筑技术专利前五分布情况

序号	子类代码	类别名称	数量（件）
1	D4416	太阳能发电	1338
2	D4610	自来水生产和供应	650
3	D4430	热力生产和供应	374
4	D4415	风力发电	124
5	D4620	污水处理及其再生利用	82

3.1.5　被引用次数分析

专利被引用次数通常被用来表征专利质量，即被引用次数越多，表明专利质量越高。在 Patentics 专利数据库中，我们将已检索的 43000 件专利数据按照被引用次数进行分类，结果如图 3－5 所示。

2012～2021 年间被引用的绿色建筑技术授权专利数量为 12260 件，占专利数据总量的28.51%，未被引用过的专利数量高达30740件，占专利数据总量的71.49%。在被引用专利中，绝大部分专利处于被引用1~10次区间内，占被引用专利总量的96.09%，只有少数专利被引用次数较多，专利平均被引用0.85次，整体被引次数低。专利号为CN101806095A，专利名称为“一种全预制装配整体式钢筋混凝土房屋及其建造方法”，国际主分类号为E04B1/20（混凝土支承构件）的专利被引用85次，被引次数最高，该专利于2012年得到授权，2020年失效，被26家企业引用。专利号为CN102162282A，专利名称为“一种自保温节能加气混凝土砌块墙体及其制作方法”，国际主分类号为E04B2/00（建筑物的墙）的专利，被引用71次，该专利于2012年得到授权，2022年失效，被25家企业引用。被引用最多的两个专利虽然都已失效，但失效专利可以被任何单位和个人无偿改进，有助于更多申请人在高质量专利的基础上研发出更具影响力的专利。

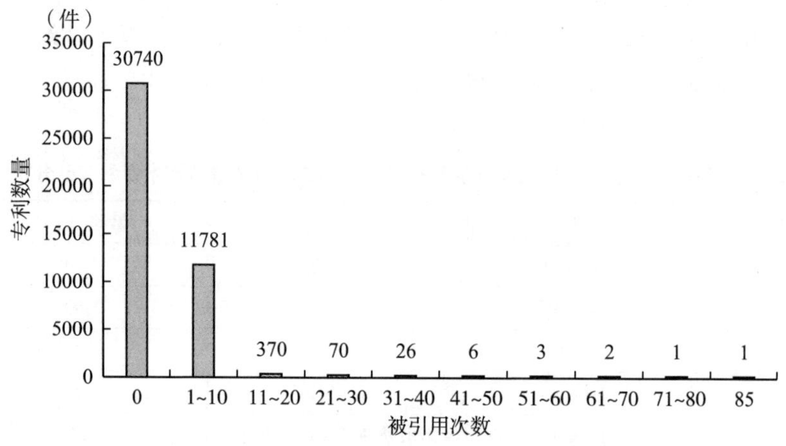

图3-5　绿色建筑专利被引用次数分布情况

3.1.6　法律状态分析

已授权专利法律状态可以分为两类，分别为有效和无效。利用Patentics专利数据库的分组功能对已检索的专利数据进行分类。绿色建筑技术的有效专利数据为29284件，无效专利为13716件，有效专利占比68.10%。我国《专利法》规定，“发明专利权的期限为二十年，外观设计专利权的期限为十五年，实用新型专利权的期限为十年，均自申请日起计算"①。已检索的绿色建筑专利数据中申请年份最早为2006年，有5件专利。理想情况下，如果除了专利有效期外，没有其他因素影响专利权的终止，已检索的专利数据的专利有效率最小应为99.99%，但是实际上专利有效率只有68.10%。为进一步分析专利有效率较低的原因，本书又在法律状态的基础上进行二次分类，研究不同类型的申请人是否在专利有效率上存在差别。

将专利申请模式分为单独申请和合作申请两类，在单独申请类型中将申请人分为企业、高校、科研院所、个人、其他等五类。如表3-7所示，在单独申请专利中，科研院所的专利有效率最高，有效率为80.39%，企业专利有效率次之，有效率为75.16%。科研院所的专利有效率最高主要是因为科研院所的主要工作内容就是技术研发，其对于专利的重视度更高，同时又有一定资金实力来维持专利的有效性。企业的专利有效率较高是因为企业是以营利为目的的团体，有一定资金收入，可用于专利有效性的保护。此外企业出于技术需要，自行研发并拥有专利技术的成本可能会低于外购专利的成本，此时维持一项专利的运营就十分有必要，企业会愿意投入更大的资源保证专利处于有效状态。与之相比，高校和个人的专利有效率较低，分别为53.69%和48.48%。高校专利研发的主力是教师，有些高校教师申请专利更注重成果应用于绩效和职称评价等，对于专利后期的有效性并不注重，并且很多高校教师团队的科研经费有限，无法负担维持专利长期有效的成本。个人专利有效率最低的主要原因依旧是成本问题。相较于企业、高校、科研院所专利研发的资金支持，个人专利研发较少获得资金支持，无法支付专利后期维护费用。没有充足资金支持带来的另外一个问题是个人研发的专利技术可能很快会被更先进、成本更低的专利技术取而代之，失去了维持专利有效的必要性。单独申请专利的有效率与合作申请专利的有效率分别为68.01%和69.35%，二者相差无几，说明研发形式对于专利有效率的影响并不大。

---

① 中国人大网.http://www.npc.gov.cn/npc/c30834/202011/82354d98e70947c09dbc5e4eeb78bdf3.shtml.

表 3－7　法律状态分布情况

申请模式	申请人类型	有效专利数量（件）	无效专利数量（件）	专利有效率（%）	合计占比（%）
单独申请	企业	20111	6648	75.16	68.01
	高校	2189	1888	53.69	
	科研院所	1197	292	80.39	
	个人	3731	3965	48.48	
	其他	29	27	51.79	
合作申请	—	2027	896	69.35	69.35
合计	—	29284	13716	68.10	68.10

3.1.7　申请人类型分析

对于专利申请人类型进行分析，有助于识别绿色建筑技术专利研发的主要力量。将本书检索的绿色建筑专利数据分为单独申请和合作申请两部分，分别识别单独申请人类型以及合作申请人类型的专利情况。合作申请于“申请人合作网络分析”部分进行分析。

本书检索的绿色建筑专利数据中共有单独申请授权专利 40077 件，按照申请人类型对其进行分类，其中不属于前四类申请人的划分到“其他”类，例如合作社、质量监督站、技术推广站等。分析申请人数量、授权专利数量以及平均专利数量，结果如表 3－8 所示。可以发现，企业申请人数量和授权专利数量都是最多的，并且占比都在 60% 以上，而高校和科研院所申请人数量和授权专利数量占比较低，说明企业是我国绿色建筑技术研发的主要力量。但是企业的平均专利个数却低于高校和科研院所，可见企业个体的产出效率不及高校和科研院所，高校和科研院所更具有专利研发的积极性，且研发能力较强。企业平均专利个数较低是由于企业申请人数量众多，大型企业具有更多资源进行专利研发，但是对于占更大比例的中小型企业来说，其资源较少，专利数量也较少，导致企业类型申请人整体上专利数量占比较高，然而平均专利个数较低。

表 3 – 8　　单独申请授权专利主体构成及产出效率

申请人类型	申请人数量（件）	占比（%）	授权专利数量（件）	占比（%）	平均专利个数
企业	10747	63.94	26759	66.77	2.49
高校	628	3.74	4077	10.17	6.49
科研院所	472	2.81	1489	3.72	3.15
个人	4915	29.24	7696	19.20	1.57
其他	46	0.27	56	0.14	1.22
合计	16808	100.00	40077	100.00	2.38

3.2　绿色建筑技术专利合作网络分析

绘制专利申请人合作网络是分析特定领域专利合作情况的重要方法之一，可以更为具象地展示专利合作现状。在对绿色建筑技术专利分析的基础上，在建立技术专利合作网络前，分析近十年我国绿色建筑技术的合作专利数量和合作申请人类型，构建绿色建筑技术专利合作网络，并对合作网络开展分析。

3.2.1　合作专利数量分析

本书已检索的绿色建筑专利数据中共有合作申请并授权专利 2923 件，占专利数据总量的 6.8%。2012 ~ 2021 年，我国绿色建筑技术合作专利各年平均占比（各年合作专利授权数量与当年专利授权总量之比的均值）为 7.02%。无论从总体还是各年均值来看，目前我国绿色建筑技术领域专利合作比例仍然较低，合作研发处于起步阶段，有很大发展空间。将这些合作专利按照年份分类，如图 3 – 6 所示，2012 年到 2021 年之间合作专利数量呈上升趋势，各年平均增长率为 13.93%，专利合作规模稳步扩大。

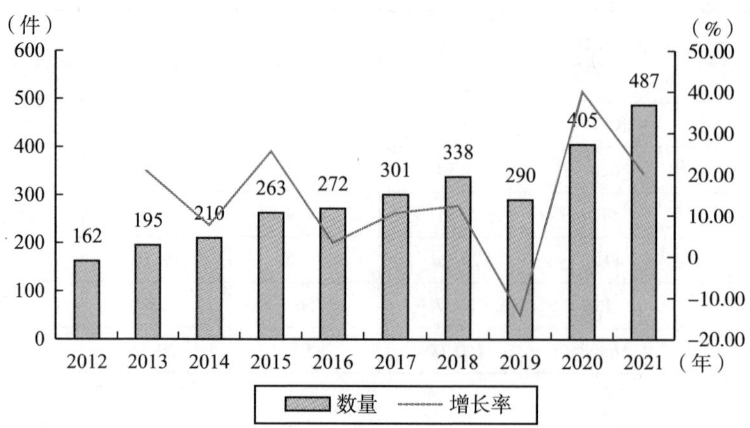

图 3-6　2012~2021 年绿色建筑技术合作申请并授权专利数量

3.2.2　合作研发申请人类型分析

在绿色建筑技术合作申请专利分析部分，对各类型申请人在专利合作研发中的参与度以及合作方式进行剖析，其中参与度用各类型申请人参与合作专利数量与总合作专利数量之比来表示。

各类型申请人合作研发的参与度如表 3-9 所示，其中企业合作参与度最高，为 71.13%；个人合作参与度次之，为 35.20%；高校合作参与度与科研院所合作参与度相当，分别为 14.92% 和 14.78%。对于合作研发专利，企业具有更高的积极性，作为直接提供建设相关服务的一方，企业需要在实践中运用各类更加先进、环保的技术，达到绿色建筑评价和审核标准，且可以获得技术积累。从形式上来说，个人可以更加灵活地加入到合作研发中，因此在合作申请授权专利中参与度较高。

对合作专利进一步分类可以发现，合作研发参与度较高的两类申请人（企业和个人），其同类合作者的合作比例更高，而合作研发参与度较低的两类申请人（高校和科研院所）则更多进行跨不同类合作者的合作，高校和科研院所的申请人跨类合作比例分别高达 96.33% 和 94.91%。

表 3 – 9　　绿色建筑技术专利各类申请人参与合作情况

类型	数量（件）	参与度（%）	合作类型	数量（件）	占该类专利数量比例（%）
企业参与专利	2079	71.13	同类合作	1189	57.19
			跨类合作	890	42.81
高校参与专利	436	14.92	同类合作	16	3.67
			跨类合作	420	96.33
科研院所参与专利	432	14.78	同类合作	22	5.09
			跨类合作	410	94.91
个人参与专利	1029	35.20	同类合作	654	63.56
			跨类合作	375	36.44

在同类合作和跨类合作的合作类型下，对合作方式进行细分，结果如表 3 – 10 所示。在已检索的所有专利数据中，同类合作专利共有 1881 件，占合作专利总量 64.35%，跨类合作专利共有 1042 件，占数据专利总量 35.65%。可见，绿色建筑技术专利合作研发较多在同类申请人中进行，跨类合作较少。同类合作由于是在相同类型申请人之间进行，合作沟通成本较低，但可能会由于信息同质化导致资源浪费，跨类合作更有利于资源整合、优势互补，也有利于专利技术转化和推广应用。

表 3 – 10　　绿色建筑技术专利合作研发方式

合作类型	合作方式	数量（件）	占比（%）	合作类型	合作方式	数量（件）	占比（%）
同类合作	企业—企业	1189	40.68	跨类合作	企业—其他	9	0.31
同类合作	高校—高校	16	0.55	跨类合作	企业—高校—其他	9	0.31
同类合作	科研院所—科研院所	22	0.75	跨类合作	企业—科研院所—其他	3	0.10

续表

合作类型	合作方式	数量（件）	占比（%）	合作类型	合作方式	数量（件）	占比（%）
同类合作	个人—个人	654	22.37	跨类合作	企业—个人—其他	1	0.03
跨类合作	企业—高校	245	8.38	跨类合作	高校—科研院所	49	1.68
跨类合作	企业—科研院所	321	10.98	跨类合作	高校—个人	72	2.46
跨类合作	企业—个人	266	9.10	跨类合作	高校—其他	10	0.34
跨类合作	企业—高校—科研院所	15	0.51	跨类合作	科研院所—个人	15	0.51
跨类合作	企业—高校—个人	20	0.68	跨类合作	科研院所—其他	6	0.21
跨类合作	企业—科研院所—个人	1	0.03				

3.2.3 合作网络构建

为进一步分析绿色建筑技术专利申请人的合作情况，运用 Gephi 软件构建了绿色建筑技术专利申请人合作网络。将已检索的 2923 条合作专利的申请人信息整理并录入，经 Python 处理后形成 Gephi 软件需要的“边数据”和“节点数据”，共得到 3346 个节点和 3495 条边，节点代表各申请人，边代表节点之间的合作关系。节点大小代表节点度的大小，节点度是指和该节点相关联的边的条数，即节点越大，节点度就越大，与其关联的节点数量就越多，在网络中的作用更加重要。边的粗细代表了边的权重值的大小，边的权重值越大表示边所连接的两个节点之间合作次数越多。

将边数据和节点数据导入 Gephi 软件，建立绿色建筑专利申请人合作数据集，构建绿色建筑专利申请人合作网络。运用软件中统计功能，计算网络的模块化、平均度、网络直径、特征向量中心度、平均路径长度等指标。运用 Fruchterman Reingold 布局①调整网络可视化展示，得到绿色建筑专利申请人合作网络图，如图 3 –7 所示。

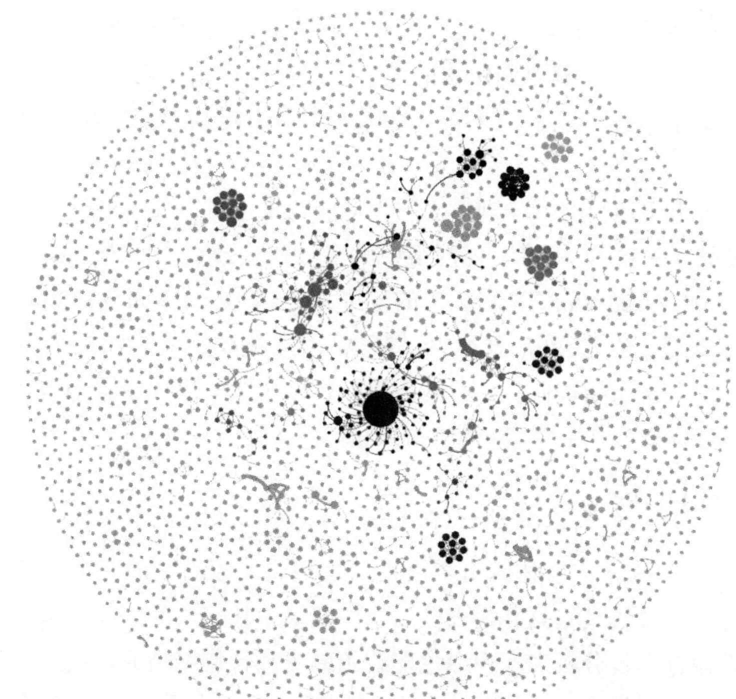

图 3 –7　绿色建筑技术专利申请人合作网络图

3.2.4　合作网络分析

1. 整体分析

在整体分析部分，从“点”和“边”的角度出发，对合作网络整体规模和合作频率进行分析。由图 3 –7 可见，在该网络中大多数节点都比较小，根据统计数据发现，节点度为 1 的节点有 1804 个，占节点总数的

① Fruchterman Reingold 布局简称 FR 布局，属于力引导布局。FR 布局基于再次改进的弹性模型，该布局算法遵循两个简单的原则，即有连接的节点互相靠近和无连接的节点互相排斥。

53.63%，节点度为2的节点有819个，占节点总数的24.35%。节点度≤2的节点比例高达77.97%，平均度为2.089，可见对于合作网络整体而言，大多数申请人只拥有一个或者两个合作对象，合作规模较小。最大的节点是国家电网有限公司，其节点度为66，远超其他节点的度，是该合作网络中最大规模合作模块的核心节点。从申请人性质来看，节点度排名前十的节点中有企业、大学和个人，各类型申请人都形成较为有力的合作模块。

除了节点可以反映合作规模之外，边的权重也可以反映申请人之间合作频次。从图3-7中，不难发现网络中大多数连接节点之间的边比较细，粗的边比较少，从统计数据来看，边的权重为1，即申请人间合作次数只有一次的边有2675条，占边总数的76.54%，因此在建立的合作网络中，大部分申请人间合作频率较低。虽然网络整体合作频率不高，但是仍然存在个别合作频率较高、合作关系较为紧密的申请人。

2. 模块分析

如图3-7所示，合作网络图出现了个别联系较为紧密的合作模块，在该部分，对规模较大且具有代表性的合作模块单独使用Fruchterman Reingold布局，并做进一步分析来发现绿色建筑领域专利合作网络的特点。

首先，合作网络中规模最大的是以国家电网有限公司为核心的合作模块，如图3-8所示，模块中其他节点大部分为各地供电公司，与国家电网有限公司属于同一体系。此外，在这一合作模块中，形成了除国家电网有限公司外的第二个小范围合作模块，该模块以南京工业大学为核心，主要合作对象为江苏省内建筑企业和科研院所，其中南京工大建设工程技术有限公司，其大股东为南京工业大学资产经营有限公司，与南京工业大学关系密切。同一体系内的合作可以做到由总公司统一指挥，将资源在内部进行整合与共享。这种情况下，合作更易展开，并且遇到问题时可以积极协调，有利于合作顺利进行。

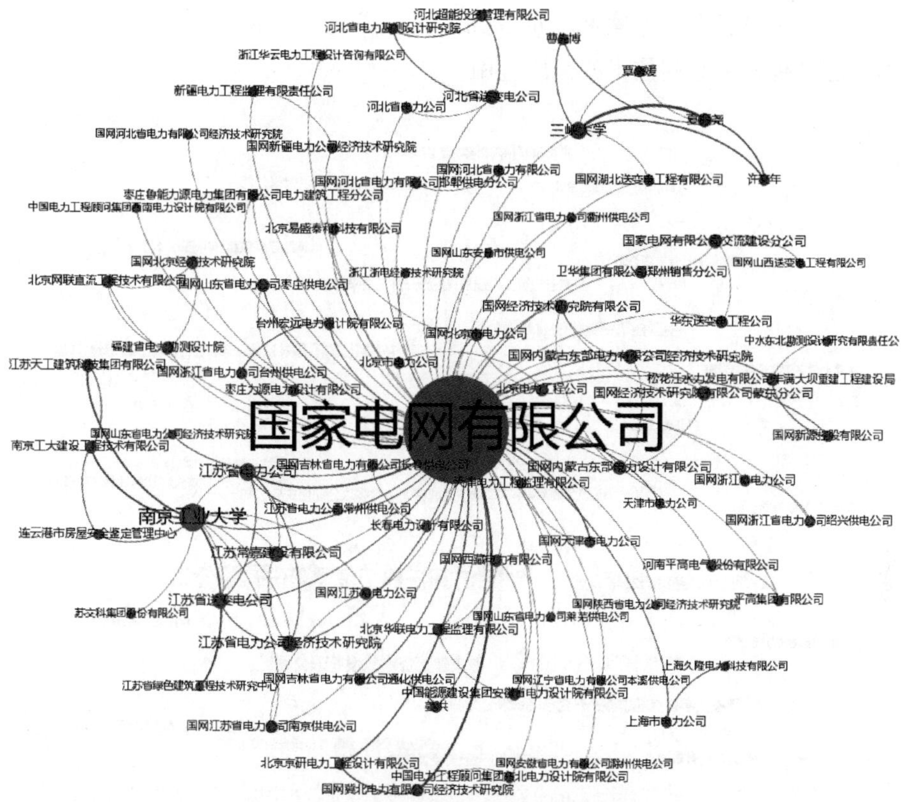

图 3－8　国家电网有限公司合作模块

其次，合作网络中出现了若干个个人合作模块，在该模块中，申请人几乎全部为个人，只有一家企业。合作通常都是强强联合，对于其他类型申请人来说，个人资源较少，能力有限，不是合作的首选目标。在对其他几个个人合作模块进行布局调整并可视化展示后，可以发现形成规模的几个个人合作模块中合作申请人几乎全是个人，这也和本书在“合作研发申请人类型分析”部分的观点相印证。

最后，对其中一个产学合作模块进行可视化展示，如图 3－9 所示。该合作模块以重庆建工集团股份有限公司、重庆大学以及重庆建工住宅建设有限公司为核心，向外与多家企业、高校和科研机构展开合作，形成合作的申请人之间大多数都处于同一地区，跨地区合作较少。因为空间在一定程度上造成了信息获取的屏障，同一地域申请人间对彼此的资源以及实力更加了解，合作后便于实地考察和及时交流，可以降低因空间差异带来的沟通成本，也更有利于专利技术的推广应用。

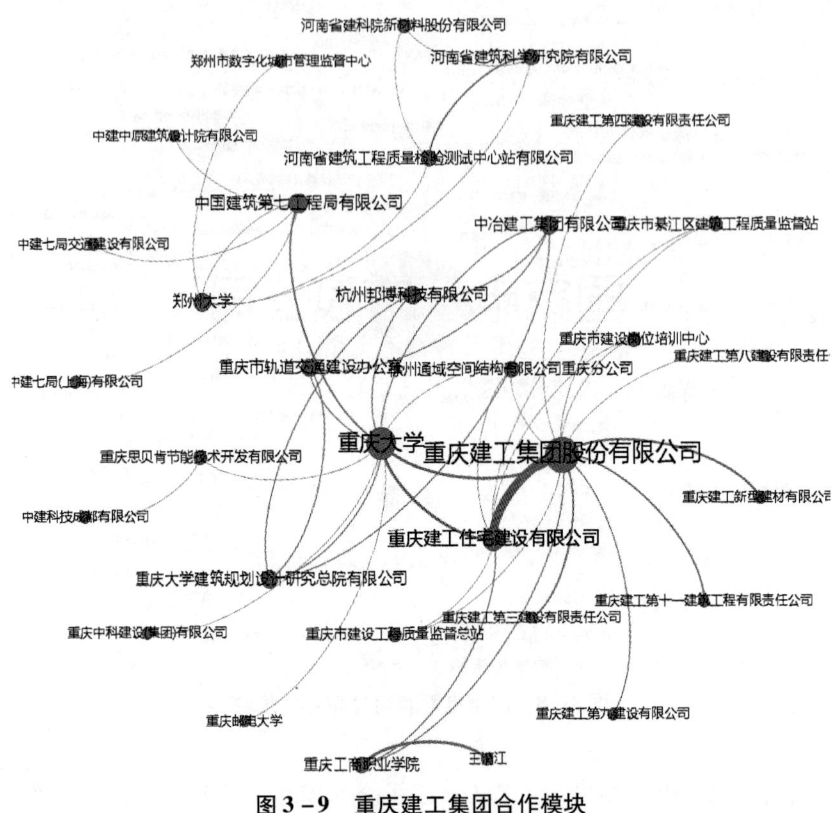

图 3-9　重庆建工集团合作模块

3.3　研究结论

本书选取了 2012~2021 年绿色建筑技术相关专利，运用分类统计与社会网络分析的方法，绘制图表与合作网络，从各年授权专利数量、专利类型、地域分布、技术类别、所涉国民经济行业、被引用次数、法律状态、申请人类型以及合作情况进行分析，得出如下结论：

首先，在选定数据期间内，绿色建筑技术专利授权数量整体呈上涨趋势，以实用新型专利为主，发明专利数量较少。专利地域分布存在差异，江苏、山东、北京、广东、浙江、上海等地区授权专利数量较多。绿色建筑所涉技术以及行业较广，但是目前国内相关专利研究主题和涉及行业都较为集中，难以满足《绿色建筑评价标准》构建的评价体系中六要素的要求，技术覆盖面不广。高被引专利极少，大部分专利未被引用，专利整体质量不高。专利的法律状态决定了专利是否受到法律保护，绿色建筑技术专利有效率偏低。为更好地识别绿色建筑专利研发的主要力量，对申请人类型进行分析，分为单独申请和合作申请两种情况，在单独申请专利中，企业在申请人数量和专利数量中都占较大比例，是绿色建筑技术专利研发的中坚力量，但是研发产出效率却低于高校和科研院所。

其次，本书对绿色建筑技术专利合作情况进行了分析。2012 ~ 2021 年的十年间，合作专利数量总体上有所上涨，但比例仍然较低。申请人合作网络整体较为稀疏，只有个别模块密度较高；节点的平均度低，合作对象少，并且大规模合作较少，大多数为小规模合作；与此同时整体合作频率也较低。此外，在各类申请人中企业参与度最高，个人次之，高校与科研院所合作参与度偏低。绿色建筑专利合作网络中最大规模的合作模块大多数为同体系内各公司的合作；申请人跨地域合作较少，多为同地区间合作；企业与个人更偏向于同类合作，而高校和科研院所更偏向于跨类合作。

综上所述，我国绿色建筑专利仍处于发展阶段，目前存在专利质量不高，覆盖面不广，地域分布不均，合作规模较小，合作频率较低等问题。要提高绿色建筑技术专利质量，需政策法律两手抓，一方面制定相应的政策和奖励机制鼓励各类申请人以及各行各业积极参与绿色建筑技术研发；另一方面在提高发明人知识产权保护意识的同时，加强知识产权保护力度。在制度保障的基础上，还需立足于绿色建筑评价体系的要求以及双碳目标的实现，注重全生命周期内绿色建筑专利技术的研发，而不是仅局限于建筑材料等若干集中领域。覆盖面广的专利技术研发，需要更多资源支撑，扩大合作规模十分必要，应当更注重不同类型主体合作，更多地进行跨类合作，取长补短，使得资源利用效率最大化。注重加强企业与其他类型的研发合作，增强绿色建筑专利技术的推广应用。

第4章

环境规制对绿色建筑技术采纳的影响因素分析

4.1 命令控制型环境规制

命令控制型环境规制，顾名思义是具有命令强制性质的政策规制工具，是政府采用制定颁布一系列相关的法律法规、规章制度、行业标准以及发展规划，并实施相应的惩罚举措，约束干预从事本领域的企业在实行生产活动时要依据政府出台的政策文件，从而实现政府所要求的调节目标。这类环境规制具备一定强制作用，如果社会组织不按照政府颁布的强制性政策或者违反相关规定标准，就需要承担相应的后果与责任。

很多国家对于绿色建筑的推广都运用强制手段，采取了一些命令控制型举措。例如，欧盟国家是较早开始推广绿色建筑的地区之一，所有成员国都要遵守《欧盟建筑能效指令》强制性政策文件，以便确保建筑物能够符合节能要求①。英国不仅是最早开始推广绿色建筑的国家之一，也是第一个构建并实行绿色建筑评价标准的国家。英国政府以此标准作为公共建筑的强制性评价准则，并强制要求每栋公共建筑物要公示能源消耗情况以及相应证书。除此之外，英国政府还制定实施了《住宅法》《建筑能效法规（能源证书和检查制度）》，以及《可持续住宅规范》等一系列法律法规，大力推动

① 陈立文，赵士雯，张志静．绿色建筑发展相关驱动因素研究——一个文献综述［J］．资源开发与市场，2018，34（9）：1229－1236.

绿色建筑的落地①。新加坡在 2007 年颁布指令，约束从事建筑领域的相关组织必须严格遵照绿色建筑标准来建造房屋，若没有按照此条要求落实将会受到较为严厉的处罚。

我国为了更好地推动绿色建筑发展也制定了系列法律法规、规章制度、行业标准以及各省区市颁布的地方法规、行动方案等，例如《绿色建筑评价标准》《民用建筑节能条例》《节约能源法》《建筑法》《可再生能源法》《绿色建筑设计标准》《绿色建筑竣工验收标准》《绿色建筑管理条例》《公共机构节能条例》《绿色建筑行动方案》《建筑节能与可再生能源利用通用规范》等。我国部分省份不仅不断提高对建筑物的节能要求，而且要求所有新建建筑的设计图纸必须满足基本级绿色建筑设计标准，方能通过图纸审查环节等。

同时，已有一些国内外专家学者对命令控制型政策工具对绿色建筑发展的影响进行了研究。阳扬在研究我国绿色建筑相应政策过程中，提出政府所制定实施的强制性政策在推动房地产开发商选择绿色建筑策略能够起到重要作用②。朱庆华等在其研究中提出了命令控制型环境规制对于企业采纳绿色技术起到了正向促进作用的观点③。张建国等分析影响房地产开发商选择绿色建筑的主要因素，结果表明政府实施命令控制型政策能够在一定程度上有力促进房地产企业选择绿色建筑工程④。刘晓君等提出我国在绿色建筑发展过程中所采取的政策举措不应再以鼓励引导为主要手段，而应该转变为行政强制方法，才能更大程度上促进绿色建筑推广⑤。徐佳等在研究中提出限制绿色建筑大力推广的主要因素之一就是我国政策法规方面还存在着不足之处⑥。王肖文等在绿色住宅市场化发展的影响因素研究中，认为政府实施强制性政策因素对其的正向影响程度最为明显，

---

① 郝晨宇．政策工具对绿色建筑开发意愿的影响研究 [D]．西安建筑科技大学，2017.

② 阳扬．我国绿色建筑的政策影响力研究 [D]．华东师范大学，2013.

③ Zhu Q，Sarkis J，Lai K H. Institutional – based antecedents and perfor – mance outcomes of internal and external green supply chain management practices [J]. Journal of Purchasing and Supply Management，2017，19 (2)：106 – 117.

④ 张建国，谷立静．房地产企业开发绿色建筑的影响因素和对策建议 [J]．中国能源，2014，36 (2)：18 – 22.

⑤ 刘晓君，贺丽，胡伟，刘梁．中国绿色建筑全产业链政策评价 [J]．城市问题，2019 (6)：71 – 79.

⑥ 徐佳，沈其明．制约绿色建筑发展的原因及策略分析 [J]．重庆交通大学学报，2008，27 (1)：1005 – 1008.

驱动力也最大[①]。牛犇等[②]、周柯等[③]分别在对制约我国绿色建筑发展过程中法律法规政策分析时，发现存在着以下三方面主要问题：第一，在关于绿色建筑立法方面，我国绿色建筑相关立法方面有所欠缺，即使有相关法律法规，但是具体操作内容不足；第二，相应的绿色建筑法律法规中没有较为明确的处罚举措，约束力不足；第三，法律法规内容没有及时更新以及多部门联动协调性较差，这些问题将会阻碍命令控制型政策有效地推动绿色建筑发展。刘俊颖等提出房地产开发商是否选择绿色建筑项目会受到政府法律法规管制以及处罚手段的影响[④]。穆罕默德（Mohammad）等在调查访问了多位绿色建筑的维修技术人员后，分析表明绿色建筑设计标准的提升可以有效地增大绿色建筑运营环节带来的效果[⑤]。达科（Darko）在调查了43位具有绿色建筑工作经验的专业技术人员，发现虽然制定绿色建筑制度和提升绿色建筑标准对不同国家的驱动力度存在不同，但是不可否认这两个命令控制型政策工具对推动绿色建筑发展都起到了重要的驱动作用[⑥]。

基于文献理论分析，参考并整理以往研究量表并实地访谈咨询了具有绿色建筑相关工作经验的专家，结合我国绿色建筑特点，本书将从政府颁布的现行法律法规、政府颁布的现行强制性规划和设计标准、政府对不采纳绿色建筑技术进行惩罚等三个维度度量命令控制性环境规制。

基于上述分析，提出命令控制型环境规制对建筑业主的资源与意识、对绿色建筑技术采纳意愿的影响的研究假设：

H1：命令控制型因素对建筑业主的资源与意识有正向影响作用；

H1－1：政府颁布的现行法律法规对建筑业主的资源与意识有显著的正向影响作用；

H1－2：政府颁布的现行强制性规划、设计标准对建筑业主的资源与意

---

① 王肖文，刘伊生．绿色住宅市场化发展驱动机理及其实证研究［J］．系统工程理论与实践，2014，34（9）：2274－2282.

② 牛犇，杨杰．我国绿色建筑政策法规分析与思考［J］．东岳论丛，2011，32（10）：185－187.

③ 周珂，尹兵．我国低碳建筑发展的政策与法律分析［J］．新视野，2010（6）：72－74.

④ 刘俊颖，何溪．房地产企业开发绿色建筑项目的影响因素［J］．国际经济合作，2011（3）：82－85.

⑤ Mohammad，Izran Sarrazin，Zainol，Nurul Nadiah. Critical factors that lead to green building operations and maintenance problems in Malaysia［J］. Theoretical and Empirical Researches in Urban Management，2014（2）：68－86.

⑥ Darko A，Chan A P C. Strategies to promote green building technologies adoption in developing countries：The case of Ghana［J］. Building and Environment，2018，130：74－84.

识有显著的正向影响作用；

H1 - 3：对不采纳绿色建筑技术进行惩罚对建筑业主的资源与意识有显著的正向影响作用。

H2：命令控制型因素对绿色建筑技术采纳意愿有显著的正向影响作用；

H2 - 1：政府颁布的现行法律法规对绿色建筑技术采纳意愿有显著的正向影响作用；

H2 - 2：政府颁布的现行强制性规划、设计标准对绿色建筑技术采纳意愿有显著的正向影响作用；

H2 - 3：对不采纳绿色建筑技术进行惩罚对绿色建筑技术采纳意愿有显著的正向影响作用。

4.2　市场激励型环境规制

绿色建筑具备外部经济性，要想推广与发展绿色建筑市场需要政府对其进行干预与约束，而政府所采用的举措不能仅依靠命令控制型环境规制工具，还需要一些激励手段来刺激企业的积极性。市场激励型环境规制工具的采用可以在一定程度上弥补命令控制型环境规制的不足，更好地激发出建筑业主主动选择采纳绿色建筑技术策略的主动性。

在实践领域，我国部分省市绿色建筑发展的激励政策汇总如表 4 - 1 所示。我国绿色建筑领域的现行市场激励型环境规制工具主要包括了财政补贴、税收优惠、信贷优惠、返还城市配套费、开设专项资金奖励、评奖优先推荐上报等不同方面，促使建筑领域利益相关者（包括但不仅限于建设单位、物业单位等）在倾向于选择绿色建筑策略从强制被动性转变为激励主动性。

表 4 - 1　　我国部分省区市激励政策汇总

省区市	政策名称	主要激励措施
北京	《北京市装配式建筑、绿色建筑、绿色生态示范区项目市级奖励资金管理暂行办法》	财政补贴

续表

省区市	政策名称	主要激励措施
天津	《天津市绿色建筑试点建设项目管理办法》	节能专项资金奖励
	《天津市绿色建筑管理规定》	
上海	《上海市建筑节能和绿色建筑示范项目专项扶持办法》	财政补贴
重庆	《重庆市绿色建筑项目补贴资金管理办法》	财政补贴
黑龙江	《黑龙江省绿色建筑行动实施方案》	评优评选中优先推荐上报、财政补贴
吉林	《吉林省建筑节能奖补资金管理办法》	财政补贴
辽宁	《辽宁省绿色建筑行动实施方案》	财政补贴
	《辽宁省绿色建筑条例》	奖励容积率
河北	《河北省建筑节能与科技工作要点》	为绿色建筑发展提供技术支持
	《河北省促进绿色建筑发展条例》	“四新”研究开发费用享受税前加计扣除，评优评选中加分项且记入企业信用信息
	《河北省建筑节能专项资金管理暂行办法》	资金补助
青海	《青海省绿色建筑行动实施方案》	返还城市配套费
	《青海省促进绿色建筑发展办法》	年度信用等级评定享受加分
山东	《山东省省级建筑节能与绿色建筑发展专项资金管理办法》	财政补贴
	《山东省绿色建筑促进办法》	“四新”研究开发费用享受税前加计扣除、用电优惠、执行峰谷分时电价、折算绿地面积
河南	《河南省绿色建筑行动实施方案》	奖励容积率、评优评选中优先推荐上报
浙江	《浙江省绿色建筑条例》	“四新”研究开发费用享受税前加计扣除
	《浙江省深化推进新型建筑工业化促进绿色建筑发展实施意见》	财政奖励、税收优惠
江苏	《关于推进全省绿色建筑发展的通知》	财政补贴
	《江苏省绿色建筑发展条例》	财政补贴、奖励容积率、执行峰谷分时电价、减征或免征水资源费

续表

省区市	政策名称	主要激励措施
福建	《福建省绿色建筑行动实施方案》	财政补贴、奖励容积率
湖南	《湖南省绿色建筑行动实施方案的通知》	奖励容积率、优先纳入省重点工程、税收优惠
广东	《支持推广绿色建筑及建设绿色建筑示范项目》	财政补贴
	《广东省绿色建筑条例》	税收优惠、奖励容积率、“三新”研发费用享受税收优惠
海南	《海南省住房和城乡建设厅关于实施绿色建筑行动有关问题的通知》	返还城市基础设施配套费、财政补贴
陕西	《关于加快推进我省绿色建筑工作的通知》	财政补贴
四川	《四川省推进绿色建筑行动实施细则》	评优评选中优先推荐上报、税收优惠、信贷优惠
贵州	《加快绿色建筑发展的十条措施》	资金奖励、税收优惠
	《贵州省绿色建筑行动实施方案》	奖励容积率
内蒙古	《关于积极发展绿色建筑的意见》	评优评选中优先推荐上报、减免城市配套费
	《内蒙古自治区民用建筑节能和绿色建筑发展条例》	税收优惠、设置节能专项资金、享受加分政策
宁夏	《宁夏回族自治区绿色建筑发展条例》	奖励容积率
	《宁夏回族自治区绿色建筑示范项目资金管理暂行办法》	奖补资金
安徽	《关于加快推进绿色建筑发展的通知》	资金补助、评优评选中优先推荐上报
深圳	《深圳市绿色建筑促进办法》	财政补贴
	《关于支持建筑领域绿色低碳发展若干措施》	优先推荐上报
珠海	《珠海经济特区绿色建筑管理办法》	奖励容积率、财政补贴、企业资质或者招投标中享受优先或者加分奖励
江西	《江西省民用建筑节能和推进绿色建筑发展办法》	资金奖励、生产使用“四新”享受税收优惠
	《江西省发展绿色建筑实施意见》	优先推荐上报

续表

省区市	政策名称	主要激励措施
武汉	《武汉市绿色建筑管理试行办法》	“四新”生产使用享受税收优惠、资金奖励
亳州	《加快推进亳州市绿色建筑行动实施方案的通知》	评优评选中优先推荐上报、贷款利率下浮、奖励补助、减免城市配套费、奖励容积率
徐州	《徐州市绿色建筑示范城市奖补资金管理办法》	奖金补助
黄山	《关于推进绿色建筑发展的实施意见》	贷款利率下浮、减免城市配套费、奖励容积率
济南	《关于全面推进绿色建筑高质量发展的实施意见》	“四新”研究开发费用享受税前加计扣除、主体信用评价加分、下调拨付节点预售资金监管留存比例、折算绿地面积
山西	《关于印发山西转型综改示范区绿色建筑扶持办法（试行）的通知》	资金奖励
湖北	《关于促进全省房地产市场平稳健康发展的若干意见》	奖励容积率、税收优惠
新疆（乌鲁木齐）	《全面推进绿色建筑发展实施方案》	资金奖励
甘肃	《关于开展绿色制造体系建设试点工作的通知》	财政奖励资金
云南	《关于印发云南省降低实体经济企业成本实施细则的通知》	资金奖励
广西	《广西绿色制造体系建设工作实施方案》	资金奖励
合肥	《合肥市绿色建筑发展条例》	奖励容积率、减征或免征水资源费、折算绿地面积
黄石	《黄石市民用建筑节能与绿色建筑管理办法》	奖励容积率、资金补助、年度信用等级评定加分

续表

省区市	政策名称	主要激励措施
西宁	《西宁市加快推进绿色建筑发展奖励办法》	资金奖励、折算绿地率、年度信用等级评定加分、优先推荐申报评奖
清远	《清远市绿色建筑促进办法》	财政奖励、“四新”研究开发费用享受税前加计扣除

注：本表由作者整理汇总。

沙兹明（Shazmin）等认为市场激励型环境规制工具可分成经济激励以及管理激励，其中经济激励主要包括补贴、税收优惠等方面，管理激励则是以人才支持和技术支持为主①。奥卢本米（Olubunmi）等在全面评估多种类型的政府激励措施基础上，提出政府实施的市场激励型手段可划分为经济激励方式和非经济激励方式两大类②。依据我国各省区市现行已颁布的激励政策来看，经济激励手段占据了重要比例，比如依据绿色建筑认证不同星级标准所能享受的财政补贴或者奖补资金、税收优惠、容积率奖励、返还城市配套费等政策。

另外，市场激励型手段除了上述已颁布的政策工具，还包括碳排放权交易、碳税等措施。从世界银行发布的《2022碳定价机制发展现状与未来趋势》可知，碳税和碳排放权交易这两种市场激励型环境规制工具又被称为直接碳定价工具，这类工具是为了减少温室气体排放而存在的财政激励型政策。至2022年4月，全球所使用的碳税工具有37种、碳排放权交易工具有34种，碳定价工具所管控的温室气体比例仅仅为23%，覆盖面还有待扩大③。

4.2.1 财政补贴政策

绿色建筑发展领域的现行财政补贴政策是依据认证的绿色建筑不同星

① Shazmin S A A, Sipan I, Sapri M. Property tax assessment incentive for green building: A review [J]. Renewable and Sustainable Energy Reviews, 2016, 60: 536-548.

② Olanipekun Ayokunle Olubunmi, Paul Bo Xia, Martin Skitmore. Green building incentives: A review [J]. Renewable and Sustainable Energy Reviews, 2016, 59: 1611-1621.

③ 新浪网. https://finance.sina.com.cn/esg/ep/2022-12-29/doc-imxyhweu9351067.shtml.

级、项目面积、项目所在区域等条件给予利益相关者一定的经济补偿，包括但不限于建设单位、物业管理公司以及建筑物购买使用者等。科恩（Chen Cohen）等通过构建政府、消费者与房地产企业之间博弈模型，提出政府对选择二星级及以上绿色建筑的房地产企业给予一定的财政补贴，能够起到激励效果①。林敏提出在绿色建筑推广初期，为了弥补增量成本给房地产企业、使用者等利益主体带来的制约作用，可适当实施财政补贴政策且相对金额高些能够有效推动绿色建筑发展，但补贴金额要随着发展进程逐渐减少，直至取消实施财政补贴政策②。

从我国各省区市现行已颁布的激励政策汇总可知，目前出台了财政补贴政策的省区市主要包括北京、上海、重庆、吉林、广东、江苏、山东、陕西、福建、山西、新疆、宁夏、天津、浙江、河南、安徽、贵州等地，但不同省区市所出台的绿色建筑补贴额度与申领条件有所差别，比如对于获得三星级认证等级的绿色建筑项目，陕西的财政补贴金额仅为 20 元/m^2，山西的补贴额度达到了 100 元/$m^2$③。财政补贴在短时间内可以激励利益相关者倾向于选择绿色建筑策略，但是财政补贴长期如此实行会给政府带来较大的财政负担，补贴很难在全国各地全面覆盖且长时间持续实行，这需要综合考虑当地市场经济水平等因素而定。实践也表明，有的城市即便已有绿色建筑对应星级的财政补贴标准相关文件，也没有做到实际上的执行到位。即使在经济发展较好的城市能够做到财政补贴政策具体落地，如某省份出台的《支持推广绿色建筑及建设绿色建筑示范项目》文件中提到“达到二星级认证绿色建筑每平方补贴 25 元，单位项目的补贴上限为 150 万元；达到三星级认证绿色建筑每平方补贴 45 元，单位项目的补贴上限为 200 万元”条款，也曾经出现开发商因所申领的财政补贴金额难以弥补其采用绿色建筑技术与设备所需的过高投入成本而主动放弃绿色建筑财政补贴的现象。

4.2.2 税收优惠政策

税收优惠政策是指政府采用税收制度，根据某些预计目标以减少一些纳

---

① Chen C, Pearlmutter D, Schwartz M. A Game Theory—based Assessment of the Implementation of Green Building in Israel [M]. Building & Environment, 2017: 125.

② 林敏. 绿色住宅发展初期的财政补贴细则研究 [J]. 生态经济, 2014, 30 (4): 99 - 102 + 118.

③ 由作者整理汇总而成。

税人原本应该承担的纳税义务，从而达到补贴纳税人生产活动所需支出成本的一种税收机制。简单而言，就是纳税人向政府部门所需缴纳的税收在一定程度上得到了减轻。从理论来说，税收优惠政策本质上跟财政补贴政策是一样的，都可以起到一定程度上弥补利益相关者因采用绿色建筑技术而增加的成本投入，或者说减少了利益相关者绿色建筑相应的成本支出。

开彦等对比中美激励政策对节能绿色建筑的影响，提到税收减免优惠政策的支持下促使越来越多的利益相关者更愿意选择绿色建筑策略，此项政策能够正向推动节能绿色建筑的发展①。孙昭认为有必要实施税收优惠政策来调动企业和消费者选择绿色建筑的积极性②。

现阶段已颁布关于采用绿色建筑技术享有税收优惠政策的省区市主要有浙江、广东、贵州、内蒙古、江西、武汉、吉林、山东、上海、江苏、山西、河南等地，但很多地方此项政策的可操作性有所欠缺或者未真正落地。税收优惠政策较为容易操作管理，同时相比于财政补贴政策来说，无须政府直接支出一定的补贴金额，长期实施也不会给国家政府增加财政方面太大负担。

4.2.3　信贷优惠政策

信贷优惠政策与财政补贴政策、税收优惠政策有所不同，是金融机构给申请信贷资金的绿色建筑利益相关者一定程度上利率优惠的举措。这类政策工具不再局限于政府，而是在绿色建筑的参与方中加入了金融机构，让其也融入绿色建筑项目当中，属于国家财政间接性引导金融机构投资的机制。徐振强③、程彦等④在研究我国绿色建筑激励政策时，提出如果政府出台的信贷优惠政策中，给予利益主体的贷款利率下浮幅度足以消纳绿色建筑的增量成本，就能够有效激发出房地产企业和消费者倾向选择绿色建筑的意愿。郝辰宇提出政府应出台量化的信贷优惠标准，更好地促进绿色建筑在建筑市场

① 开彦，万育玲，陈大鹏．中美绿色建筑激励政策绩效的国际化比较［J］．住宅产业，2011（4）：30－31.

② 孙昭．S市绿色建筑发展问题及政策研究［D］．辽宁师范大学，2019.

③ 徐振强．我国省级地方政府绿色建筑激励政策研究与顶层政策设计建议［J］．建设科技，2014（2）：56－64.

④ 程彦，黄俊璋．绿色建筑政策的发展与比较［J］．施工技术，2017，46（12）：110－112.

上的发展①。

出台信贷优惠政策相关文件的省区市主要有吉林、山东、上海、福建、江西、湖南、广西、四川、贵州、宁夏、安徽等地，但是真正落地到位或者具有较好操作性的地区并不多。信贷优惠政策对借贷双方以及国家财政都是有利的，在一定程度上能够起到与政府财政直接投资方式同样的作用，也能够很好地减少建设业主方在投资方面的风险。

4.2.4 容积率奖励政策

容积率别称为建筑面积毛密度，是用来评价某个用地是否得到合理利用以及衡量土地使用强度如何的重要指标之一。某个地块范围内的容积率等于其地上总建筑面积和用地面积的比值。从容积率的计算公式可以看出，容积率与政府、建设单位以及购买者使用者等利益相关者息息相关，从建设单位的角度来说，容积率数值的大小涉及本工程的经济收益价值，从购买者使用者的角度来说，容积率大小反映居住环境的舒适程度以及小区的外观美学价值等，容积率越小，建筑物密度越小，舒适程度越好。

容积率奖励政策有时又可称为密度奖励政策，这类政策工具最早出现在美国，它是在当时社会处于过度追求土地高产出效益、历史建筑受到破坏等环境问题背景下提出的，是为了达到调和公众环境效益以及个人经济利益之间关系的目标。容积率奖励政策是给予房地产企业一定的容积率方面的奖赏，具体来说就是土地开发管理相关部门为了获取建筑开发商的合作，在建筑开发商满足提供一定公共区域或者公益性设施的基础上，奖励给建筑开发商一定数量上的建筑面积②。这种奖励政策可以说是政府相关部门在很大程度上抓住了房地产企业最为关注的最终目标——利益最大化的心理而设置的激励型政策。

2013 年 1 月 1 日，《绿色建筑行动方案》文件发布③，在此文件中提出鼓励各地要积极研究探索并实施促进绿色建筑推广在容积率奖励等方面的激励型政策。此后，我国多个省区市地区开始制定并试行此类激励政策，已

① 郝晨宇．政策工具对绿色建筑开发意愿的影响研究［D］．西安建筑科技大学，2017.

② 王嘉，郭立德．总量约束条件下城市更新项目空间增量分配方法探析——以深圳市华强北地区城市更新实践为例［J］．城市规划学刊，2010（S1）：22－29.

③ 中国政府网．http：//www. gov. cn/zhengce/content/2013－01/06/content_4572. htm.

有颁布容积率奖励政策的省区市包括但不限于福建、湖北、辽宁、河南、山东、山西、陕西、湖南、贵州、青海、宁夏、广州、珠海、黄山、黄石等地。例如，湖北省在《关于促进全省房地产市场平稳健康发展的若干意见》中，提出按照绿色建筑获得认证星级的不同对应不同标准的容积率奖励，其中三星级绿色建筑认证可以按照总面积的 1.5% 给予房地产企业容积率奖励[①]；福建省出台的《福建省绿色建筑行动实施方案》文件也提到了此项奖励政策：给予选择开发绿色建筑项目的房地产企业一定的容积率奖励，其标准根据此绿色建筑认证星级分别对应 1%、2% 以及 3% 容积率奖励要求[②]。山西省、河南省等地所实施的容积率优惠政策与福建省、湖北省有所区别，它们采用的是不将因采纳绿色建筑技术而增加的建筑面积纳入容积率计算公式的做法作为容积率奖励举措。徐振强认为容积率奖励政策有利于激励利益相关者选择绿色建筑，并且提出山西省这种容积率优惠新做法更容易推广采纳绿色建筑技术[③]。

容积率奖励政策的实施在一定程度上可以有效地提高土地的集约利用，为利益相关者带来更好的商业收益。在推动绿色建筑发展的激励型政策中，容积率奖励政策也是较为直接有效、简单易操作的政策工具之一。迈克尔·索尔（Michael Sauer）和哈立德·斯迪奇（Khalid Siddiq）等在政府激励措施研究中发现，密度奖励这种激励措施正向促进企业开发绿色建筑具有良好效果[④]。当然，此项政策在公布征求意见稿中也受到了一些人的反对，他们认为容积率奖励政策会给周围基础配套设施带来一定程度上的压力，有可能会违背绿色建筑提出的思想理念——人与自然和谐相处。因此，政府相关部门在制定实施容积率奖励政策时，要多方面多角度考虑其奖励标准，既要符合绿色建筑提出的思想理念，也要能够达到设置此项激励型政策的目的——能够很好地激发出建筑业主选择绿色建筑策略的主动性和积极性。

---

① 湖北省住房和城乡建设厅．http：//zjt.hubei.gov.cn/zfxxgk/zc/qtzdgkwj/202011/t20201104_2999673.shtml.

② 福建省人民政府网．https：//www.fujian.gov.cn/zwgk/zfxxgk/szfwj/jgzz/xzgfxwj/201311/t20131112_1179820.htm.

③ 徐振强．我国省级地方政府绿色建筑激励政策研究与顶层政策设计建议［J］．建设科技，2014（2）：56－64.

④ Michael Sauer，Khalid Siddiqi. Incentives for Green Residential Construction［J］. Construction Research Congress：Building a Sustainable Future，2009：578－587.

4.2.5 现行返还城市配套费政策

城市配套费即城市基础设施配套费，其定义为根据城市总体规划要求，建设单位在开工报建之前要以（新建或者改建）建设项目的建筑面积为征收基数，按照一定费率向政府缴纳的一项费用，这项费用一般专门用于城市市政基础设施的建设，比如道路、供水、桥梁、路灯、绿化等设施，不能挪作他用。当前，我国部分省区市对选择开发绿色建筑的建筑业主实施返还城市配套费政策，包括但不仅限于青海、海南、内蒙古等地，按照当地政策文件规定向政府相关部门进行申请减免或者返还城市配套费。徐振强提出设立较为科学合理的城市配套费减免比例，将可以有效消纳绿色建筑增量成本，从而促进企业选择绿色建筑策略①。

4.2.6 碳税制度

在气候危机的时代背景下，碳税被认为是一种较为有效的市场型碳减排激励政策，并因其实行具有“双重红利”优势，在国际上被广泛研究与采用。碳税作为一种直接对二氧化碳排放量所征收的环境税，由政府决定征收碳税税率，由市场决定碳减排标准，比碳交易制度更具有透明度与公平性。最早开始尝试实行征收碳税制度的国家来自北欧，随后其他国家（地区）也开始探讨与试行碳税的征收，亚洲有三个国家实行碳税征收制度，分别是日本、新加坡和印度。

毛晓杰等认为征收碳税可以积极促进节能减排技术的采用，减少碳排放量，从而达到碳中和目标②。从多个国家实施碳税经验和学术研究来看，碳税制度是一种能够有效推动绿色节能技术创新、企业转型的重要激励机制。在2022年6月28～30日举行的第二届ESG全球领导者峰会上，清华大学中国经济思想与实践研究院院长李稻葵等多位经济学家呼吁能够尽快实施征收碳税机制，这有利于实现“双碳”目标③。

---

① 徐振强．我国省级地方政府绿色建筑激励政策研究与顶层政策设计建议［J］．建设科技，2014（2）：56－64.

② 毛晓杰，徐扬，关国恒．国际碳中和背景下我国开征碳税的策略选择［J］．银行家，2022（1）：40－43.

③ 碳排放权交易网．http：//www.tanpaifang.com/tanshui/2022/0629/88009.html.

4.2.7　碳交易制度

碳排放权交易制度实质上属于市场激励型环境规制工具的一种，它是碳市场的核心所在①。碳排放权交易制度即由政府相关部门在总量控制的前提下，向企业发放一定量的碳排放权配额，企业的生产经营活动所需排放的温室气体量上限不能超过碳排放权配额量，超过此配额量将会受到监管部门相应的处罚，当然企业可以选择在碳交易市场上向其他组织购买碳排放权配额来抵扣自身超额温室气体排放量，或者选择采纳绿色技术达到节能减排目标。魏立佳等在对碳市场的研究中提出碳市场的碳排放权交易机制可以有效引导企业发展低碳产业转型，并正向推动企业采纳节能低碳技术②。

结合文献理论分析和我国绿色建筑发展实践的政策分析，参考并整理以往研究量表并实地访谈咨询了具有绿色建筑相关工作经验的专家，我们将从财政补贴、税收优惠、信贷优惠、容积率奖励、返还城市配套费、征收碳税制度、实行碳交易制度等七个维度度量市场激励型环境规制。

基于上述分析，提出市场激励型环境规制对建筑业主的资源与意识、对绿色建筑技术采纳意愿的影响的研究假设：

H3：市场激励型因素对建筑业主的资源与意识有显著的正向影响作用；

H3 -1：现行财政补贴对建筑业主的资源与意识有显著的正向影响作用；

H3 -2：现行税收优惠对建筑业主的资源与意识有显著的正向影响作用；

H3 -3：现行信贷优惠对建筑业主的资源与意识有显著的正向影响作用；

H3 -4：现行容积率奖励对建筑业主资源与意识有显著的正向影响作用；

---

① 胡珺，黄楠，沈洪涛．市场激励型环境规制可以推动企业技术创新吗？——基于中国碳排放权交易机制的自然实验［J］．金融研究，2020（1）：171 -189.

② 魏立佳，彭妍，刘潇．碳市场的稳定机制：一项实验经济学研究［J］．中国工业经济，2018（4）：174 -192.

H3－5：现行返还城市配套费对建筑业主的资源与意识有显著的正向影响作用；

H3－6：征收碳税制度对建筑业主的资源与意识有显著的正向影响作用；

H3－7：实行碳交易制度对建筑业主的资源与意识有显著的正向影响作用。

H4：市场激励型因素对绿色建筑技术采纳意愿有显著的正向影响作用；

H4－1：现行财政补贴对绿色建筑技术采纳意愿有显著的正向影响作用；

H4－2：现行税收优惠对绿色建筑技术采纳意愿有显著的正向影响作用；

H4－3：现行信贷优惠对绿色建筑技术采纳意愿有显著的正向影响作用；

H4－4：现行容积率奖励对绿色建筑技术采纳意愿有显著的正向影响作用；

H4－5：现行返还城市配套费对绿色建筑技术采纳意愿有显著的正向影响作用；

H4－6：征收碳税制度对绿色建筑技术采纳意愿有显著的正向影响作用；

H4－7：实行碳交易制度对绿色建筑技术采纳意愿有显著的正向影响作用。

4.3 配套服务型政策工具

关于绿色建筑领域的政策工具分类，专家学者提出不同的看法。例如，刘云霞等基于政策工具协同角度分析新加坡绿色建筑政策，提出可将绿色建筑政策工具分成三类：强制型、激励型和信息传播类[①]。强国凤在其研究中

① 刘云霞，卢昱杰．政策工具协同视角下新加坡政府绿色建筑促进政策［J］．政府治理评论，2018，4（2）：98－108.

将绿色建筑政策细分成强制型、经济激励型和配套服务型这三种工具[①]。在已有的政策工具研究的基础上，结合我国设立了相关绿色建筑的配套政策这一实际情况，将配套服务型政策工具作为影响绿色建筑发展的影响因素予以分析。

我国致力于从管理型政府转型成服务型政府，在绿色建筑政策实施方面除了以命令控制型环境规制与市场激励型环境规制这两类工具为主之外，还有一类政策工具——配套服务型政策，并在制定实施政策的过程中，也在逐渐适当地加大服务型政策工具所占比例。我国绿色建筑推广的实践过程中，采用了制定绿色建筑发展规划、加大宣传力度、设立示范试点工程、加大绿色建筑技术人才培养等方面配套服务型政策。

首先，建筑业发展策略要与国家、地方的发展规划相匹配，比如《“十四五”建筑节能与绿色建筑发展规划》、各省区市根据国家绿色建筑发展规划文件结合自身实际情况而制定的《建筑节能与绿色建筑发展规划》《绿色建筑高质量发展规划》等。国家与地方政府制定出台公布绿色建筑发展规划有利于为建筑业主选择采纳绿色建筑技术策略提供一定的指导，更好地评估和落实建筑业主绿色建筑选择策略。

其次，绿色建筑属于顺应时代发展趋势的新事物，需要政府采取加强宣传绿色建筑、设立绿色建筑示范试点工程以及加大绿色建筑技术人才培养等举措，促进绿色建筑发展。第一，政府可利用多种方法途径进行全方面多角度的绿色建筑宣传教育，比如通过互联网、电视等多种媒体共同构建绿色建筑服务宣传平台、建立绿色建筑技术教育基地、组织召开绿色建筑交流会等方式，宣传发展绿色建筑对于落实绿色发展理念和可持续发展的重要意义。第二，绿色建筑示范试点工程的设立与开放可以有效地推广绿色建筑技术以及产品，为其他建筑工程业主方树立良好的学习榜样，加大示范试点工程的正向影响。例如《贵州省绿色建筑示范项目管理暂行办法》对绿色建筑示范试点项目的申请与管理进行严格规定，并鼓励物业管理单位、设计单位等利益相关方共同参加房地产企业申请设立绿色建筑示范试点项目，为绿色建筑技术的推广采纳营造良好的社会环境。第三，要推广绿色建筑技术在建筑领域中广泛采纳，离不开广泛和扎实的人才支撑。绿色建筑技术人才的培养

① 强国凤．绿色建筑政策供需匹配研究——以陕西省为例［D］．西安建筑科技大学，2020.

是健康长远发展绿色建筑的助推器与强大保障，我国政府在相关文件中提出可依托高等院校、科研院所以及行业协会等组织开展绿色建筑技术人才培训培养计划，比如建筑业主可联合上述这三类组织建设绿色建筑技术实训基地，共同培育拥有丰富理论知识与实践经验的绿色建筑工人队伍和管理队伍，从而为绿色建筑技术推广输入专业型技术人才和管理人才。除此之外，还可将绿色建筑技术的相关专业知识与政策文件等方面加入到专技人员的继续教育内容中，高等院校在相关建筑专业学习中可增加开设与绿色建筑相关的课程学习，政府部门或者行业学会/协会可组织相应的绿色建筑从业资格认证考试（例如绿色建筑咨询师等），多方聚力促进绿色建筑技术的采纳应用。

根据以上文献分析和我国绿色建筑发展实践的政策分析，参考并整理相关研究量表，并实地访谈具有绿色建筑相关工作经验的专家，从加大宣传力度、示范试点工程、绿色建筑技术人才培养等维度测度配套服务型政策。

基于上述分析，提出配套服务型政策对建筑业主的资源与意识、对绿色建筑技术采纳意愿的影响的假设：

H5：配套服务型政策对建筑业主的资源与意识有显著的正向影响作用；

H5 -1：制定绿色建筑发展规划对建筑业主的资源与意识有显著的正向影响作用；

H5 -2：加大宣传力度对建筑业主的资源与意识有显著的正向影响作用；

H5 -3：示范试点工程对建筑业主的资源与意识有显著的正向影响作用；

H5 -4：加大绿色建筑技术人才培养对建筑业主的资源与意识有显著的正向影响作用；

H6：配套服务型政策因素对绿色建筑技术采纳意愿有显著的正向影响作用；

H6 -1：制定绿色建筑发展规划对绿色建筑技术采纳意愿有显著的正向影响作用；

H6 -2：加大宣传力度对绿色建筑技术采纳意愿有显著的正向影响作用；

H6 -3：示范试点工程对绿色建筑技术采纳意愿有显著的正向影响

作用；

H6－4：加大绿色建筑技术人才培养对绿色建筑技术采纳意愿有显著的正向影响作用。

4.4　建筑业主的资源与意识

建筑业主是否倾向选择采纳绿色建筑技术除了受到外部政策因素影响，还与自身资源与意识因素息息相关。计划行为理论中提出企业行为受到企业效能（自身拥有的资源）的影响，其中企业资源是指建筑业主在技术方面、管理方面、资金方面以及能够掌握的其他外部资源等。曾华华在其研究中提出企业自我效能会正向影响自身开发绿色建筑的意愿[①]。只有当建筑业主具备采纳绿色建筑技术所需的资源，才能够真正做好采纳绿色建筑技术的选择。

首先，资金资源。采纳绿色建筑技术意味着需要为此投入一定数量的成本，需要获得更多资金方面的支持与保障，确保具有可靠的足够的资金资源才能顺利推动绿色建筑技术的采纳。

其次，参与方的能力与水平。绿色建筑全寿命周期涉及到的利益相关者较多，仅仅依靠建筑业主自身资源与能力是远远不够的，还需要合理运用其他外部资源来协助共同促进绿色建筑的推广与发展。建筑业主能够掌握的其他外部资源就是指参与方能力与水平，参与方包括但不仅限于材料设备供应商、设计单位、施工单位和后期运营维修班组等其他绿色建筑利益相关者，这些参与单位能够为建筑业主提供何种质量水平的绿色建筑材料、产品、技术以及工艺等专业资源与能力，在一定程度上影响了建筑业主是否能够顺利采纳绿色建筑技术。于春普提出要想发展绿色建筑，应从图纸设计“绿”起来入手，发挥出建筑师的先觉与主观能动性[②]。如果建筑业主自身所能发挥在绿色建筑技术采纳策略上的资源有所欠缺，并且可采用的其他外部资源不足或者无法与其绿色需求相匹配，就会严重阻碍建筑业主采纳绿色建筑技

① 曾华华．房地产企业绿色建筑开发意愿影响因素研究［D］．浙江大学，2013．
② 于春普．关于推动绿色建筑设计的思考［J］．建筑学报，2003（10）：50－52．

术策略的选择。

最后，绿色环保意识。马辉在研究中提出企业的绿色环保意识会正向驱动企业选择绿色建筑[①]。绿色环保意识水平往往会影响建筑业主在绿色建筑技术采纳策略上的选择。具备强烈绿色环保意识的建筑业主，会主动积极践行绿色发展理念，追求自身的可持续发展与绿色化转型，更容易倾向选择绿色建筑技术。

基于已有研究和分析，本书从参与方能力与水平、资金资源、绿色环保意识等三个维度度量建筑业主的资源与意识。因此，提出建筑业主的资源与意识对绿色建筑技术采纳意愿的影响的假设：

H7：建筑业主的资源与意识因素对绿色建筑技术采纳意愿有显著的正向影响作用；

H7-1：参与方（包括设计单位、供应商、施工单位等）能力与水平对绿色建筑技术采纳意愿有显著的正向影响作用；

H7-2：资金资源对绿色建筑技术采纳意愿有显著的正向影响作用；

H7-3：绿色环保意识对绿色建筑技术采纳意愿有显著的正向影响作用。

建筑业主选择绿色建筑技术采纳策略受到外部因素影响，也会受到建筑业主自身内部因素影响，其中外部影响因素一般有政府实施的政策工具、市场环境等因素，内部因素为建筑业主在绿色建筑方面所有可掌握的资源与自身意识方面。而外部政策因素会通过影响建筑业主的资源与意识内部因素，进而影响建筑业主在绿色建筑技术采纳的选择策略。

基于此，提出关于建筑业主的资源与意识因素在命令控制型环境规制、市场激励型环境规制、配套服务型政策和绿色建筑技术采纳意愿之间的中介作用的研究假设：

H8：建筑业主的资源与意识因素在命令控制型环境规制和绿色建筑技术采纳的意愿之间起到部分中介作用；

H9：建筑业主的资源与意识因素在市场激励型环境规制和绿色建筑技术采纳的意愿之间起到部分中介作用；

H9-1：建筑业主的资源与意识因素在财政补贴和绿色建筑技术采纳的

① 马辉．绿色住宅驱动因素及调控机制研究［D］．天津大学，2010.

意愿之间起到部分中介作用；

H9－2：建筑业主的资源与意识因素在税收优惠和绿色建筑技术采纳的意愿之间起到部分中介作用；

H9－3：建筑业主的资源与意识因素在信贷优惠和绿色建筑技术采纳的意愿之间起到部分中介作用；

H9－4：建筑业主的资源与意识因素在容积率奖励和绿色建筑技术采纳的意愿之间起到部分中介作用；

H9－5：建筑业主的资源与意识因素在返还城市配套费和绿色建筑技术采纳的意愿之间起到部分中介作用；

H9－6：建筑业主的资源与意识因素在征收碳税制度和绿色建筑技术采纳的意愿之间起到部分中介作用；

H9－7：建筑业主的资源与意识因素在实行碳交易制度和绿色建筑技术采纳的意愿之间起到部分中介作用；

H10：建筑业主的资源与意识因素在配套服务型政策和绿色建筑技术采纳的意愿之间起到部分中介作用。

4.5　研究变量

综合上述绿色建筑技术采纳的影响因素分析，结合我国绿色建筑发展实践，通过文献分析、政策分析、专家访谈等方法，选取了 5 个潜变量，分别为命令控制型环境规制、市场激励型环境规制、配套服务型政策、建筑业主的资源与意识、绿色建筑技术采纳意愿，并提出了 5 个潜变量的观测变量，如表 4－2 所示。

表 4－2　　潜变量与观测变量

潜变量	编号	观测变量
命令控制型环境规制 QZ	QZ1	政府颁布的现行法律法规
	QZ2	政府颁布的现行强制性规划、设计标准
	QZ3	政府对不采纳绿色建筑技术进行惩罚

续表

潜变量	编号	观测变量
市场激励型环境规制 JL	JL1	现行财政补贴
	JL2	现行税收优惠
	JL3	现行信贷优惠
	JL4	现行容积率奖励
	JL5	现行返还城市配套费
	JL6	征收碳税制度
	JL7	实行碳交易制度
配套服务型政策 PT	PT1	制定绿色建筑发展规划
	PT2	加大宣传力度
	PT3	示范试点工程
	PT4	加大绿色建筑技术人才培养
建筑业主的资源与意识 ZY	ZY1	参与方（包括设计单位、供应商、施工单位等）能力与水平
	ZY2	资金资源
	ZY3	绿色环保意识
绿色建筑技术采纳意愿 JC	JC1	愿意在绿色建筑技术研发与运用维护中投入资金
	JC2	愿意给采纳绿色建筑技术的项目享受各类资源的优先权
	JC3	愿意在建筑项目中提高绿色技术运用的占比
	JC4	愿意提高建筑项目的绿色性能要求
	JC5	愿意将绿色建筑技术的采纳作为长期发展目标与战略

4.6 理论模型

根据绿色建筑技术采纳的影响因素分析，依据前文所设定的潜变量以及所提出的研究假设，构建环境规制对绿色建筑技术采纳影响的理论模型，如图 4－1 所示。模型中绿色建筑技术采纳意愿为因变量，中介变量为建筑业主的资源与意识，自变量为命令控制型环境规制、市场激励型环境规制、配套服务型政策工具。

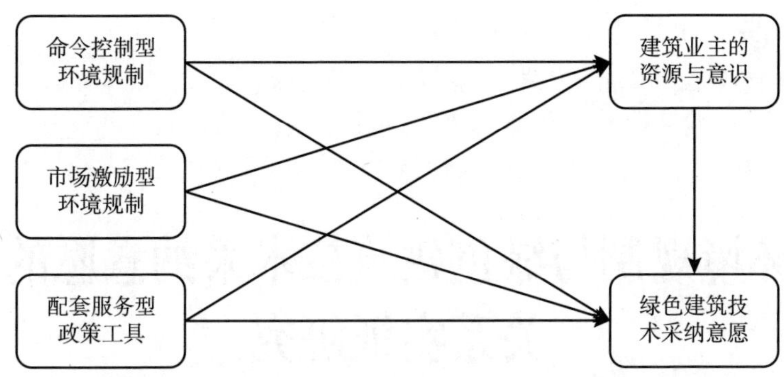

图 4－1　绿色建筑技术采纳意愿影响因素的理论模型

本章结合已有理论研究和我国绿色建筑发展实践，分析命令控制型环境规制、市场激励型环境规制、配套服务型政策以及建筑业主资源与意识等绿色建筑技术采纳的影响因素，确定研究变量，提出研究假设，并构建环境规制对绿色建筑技术采纳影响的理论模型，为下一章实证研究奠定了基础。

第5章

环境规制与绿色建筑技术采纳意愿的关系实证研究

5.1 问卷量表设计与收集

5.1.1 问卷量表设计

本书采用问卷调查方法，根据第4章理论分析、变量分析和理论模型，参考相关研究量表，设计调查问卷。该调查问卷由四部分组成，第一部分为填写者的个人信息，第二部分是填写者对绿色建筑了解程度的调查，第三部分是关于绿色建筑技术采纳的影响因素的调查，第四部分为绿色建筑技术采纳的意愿的调查。调查问卷详见本书附录。

第三部分对绿色建筑技术采纳的影响因素的调查，一共设置了17题，涉及从命令控制型环境规制政策（3个题项）、市场激励型环境规制政策（7个题项）、配套服务型政策（4个题项）、建筑业主的资源与意识（3个题项）等四个方面。第四部分为绿色建筑技术采纳的意愿的调查，设置了5个题项。该问卷采用的是李克特5级量表打分评价法，分别为5（非常大）、4（比较大）、3（一般）、2（小）、1（非常小）这五个分值。

5.1.2 调查数据收集

该问卷发放对象是从事建筑工程领域或者其工作与工程领域密切相关的

群体。为了更好地确保填写者的隐私安全，采用了匿名答题方法，并在问卷题项开始前向填写者说明了研究主题与目的，并对其所填写的问卷采用保密措施。本次问卷共回收了 136 份有效问卷。

参与问卷调查的 136 人中，从年龄分布看，30 岁以下的人员占 26.47%，31 ~50 岁之间的人员比例为 61.03%，51 岁及以上的人员比例为 12.5%。从在相关领域的工作年限看，具有 5 年以上该领域工作年限的人员占 75%，工作年限大于 20 年的人员占 22.05%。从参与调查人员的执业资格看，拥有国家一级注册执业资格的有 34 人，拥有国家二级注册执业资格的有 27 人。从参与调查人员的学历和职称看，硕士及以上学历的占 16.18%，本科学历的占 69.85%，高级职称的有 29 人，中级职称的有 65 人。因此，参与本次问卷调查人员大多为在工程领域中已具备一定工作经验的专业人员。

参与问卷调查的 136 人中，参与人员的单位类型、单位性质、单位规模、单位技术基础等均具有较好的代表性。从参与人员的工作单位类型看，参与人员单位涉及建设单位、施工单位、设计单位、监理单位、物业管理单位等，能涵盖绿色建筑设计、施工、运营等全生命周期，同时，还有来自政府部门、高校和科研院所的人员，涉及主要的绿色建筑的利益相关者。人员单位分布为设计单位 17 人、建设单位 20 人、施工单位 47 人、监理单位 5 人、政府部门 29 人、高校和科研部门 11 人、物业管理等其他单位 7 人。从参与人员的工作单位性质看，央企 11 人、地方国企 53 人、民营企业 36 人，政府部门、高校和科研院所等其他单位 36 人。从参与人员的工作单位规模看，属于建设单位、施工单位、设计单位、监理单位、物业管理单位的 91 人中，其所在单位主营业务收入 20 亿以上的占比为 41.76%，其中主营业务收入在 100 亿以上的占比为 19.78%。从参与人员的工作单位技术基础看，参与人所在单位拥有省级以上的实验室或者基地比例为 58%，所在单位为国家高新技术企业 37 人，拥有国家级产业基地 10 人，拥有国家级实验室 7 人，拥有省级企业技术中心 33 人，拥有省级实验室 32 人。

5.2 实证数据的质量分析

5.2.1 信度分析

本次采用 SPSS Statistics 23 软件对样本数据进行信度检验。信度检验是指对问卷数据的可靠性检验，克隆巴赫系数 α（Cronbach's alpha）是较常使用的一种信度系数，取值范围在 0 ~ 1 之间。如果量表的信度较好，Cronbach's α 值应该在 0.7 以上，如果 Cronbach's α 值小于 0.6，则表示量表的信度较差，此时要对量表进行调整。根据较高的分析标准，如果维度的 Cronbach's α 值小于 0.7 要予以剔除。同时，修正后项与总计相关性 CITC 值应该大于 0.4，表示此题项与其余的题项间有着较高的相关性，否则要将此题项予以剔除。

1. 命令控制型环境规制变量

通过将收集到的问卷数据导入 SPSS Statistics 23 软件，采用 CITC 值与 Cronbach's α 值这两个指标对命令控制型环境规制维度进行信度分析。如表 5 - 1 所示，此维度的总体克隆巴赫系数值为 0.889，大于 0.7，信度较好，同时这 3 个题项的修正后总计相关性 CITC 值均大于 0.4，所以无须剔除此项维度的题项。

表 5 - 1　命令控制型环境规制量表的 CITC 值与 Cronbach's α 值

题项	修正后的项与总计相关性 CITC	删除项后的 Cronbach's α 值	标准化后的 α 系数
政府颁布的现行法律法规的影响程度 QZ1	0.821	0.808	0.889
政府颁布的现行强制性规划、设计标准的影响程度 QZ2	0.846	0.789	
政府对不采纳绿色建筑技术进行惩罚的影响程度 QZ3	0.690	0.921	

2. 市场激励型环境规制变量

通过将收集到的问卷数据导入 SPSS Statistics 23 软件，采用 CITC 值与 Cronbach's α 值这两个指标对激励性政策维度进行信度分析。如表 5 – 2 所示，此维度的总体克隆巴赫系数值为 0.951，大于 0.7，信度非常好，同时这 7 个题项的修正后总计相关性 CITC 值均大于 0.4，所以无须剔除此项维度的题项。

表 5 – 2　市场激励型环境规制维度量表的 CITC 值与 Cronbach's α 值

题　项	修正后的项与总计相关性 CITC	删除项后的 Cronbach's α 值	标准化后的 α 系数
现行财政补贴的影响程度 JL1	0.804	0.947	0.951
现行税收优惠的影响程度 JL2	0.839	0.943	
现行信贷优惠的影响程度 JL3	0.846	0.943	
现行容积率奖励的影响程度 JL4	0.841	0.943	
现行返还城市配套费的影响程度 JL5	0.845	0.943	
征收碳税制度的影响程度 JL6	0.837	0.944	
实行碳交易制度的影响程度 JL7	0.839	0.943	

3. 配套服务型政策变量

通过将收集到的问卷数据导入 SPSS Statistics 23 软件，采用 CITC 值与 Cronbach's α 值这两个指标对配套服务型政策维度进行信度分析。如表 5 – 3 所示，此维度的总体克隆巴赫系数值为 0.898，大于 0.7，信度很好，同时这 4 个题项的修正后总计相关性 CITC 值均大于 0.4，所以无须剔除此项维度的题项。

表 5－3　配套服务型政策维度量表的 CITC 值与 Cronbach's α 值

题　项	修正后的项与总计相关性 CITC	删除项后的 Cronbach's α 值	标准化后的 α 系数
制定绿色建筑发展规划的影响程度 PT1	0.772	0.868	0.898
加大宣传力度的影响程度 PT2	0.716	0.889	
示范试点工程的影响程度 PT3	0.798	0.860	
加大绿色建筑技术人才培养的影响程度 PT4	0.807	0.855	

4. 建筑业主的资源与意识变量

通过将收集到的问卷数据导入 SPSS Statistics 23 软件，采用 CITC 值与 Cronbach's α 值这两个指标对建筑业主的资源与意识维度进行信度分析。如表 5－4 所示，此维度的总体克隆巴赫系数值为 0.916，大于 0.7，信度很好，同时这几个题项的修正后总计相关性 CITC 值均大于 0.4，所以无须剔除此项维度的题项。

表 5－4　建筑业主的资源与意识维度量表的 CITC 值与 Cronbach's α 值

题　项	修正后的项与总计相关性	删除项后的 Cronbach's α 值	标准化后的 α 系数
参与方（包括设计单位、供应商、施工单位等）能力与水平的影响程度 ZY1	0.843	0.869	0.916
建筑业主资金资源的影响程度 ZY2	0.836	0.874	
建筑业主绿色环保意识的影响程度 ZY3	0.813	0.894	

5. 绿色建筑技术采纳意愿变量

通过将收集到的问卷数据导入 SPSS Statistics 23 软件，采用 CITC 值与 Cronbach's α 值这两个指标对技术采纳意愿维度进行信度分析。如表 5－5 所示，此维度的总体克隆巴赫系数值为 0.911，大于 0.7，信度非常好，同时这 5 个题项的修正后总计相关性 CITC 值均大于 0.4，所以无须剔除此项维度的题项。

表 5－5　绿色建筑技术采纳意愿维度量表的 CITC 值与 Cronbach's α 值

题　项	修正后的项与总计相关性	删除项后的 Cronbach's α 值	标准化后的 α 系数
在绿色建筑技术研发与运用维护中投入资金的意愿 JC1	0.833	0.879	0.911
给采纳绿色建筑技术的项目享受各类资源的优先权的意愿 JC2	0.742	0.898	
在建筑项目中提高绿色建筑技术运用的占比的意愿 JC3	0.851	0.876	
提高建筑项目的绿色性能要求的意愿 JC4	0.773	0.891	
将绿色建筑技术的采纳作为长期发展目标与战略的意愿 JC5	0.684	0.909	

6. 总体信度分析

如表 5－6 所示，本调查问卷数据各维度的 α 系数在 0.889～0.951 之间，总体 α 系数为 0.959，信度值均大于 0.8，说明问卷数据的信度较高，即一致性较高，通过信度检验。

表 5-6 总体维度信度分析

变　量	项数	标准化后的 α 系数	信度等级
命令控制型环境规制	3	0.889	高
市场激励型环境规制	7	0.951	高
配套服务型政策	4	0.898	高
建筑业主的资源与意识	3	0.916	高
绿色建筑技术采纳意愿	5	0.911	高
总体	22	0.959	高

5.2.2 效度分析

效度就是对问卷量表测试被测维度的准确程度的检验，信度检验是问卷数据检验的先决条件，而效度检验是其充分条件。效度检验一般是指对问卷的结构效度的检验，主要使用方法为探索性因子分析。在进行因子分析之前，需要对问卷进行 KMO 检验和 Bartlett 球形度检验。

1. KMO 检验和 Bartlett 球形度检验

KMO 值取值范围在 0 ~ 1 之间，越靠近 1 表明越适合做因子分析。具体如下：KMO 值在 0.5 及以下，不适合进行因子分析；KMO 值在 0.5 ~ 0.6 之间的，为可进行因子分析的最低范围；KMO 值为 0.6 ~ 0.8 之间的，比较适合做因子分析；KMO 值在 0.8 ~ 0.9 之间的，很适合做因子分析；KMO 值大于 0.9 的，最适合做因子分析。Bartlett 球形度检验中显著性水平概率值 P 小于 0.001 时，表明检验变量之间是独立的，效度结构较好。在本次研究中采用了 SPSS Statistics 23 软件进行 KMO 检验和 Bartlett 球形度检验。

如表 5-7 所示，各个维度以及样本总体的 KMO 检验值与 Bartlett 球形度检验值均较好，其中 KMO 值都在 0.7 以上，Bartlett 球形度检验中显著性为 0.000，表明较为显著，因此可以进行下一步因子分析。

表 5 – 7　　　　**KMO 检验和 Bartlett 球形度检验结果**

变量	项数	KMO 取样适切性量数	Bartlett 球形度检验		
			近似卡方	自由度	显著性
命令控制型环境规制	3	0. 704	262. 968	3	0. 000
市场激励型环境规制	7	0. 859	1085. 301	21	0. 000
配套服务型政策	4	0. 840	326. 158	6	0. 000
建筑业主的资源与意识	3	0. 758	285. 123	3	0. 000
绿色建筑技术采纳意愿	5	0. 882	456. 378	10	0. 000
总体	22	0. 908	2913. 974	231	0. 000

2. 探索性因子分析

本章实证分析利用 SPSS Statistics 23 软件，采用主成分分析方法提取调查问卷题项的因子，基于特征值大于 1 进行提取，结果如表 5 – 8 所示，可确定为 5 个因子，这 5 个因子对所有问卷题项的最终总方差解释为 79. 77%，即表明 5 个公因子可解释全体题项信息的 79. 77% 变异量，满足社会科学中所提出的“累计解释方差应在 60% 以上”的要求。

表 5 – 8　　　　**解释的总方差**

成分	初始特征值			提取载荷平方和			旋转载荷平方和		
	总计	方差的%	累积%	总计	方差的%	累积%	总计	方差的%	累积%
1	11. 894	54. 065	54. 065	11. 894	54. 065	54. 065	5. 235	23. 798	23. 798
2	1. 882	8. 556	62. 621	1. 882	8. 556	62. 621	3. 636	16. 527	40. 325
3	1. 519	6. 906	69. 526	1. 519	6. 906	69. 526	3. 154	14. 334	54. 659
4	1. 232	5. 598	75. 125	1. 232	5. 598	75. 125	2. 905	13. 204	67. 863
5	1. 022	4. 645	79. 77	1. 022	4. 645	79. 77	2. 619	11. 907	79. 77
6	0. 617	2. 806	82. 576						
7	0. 49	2. 229	84. 805						
8	0. 478	2. 174	86. 979						
9	0. 424	1. 927	88. 906						

续表

成分	初始特征值			提取载荷平方和			旋转载荷平方和		
	总计	方差的%	累积%	总计	方差的%	累积%	总计	方差的%	累积%
10	0.379	1.723	90.629						
11	0.345	1.568	92.197						
12	0.266	1.209	93.406						
13	0.25	1.136	94.542						
14	0.208	0.943	95.485						
15	0.2	0.909	96.394						
16	0.167	0.759	97.153						
17	0.162	0.736	97.889						
18	0.151	0.685	98.575						
19	0.118	0.536	99.11						
20	0.084	0.381	99.491						
21	0.075	0.343	99.834						
22	0.037	0.166	100						

进一步利用最大方差方法对问卷研究因子进行旋转，结果如表5-9所示，为了更好地查看结果，排除了因子载荷系数低于0.5的数值显示。

表5-9　旋转后的成分矩阵

变量	成分				
	1	2	3	4	5
QZ1					0.844
QZ2					0.895
QZ3					0.690
JL1	0.728				
JL2	0.824				
JL3	0.816				
JL4	0.807				

续表

变量	成分				
	1	2	3	4	5
JL5	0.798				
JL6	0.721				
JL7	0.707				
PT1			0.774		
PT2			0.702		
PT3			0.784		
PT4			0.737		
ZY2				0.845	
ZY3				0.856	
ZY4				0.760	
JC1		0.788			
JC2		0.731			
JC3		0.827			
JC4		0.706			
JC5		0.561			

从表 5 -9 可知，研究中所涉及到的全部观测变量分别聚集在 5 个主成分上，表示观测变量将分成 5 大类，其分类情况与之前研究假设一致。同时，依据上述表中因子载荷数值可以得知，各个观测变量在其相对应的主成分类别上的因子负荷系数均在 0.5 以上，而对其他主成分类别上的负荷系数较低，均未达到 0.5，表明本次研究中的全部观测变量具备很好的区别效度以及收敛效度。

综上所述，本次问卷数据的效度检验结果符合统计标准要求。

5.3　相关性分析

本研究利用 Pearson（皮尔逊）系数，探讨命令控制型环境规制及其各维度、市场激励型环境规制及其各维度、配套服务型政策及其各维度、建筑业主的资源与意识及其各维度、绿色建筑技术采纳意愿及其各维度是否存在一定的相关性，以此为基础来检验前文所提出的研究假设是否成立。依据相关系数要求，Pearson 系数一般会处于 -1 ~1 的范围之间。在满足显著性 sig 小于 0.05 的前提下，如果 Pearson 系数为正数，则是此研究变量之间呈现出正相关关系，如果 Pearson 系数为负数，则是此研究变量之间呈现出负相关关系。同时，Pearson 系数的绝对值越大，即与 1 越为接近，则表示研究变量之间的相关程度越强，反之，则表示研究变量之间相关程度越弱。

5.3.1 命令控制型环境规制、建筑业主的资源与意识的相关性分析

采用 SPSS Statistics 23 软件对本研究中命令控制型环境规制及其各个维度、建筑业主的资源与意识整体及其各个维度之间的相关程度进行分析，相关性分析结果如表 5 -10 所示。

表 5 -10 命令控制型环境规制、建筑业主的资源与意识的相关性分析

变量	系数	参与方能力与水平 ZY1	企业的资金资源 ZY2	企业的绿色环保意识 ZY3	建筑业主的资源与意识
政府颁布的现行法律法规 QZ1	Pearson 相关性	0.434 **	0.354 **	0.466 **	0.451 **
	显著性（双尾）	0.000	0.000	0.000	0.000
政府颁布的现行强制性规划、设计标准 QZ2	Pearson 相关性	0.381 **	0.348 **	0.401 **	0.407 **
	显著性（双尾）	0.000	0.000	0.000	0.000
政府对不采纳绿色建筑技术进行惩罚 QZ3	Pearson 相关性	0.328 **	0.356 **	0.404 **	0.392 **
	显著性（双尾）	0.000	0.000	0.000	0.000
命令控制型环境规制	Pearson 相关性	0.421 **	0.390 **	0.469 **	0.461 **
	显著性（双尾）	0.000	0.000	0.000	0.000

注：** 在 0.01 级别（双尾），相关性显著。

从表 5 -10 关于命令控制型环境规制维度、建筑业主的资源与意识维度之间的相关性分析结果可看出：

（1）命令控制型环境规制中政府颁布的现行法律法规维度和建筑业主的资源与意识的各个维度和整体的 Pearson 相关性系数分别为 0.434、0.354、0.466、0.451，系数均为正数并且显著性 sig 值都在 0.01 以下，所以在 0.01 级别显著性水准下，命令控制型环境规制中政府颁布的现行法律法规子维度和建筑业主的资源与意识各个维度以及整体维度均呈现显著正相关，其中政府颁布的现行法律法规和企业绿色环保意识子维度的正向相关性最大。

（2）命令控制型环境规制中政府颁布的现行强制性规划和设计标准维度，与建筑业主的资源与意识的各个维度和整体的 Pearson 相关性系数分别为 0.381、0.348、0.401、0.407，系数均为正数并且显著性 sig 值都在 0.01 以下，所以在 0.01 级别显著性水准下，命令控制型环境规制中政府颁布的现行强制性规划、设计标准子维度与建筑业主的资源与意识各个维度以及整体维度均呈现显著正相关，其中政府颁布的现行法律法规和建筑业主的资源与意识整体的正向相关性最大。

（3）命令控制型环境规制中政府对不采纳绿色建筑技术进行惩罚维度和建筑业主的资源与意识的各个维度和整体的 Pearson 相关性系数分别为 0.328、0.356、0.404、0.392，系数均为正数并且显著性 sig 值都在 0.01 以下，所以在 0.01 级别显著性水准下，命令控制型环境规制中政府对不采纳绿色建筑技术进行惩罚子维度和建筑业主的资源与意识各个维度以及整体维度均呈现显著正相关，其中政府对不采纳绿色建筑技术进行惩罚和企业的绿色环保意识子维度的正向相关性最大。

（4）命令控制型环境规制和建筑业主的资源与意识的各个维度和整体的 Pearson 相关性系数分别为 0.421、0.390、0.469、0.461，系数均为正数并且显著性 sig 值都在 0.01 以下，所以在 0.01 级别显著性水准下，命令控制型环境规制维度和建筑业主的资源与意识各个维度以及整体维度均呈现显著正相关，其中命令控制型环境规制整体和企业的绿色环保意识子维度的正向相关性最大。

5.3.2 命令控制型环境规制、绿色建筑技术采纳意愿的相关性分析

采用 SPSS Statistics 23 软件对本研究中命令控制型环境规制整体及其各个维度和绿色建筑技术采纳意愿整体及其各个维度之间的相关程度进行分

析，相关性分析结果如表 5 – 11 所示。

表 5 – 11　命令控制型环境规制和绿色建筑技术采纳意愿之间的相关性分析

变量	系数	在绿色建筑技术研发与运用维护中投入资金 JC1	给采纳绿色建筑技术的项目享受各类资源的优先权 JC2	在建筑项目中提高绿色建筑技术运用的占比 JC3	提高建筑项目的绿色性能要求 JC4	将绿色建筑技术的采纳作为长期发展目标与战略 JC5	绿色建筑技术采纳
政府颁布的现行法律法规的影响程度 QZ1	Pearson 相关性	0. 356 **	0. 398 **	0. 502 **	0. 410 **	0. 439 **	0. 486 **
	显著性（双尾）	0. 000	0. 000	0. 000	0. 000	0. 000	0. 000
政府颁布的现行强制性规划、设计标准的影响程度 QZ2	Pearson 相关性	0. 307 **	0. 361 **	0. 402 **	0. 317 **	0. 438 **	0. 422 **
	显著性（双尾）	0. 000	0. 000	0. 000	0. 000	0. 000	0. 000
政府对不采纳绿色建筑技术进行惩罚的影响程度 QZ3	Pearson 相关性	0. 425 **	0. 416 **	0. 542 **	0. 456 **	0. 392 **	0. 517 **
	显著性（双尾）	0. 000	0. 000	0. 000	0. 000	0. 000	0. 000
命令控制型环境规制	Pearson 相关性	0. 402 **	0. 434 **	0. 534 **	0. 437 **	0. 467 **	0. 526 **
	显著性（双尾）	0. 000	0. 000	0. 000	0. 000	0. 000	0. 000

注：** 在 0. 01 级别（双尾），相关性显著。

从表 5 – 11 命令控制型环境规制和绿色建筑技术采纳意愿之间的相关性分析结果可看出：

（1）命令控制型环境规制中政府颁布现行法律法规维度和绿色建筑技术采纳意愿各个维度和整体的 Pearson 相关性系数分别为 0. 356、0. 398、0. 502、0. 410、0. 439、0. 486，系数均为正数并且显著性 sig 值都在 0. 01 以下，所以在 0.01 级别显著性水准下，命令控制型环境规制中政府颁布的现行法律法规子维度和绿色建筑技术采纳意愿各个维度以及整体维度均呈现显著正相关，其中政府颁布的现行法律法规和在建筑项目中提高绿色建筑技术运用的占比子维度的正向相关性最大。

（2）命令控制型环境规制中政府颁布的现行强制性规划、设计标准维度和绿色建筑技术采纳意愿各个维度和整体的 Pearson 相关性系数分别为 0.307、0.361、0.402、0.317、0.438、0.422，系数均为正数并且显著性 sig 值都在 0.01 以下，所以在 0.01 级别显著性水准下，命令控制型环境规制中政府颁布的现行强制性规划、设计标准子维度和绿色建筑技术采纳意愿各个维度以及整体维度均呈现显著正相关，其中政府颁布的现行法律法规和将绿色建筑技术的采纳作为长期发展目标与战略子维度的正向相关性最大。

（3）命令控制型环境规制中政府对不采纳绿色建筑技术进行惩罚维度和绿色建筑技术采纳意愿各个维度和整体的 Pearson 相关性系数分别为 0.425、0.416、0.542、0.456、0.392、0.517，系数均为正数并且显著性 sig 值都在 0.01 以下，所以在 0.01 级别显著性水准下，命令控制型环境规制中政府对不采纳绿色建筑技术进行惩罚子维度和绿色建筑技术采纳意愿各个维度以及整体维度均呈现显著正相关，其中政府对不采纳绿色建筑技术进行惩罚和在建筑项目中提高绿色建筑技术运用的占比子维度的正向相关性最大。

（4）命令控制型环境规制维度和绿色建筑技术采纳意愿各个维度和整体的 Pearson 相关性系数分别为 0.402、0.434、0.534、0.437、0.467、0.526，系数均为正数并且显著性 sig 值都在 0.01 以下，所以在 0.01 级别显著性水准下，命令控制型环境规制和绿色建筑技术采纳意愿各个维度以及整体维度均呈现显著正相关，其中命令控制型环境规制整体和在建筑项目中提高绿色建筑技术运用的占比子维度的正向相关性最大。

5.3.3　市场激励型环境规制、建筑业主的资源与意识的相关性分析

采用 SPSS Statistics 23 软件对本研究中市场激励型环境规制整体及其各个维度、建筑业主的资源与意识整体及其各个维度之间的相关程度进行分

析，相关性分析结果如表 5 - 12 所示。

表 5 - 12　市场激励型环境规制、建筑业主的资源与意识的相关性分析

变量	系数	参与方能力与水平 ZY1	企业的资金资源 ZY2	企业的绿色环保意识 ZY3	建筑业主的资源与意识
现行财政补贴 JL1	Pearson 相关性	0.357**	0.362**	0.434**	0.416**
	显著性（双尾）	0	0	0	0
现行税收优惠 JL2	Pearson 相关性	0.379**	0.366**	0.447**	0.429**
	显著性（双尾）	0	0	0	0
现行信贷优惠 JL3	Pearson 相关性	0.417**	0.441**	0.461**	0.475**
	显著性（双尾）	0	0	0	0
现行容积率奖励 JL4	Pearson 相关性	0.441**	0.410**	0.465**	0.474**
	显著性（双尾）	0	0	0	0
现行返还城市配套费 JL5	Pearson 相关性	0.426**	0.452**	0.423**	0.469**
	显著性（双尾）	0	0	0	0
征收碳税制度 JL6	Pearson 相关性	0.434**	0.375**	0.444**	0.451**
	显著性（双尾）	0	0	0	0
实行碳交易制度 JL7	Pearson 相关性	0.444**	0.426**	0.484**	0.488**
	显著性（双尾）	0	0	0	0
市场激励型环境规制	Pearson 相关性	0.469**	0.457**	0.512**	0.518**
	显著性（双尾）	0	0	0	0

注：** 在 0.01 级别（双尾），相关性显著。

从表 5 - 12 市场激励型环境规制、建筑业主的资源与意识的相关性分析结果可看出：

（1）市场激励型环境规制中现行财政补贴子维度和建筑业主的资源与意识各个维度和整体的 Pearson 相关性系数分别为 0.357、0.362、0.434、0.416，系数均为正数并且显著性 sig 值都在 0.01 以下，所以在 0.01 级别显著性水准下，市场激励型环境规制中现行财政补贴子维度和建筑业主的资源与意识各个维度以及整体维度均呈现显著正相关，其中现行财政补贴子维度

和企业的绿色环保意识子维度的正向相关性最大。

（2）市场激励型环境规制中现行税收优惠子维度和建筑业主的资源与意识各个维度和整体的 Pearson 相关性系数分别为 0.379、0.366、0.447、0.429，系数均为正数并且显著性 sig 值都在 0.01 以下，所以在 0.01 级别显著性水准下，市场激励型环境规制中现行税收优惠子维度和建筑业主的资源与意识各个维度以及整体维度均呈现显著正相关，其中现行税收优惠子维度和企业的绿色环保意识子维度的正向相关性最大。

（3）市场激励型环境规制中现行信贷优惠子维度和建筑业主的资源与意识各个维度和整体的 Pearson 相关性系数分别为 0.417、0.441、0.461、0.475，系数均为正数并且显著性 sig 值都在 0.01 以下，所以在 0.01 级别显著性水准下，市场激励规制中现行信贷优惠子维度和建筑业主的资源与意识各个维度以及整体维度均呈现显著正相关，其中现行信贷优惠子维度和建筑业主的资源与意识整体的正向相关性最大。

（4）市场激励型环境规制中现行容积率奖励子维度和建筑业主的资源与意识各个维度和整体的 Pearson 相关性系数分别为 0.441、0.410、0.465、0.474，系数均为正数并且显著性 sig 值都在 0.01 以下，所以在 0.01 级别显著性水准下，市场激励规制中现行容积率奖励子维度和建筑业主的资源与意识各个维度以及整体维度均呈现显著正相关，其中现行信贷优惠子维度和建筑业主的资源与意识整体的正向相关性最大。

（5）市场激励型环境规制中现行返还城市配套费子维度和建筑业主的资源与意识各个维度和整体的 Pearson 相关性系数分别为 0.426、0.452、0.423、0.469，系数均为正数并且显著性 sig 值都在 0.01 以下，所以在 0.01 级别显著性水准下，市场激励规制中现行返还城市配套费子维度和建筑业主的资源与意识各个维度以及整体维度均呈现显著正相关，其中现行返还城市配套费子维度和建筑业主的资源与意识整体的正向相关性最大。

（6）市场激励型环境规制中征收碳税制度子维度和建筑业主的资源与意识各个维度和整体的 Pearson 相关性系数分别为 0.434、0.375、0.444、0.451，系数均为正数并且显著性 sig 值都在 0.01 以下，所以在 0.01 级别显著性水准下，市场激励规制中征收碳税制度子维度和建筑业主的资源与意识各个维度以及整体维度均呈现显著正相关，其中征收碳税制度子维度和建筑业主的资源与意识整体的正向相关性最大。

（7）市场激励型环境规制中实行碳交易制度子维度和建筑业主的资源与意识各个维度和整体的 Pearson 相关性系数分别为 0.444、0.426、0.484、0.488，系数均为正数并且显著性 sig 值都在 0.01 以下，所以在 0.01 级别显著性水准下，市场激励规制中实行碳交易制度子维度和建筑业主的资源与意识各个维度以及整体维度均呈现显著正相关，其中实行碳交易制度子维度和建筑业主的资源与意识整体的正向相关性最大。

（8）市场激励型环境规制和建筑业主的资源与意识各个维度和整体的 Pearson 相关性系数分别为 0.469、0.457、0.512、0.518，系数均为正数并且显著性 sig 值都在 0.01 以下，所以在 0.01 级别显著性水准下，市场激励型环境规制和建筑业主的资源与意识各个维度以及整体维度均呈现显著正相关，其中市场激励型环境规制整体和建筑业主的资源与意识整体的正向相关性最大。

5.3.4 市场激励型环境规制、绿色建筑技术采纳意愿的相关性分析

采用 SPSS Statistics 23 软件对本研究中市场激励型环境规制整体及其各个维度和绿色建筑技术采纳意愿整体及其各个维度之间的相关程度进行分析，相关性分析结果如表 5-13 所示。

表 5-13　市场激励型环境规制、绿色建筑技术采纳意愿的相关性分析

变量	系数	在绿色建筑技术研发与运用维护中投入资金 JC1	给采纳绿色建筑技术的项目享受各类资源的优先权 JC2	在建筑项目中提高绿色建筑技术运用的占比 JC3	提高建筑项目的绿色性能要求 JC4	将绿色建筑技术的采纳作为长期发展目标与战略 JC5	绿色建筑技术采纳的意愿
现行财政补贴 JL1	Pearson 相关性	0.531**	0.530**	0.577**	0.517**	0.476**	0.611**
	显著性（双尾）	0.000	0.000	0.000	0.000	0.000	0.000

续表

变量	系数	在绿色建筑技术研发与运用维护中投入资金 JC1	给采纳绿色建筑技术的项目享受各类资源的优先权 JC2	在建筑项目中提高绿色建筑技术运用的占比 JC3	提高建筑项目的绿色性能要求 JC4	将绿色建筑技术的采纳作为长期发展目标与战略 JC5	绿色建筑技术采纳的意愿
现行税收优惠 JL2	Pearson 相关性	0.452**	0.421**	0.437**	0.480**	0.420**	0.514**
	显著性（双尾）	0.000	0.000	0.000	0.000	0.000	0.000
现行信贷优惠 JL3	Pearson 相关性	0.507**	0.480**	0.504**	0.543**	0.494**	0.588**
	显著性（双尾）	0.000	0.000	0.000	0.000	0.000	0.000
现行容积率奖励 JL4	Pearson 相关性	0.502**	0.468**	0.509**	0.488**	0.447**	0.562**
	显著性（双尾）	0.000	0.000	0.000	0.000	0.000	0.000
现行返还城市配套费 JL5	Pearson 相关性	0.538**	0.510**	0.542**	0.566**	0.474**	0.612**
	显著性（双尾）	0.000	0.000	0.000	0.000	0.000	0.000
征收碳税制度 JL6	Pearson 相关性	0.573**	0.512**	0.524**	0.522**	0.517**	0.617**
	显著性（双尾）	0.000	0.000	0.000	0.000	0.000	0.000
实行碳交易制度 JL7	Pearson 相关性	0.574**	0.528**	0.547**	0.553**	0.552**	0.641**
	显著性（双尾）	0.000	0.000	0.000	0.000	0.000	0.000

续表

变量	系数	在绿色建筑技术研发与运用维护中投入资金 JC1	给采纳绿色建筑技术的项目享受各类资源的优先权 JC2	在建筑项目中提高绿色建筑技术运用的占比 JC3	提高建筑项目的绿色性能要求 JC4	将绿色建筑技术的采纳作为长期发展目标与战略 JC5	绿色建筑技术采纳的意愿
市场激励型环境规制	Pearson 相关性	0.596**	0.559**	0.591**	0.594**	0.548**	0.672**
	显著性（双尾）	0.000	0.000	0.000	0.000	0.000	0.000

注：** 在 0.01 级别（双尾），相关性显著。

从表 5－13 中，市场激励型环境规制、绿色建筑技术采纳意愿维度的相关性分析结果可看出：

（1）市场激励型环境规制中现行财政补贴子维度和绿色建筑技术采纳意愿各个维度和整体的 Pearson 相关性系数分别为 0.531、0.530、0.577、0.517、0.476、0.611，系数均为正数并且显著性 sig 值都在 0.01 以下，所以在 0.01 级别显著性水准下，市场激励型环境规制中现行财政补贴子维度和绿色建筑技术采纳意愿各个维度以及整体维度均呈现显著正相关，其中现行财政补贴子维度和绿色建筑技术采纳意愿整体的正向相关性最大。

（2）市场激励型环境规制中现行税收优惠子维度和绿色建筑技术采纳意愿各个维度和整体的 Pearson 相关性系数分别为 0.452、0.421、0.437、0.480、0.420、0.514，系数均为正数并且显著性 sig 值都在 0.01 以下，所以在 0.01 级别显著性水准下，市场激励型环境规制中现行税收优惠子维度和绿色建筑技术采纳意愿各个维度以及整体维度均呈现显著正相关，其中现行税收优惠子维度和绿色建筑技术采纳意愿整体的正向相关性最大。

（3）市场激励型环境规制中现行信贷优惠子维度和绿色建筑技术采纳意愿各个维度和整体的 Pearson 相关性系数分别为 0.507、0.480、0.504、0.543、0.494、0.588，系数均为正数并且显著性 sig 值都在 0.01 以下，所以在 0.01 级别显著性水准下，市场激励规制中现行信贷优惠子维度和绿色建筑技术采纳意愿各个维度以及整体维度均呈现显著正相关，其中现行信贷优惠子维度和绿色建筑技术采纳意愿整体的正向相关性最大。

（4）市场激励型环境规制中现行容积率奖励子维度和绿色建筑技术采纳意愿各个维度和整体的 Pearson 相关性系数分别为 0. 502、0. 468、0. 509、0. 488、0. 447、0. 562，系数均为正数并且显著性 sig 值都在 0. 01 以下，所以在 0. 01 级别显著性水准下，市场激励规制中现行容积率奖励子维度和绿色建筑技术采纳意愿各个维度以及整体维度均呈现显著正相关，其中现行信贷优惠子维度和绿色建筑技术采纳意愿整体的正向相关性最大。

（5）市场激励型环境规制中现行返还城市配套费子维度和绿色建筑技术采纳意愿各个维度和整体的 Pearson 相关性系数分别为 0. 538、0. 510、0. 542、0. 566、0. 474、0. 612，系数均为正数并且显著性 sig 值都在 0. 01 以下，所以在 0. 01 级别显著性水准下，市场激励规制中现行返还城市配套费子维度和绿色建筑技术采纳意愿各个维度以及整体维度均呈现显著正相关，其中现行返还城市配套费子维度和绿色建筑技术采纳意愿整体的正向相关性最大。

（6）市场激励型环境规制中征收碳税制度子维度和绿色建筑技术采纳意愿各个维度和整体的 Pearson 相关性系数分别为 0. 573、0. 512、0. 524、0. 522、0. 517、0. 617，系数均为正数并且显著性 sig 值都在 0. 01 以下，所以在 0. 01 级别显著性水准下，市场激励规制中征收碳税制度子维度和绿色建筑技术采纳意愿各个维度以及整体维度均呈现显著正相关，其中征收碳税制度子维度和绿色建筑技术采纳意愿整体的正向相关性最大。

（7）市场激励型环境规制中实行碳交易制度子维度和绿色建筑技术采纳意愿各个维度和整体的 Pearson 相关性系数分别为 0. 574、0. 528、0. 547、0. 553、0. 552、0. 641，系数均为正数并且显著性 sig 值都在 0. 01 以下，所以在 0. 01 级别显著性水准下，市场激励规制中实行碳交易制度子维度和绿色建筑技术采纳意愿各个维度以及整体维度均呈现显著正相关，其中实行碳交易制度子维度和绿色建筑技术采纳意愿整体的正向相关性最大。

（8）市场激励型环境规制和绿色建筑技术采纳意愿各个维度和整体的 Pearson 相关性系数分别为 0. 596、0. 559、0. 591、0. 594、0. 548、0. 672，系数均为正数并且显著性 sig 值都在 0. 01 以下，所以在 0. 01 级别显著性水准下，市场激励型环境规制维度和绿色建筑技术采纳意愿各个维度以及整体维度均呈现显著正相关，其中市场激励型环境规制整体和绿色建筑技术采纳意愿整体的正向相关性最大。

5.3.5 配套服务型政策、建筑业主的资源与意识的相关性分析

采用SPSS Statistics 23软件对本研究中配套服务型政策整体及其各个维度、建筑业主的资源与意识整体及其各个维度之间的相关程度进行分析，相关性分析结果如表5－14所示。

表5－14 配套服务型政策、建筑业主的资源与意识的相关性分析

变量	系数	参与方能力与水平ZY1	企业的资金资源ZY2	企业的绿色环保意识ZY3	建筑业主的资源与意识
制定绿色建筑发展规划PT1	Pearson相关性	0.433**	0.416**	0.500**	0.486**
	显著性（双尾）	0.000	0.000	0.000	0.000
加大宣传力度PT2	Pearson相关性	0.469**	0.410**	0.487**	0.492**
	显著性（双尾）	0.000	0.000	0.000	0.000
示范试点工程PT3	Pearson相关性	0.464**	0.447**	0.536**	0.522**
	显著性（双尾）	0.000	0.000	0.000	0.000
加大绿色建筑技术人才培养PT4	Pearson相关性	0.549**	0.479**	0.647**	0.604**
	显著性（双尾）	0.000	0.000	0.000	0.000
配套服务型政策	Pearson相关性	0.548**	0.500**	0.620**	0.601**
	显著性（双尾）	0.000	0.000	0.000	0.000

注：**在0.01级别（双尾），相关性显著。

从表5－14中，配套服务型政策、建筑业主的资源与意识的相关性分析结果可看出：

（1）配套服务型政策中制定绿色建筑发展规划子维度和建筑业主的资源与意识各个维度和整体的Pearson相关性系数分别为0.433、0.416、0.500、0.486，系数均为正数并且显著性sig值都在0.01以下，所以在0.01级别显著性水准下，配套服务型政策中制定绿色建筑发展规划子维度和建筑业主的资源与意识各个维度以及整体维度均呈现显著正相关，其中制定绿色建筑发展规划子维度和企业的绿色环保意识子维度的正向相关性最大。

（2）配套服务型政策中加大宣传力度子维度和建筑业主的资源与意识各个维度和整体的 Pearson 相关性系数分别为 0.469、0.410、0.487、0.492，系数均为正数并且显著性 sig 值都在 0.01 以下，所以在 0.01 级别显著性水准下，配套服务型政策中加大宣传力度子维度和建筑业主的资源与意识各个维度以及整体维度均呈现显著正相关，其中加大宣传力度子维度和建筑业主的资源与意识整体的正向相关性最大。

（3）配套服务型政策中示范试点工程子维度和建筑业主的资源与意识各个维度和整体的 Pearson 相关性系数分别为 0.464、0.447、0.536、0.522，系数均为正数并且显著性 sig 值都在 0.01 以下，所以在 0.01 级别显著性水准下，配套服务型政策中示范试点工程子维度和建筑业主的资源与意识各个维度以及整体维度均呈现显著正相关，其中示范试点工程子维度和企业的绿色环保意识子维度的正向相关性最大。

（4）配套服务型政策中加大绿色建筑技术人才培养子维度和建筑业主的资源与意识各个维度和整体的 Pearson 相关性系数分别为 0.549、0.479、0.647、0.604，系数均为正数并且显著性 sig 值都在 0.01 以下，所以在 0.01 级别显著性水准下，配套服务型政策中加大绿色建筑技术人才培养子维度和建筑业主的资源与意识各个维度以及整体维度均呈现显著正相关，其中加大绿色建筑技术人才培养子维度和企业的绿色环保意识子维度的正向相关性最大。

（5）配套服务型政策和建筑业主的资源与意识各个维度和整体的 Pearson 相关性系数分别为 0.548、0.500、0.620、0.601，系数均为正数并且显著性 sig 值都在 0.01 以下，所以在 0.01 级别显著性水准下，配套服务型政策和建筑业主的资源与意识各个维度以及整体维度均呈现显著正相关，其中配套服务型政策整体和企业的绿色环保意识子维度的正向相关性最大。

5.3.6　配套服务型政策、绿色建筑技术采纳意愿的相关性分析

采用 SPSS Statistics 23 软件对本研究中配套服务型政策整体及其各个维度和绿色建筑技术采纳意愿整体及其各个维度之间的相关程度进行分析，相关性分析结果如表 5－15 所示。

表 5-15　配套服务型政策和绿色建筑技术采纳意愿之间的相关性分析

变量	系数	在绿色建筑技术研发与运用维护中投入资金 JC1	给采纳绿色建筑技术的项目享受各类资源的优先权的意愿 JC2	在建筑项目中提高绿色建筑技术运用的占比 JC3	提高建筑项目的绿色性能要求 JC4	将绿色建筑技术的采纳作为长期发展目标与战略 JC5	绿色建筑技术采纳的意愿
制定绿色建筑发展规划 PT1	Pearson 相关性	0.443**	0.462**	0.432**	0.501**	0.471**	0.536**
	显著性（双尾）	0.000	0.000	0.000	0.000	0.000	0.000
加大宣传力度 PT2	Pearson 相关性	0.618**	0.466**	0.493**	0.536**	0.457**	0.601**
	显著性（双尾）	0.000	0.000	0.000	0.000	0.000	0.000
示范试点工程 PT3	Pearson 相关性	0.501**	0.456**	0.403**	0.481**	0.377**	0.518**
	显著性（双尾）	0.000	0.000	0.000	0.000	0.000	0.000
加大绿色建筑技术人才培养 PT4	Pearson 相关性	0.592**	0.487**	0.502**	0.573**	0.512**	0.622**
	显著性（双尾）	0.000	0.000	0.000	0.000	0.000	0.000
配套服务型政策	Pearson 相关性	0.617**	0.535**	0.524**	0.599**	0.521**	0.652**
	显著性（双尾）	0.000	0.000	0.000	0.000	0.000	0.000

注：** 在 0.01 级别（双尾），相关性显著。

从表 5-15 配套服务型政策、绿色建筑技术采纳意愿的相关性分析结果可看出：

（1）配套服务型政策中制定绿色建筑发展规划子维度和绿色建筑技术

采纳意愿各个维度和整体的 Pearson 相关性系数分别为 0. 443、0. 462、0. 432、0. 501、0. 471、0. 536，系数均为正数并且显著性 sig 值都在 0. 01 以下，所以在 0. 01 级别显著性水准下，配套服务型政策中制定绿色建筑发展规划子维度和绿色建筑技术采纳意愿各个维度以及整体维度均呈现显著正相关，其中制定绿色建筑发展规划子维度和绿色建筑技术采纳意愿的正向相关性最大。

（2）配套服务型政策中加大宣传力度子维度和绿色建筑技术采纳意愿各个维度和整体的 Pearson 相关性系数分别为 0. 618、0. 466、0. 493、0. 536、0. 457、0. 601，系数均为正数并且显著性 sig 值都在 0. 01 以下，所以在 0. 01 级别显著性水准下，配套服务型政策中加大宣传力度子维度和绿色建筑技术采纳意愿各个维度以及整体维度均呈现显著正相关，其中加大宣传力度子维度和在绿色建筑技术研发与运用维护中投入资金子维度的正向相关性最大。

（3）配套服务型政策中示范试点工程子维度和绿色建筑技术采纳意愿各个维度和整体的 Pearson 相关性系数分别为 0. 501、0. 456、0. 403、0. 481、0. 377、0. 518，系数均为正数并且显著性 sig 值都在 0. 01 以下，所以在 0. 01 级别显著性水准下，配套服务型政策中示范试点工程子维度和绿色建筑技术采纳意愿各个维度以及整体维度均呈现显著正相关，其中示范试点工程子维度和绿色建筑技术采纳意愿整体的正向相关性最大。

（4）配套服务型政策中加大绿色建筑技术人才培养子维度和绿色建筑技术采纳意愿各个维度和整体的 Pearson 相关性系数分别为 0. 592、0. 487、0. 502、0. 573、0. 512、0. 622，系数均为正数并且显著性 sig 值都在 0. 01 以下，所以在 0. 01 级别显著性水准下，配套服务型政策中加大绿色建筑技术人才培养子维度和绿色建筑技术采纳意愿各个维度以及整体维度均呈现显著正相关，其中加大绿色建筑技术人才培养子维度和绿色建筑技术采纳意愿整体的正向相关性最大。

（5）配套服务型政策维度和绿色建筑技术采纳意愿各个维度和整体的 Pearson 相关性系数分别为 0. 617、0. 535、0. 524、0. 599、0. 521、0. 652，系数均为正数并且显著性 sig 值都在 0. 01 以下，所以在 0. 01 级别显著性水准下，配套服务型政策和绿色建筑技术采纳意愿各个维度以及整体维度均呈现显著正相关，其中配套服务型政策整体和绿色建筑技术采纳意愿整体的正向相关性最大。

5.3.7 建筑业主资源与意识、绿色建筑技术采纳意愿的相关性分析

采用 SPSS Statistics 23 软件对本研究中建筑业主资源与意识整体及其各个维度、绿色建筑技术采纳意愿整体及其各个维度之间的相关程度进行分析，相关性分析结果如表 5－16 所示。

表 5－16　建筑业主资源与意识、绿色建筑技术采纳意愿的相关性分析

变量	系数	在绿色建筑技术研发与运用维护中投入资金 JC1	给采纳绿色建筑技术的项目享受各类资源的优先权 JC2	在建筑项目中提高绿色建筑技术运用的占比 JC3	提高建筑项目的绿色性能要求 JC4	将绿色建筑技术的采纳作为长期发展目标与战略 JC5	绿色建筑技术采纳的意愿
参与方能力与水平 ZY1	Pearson 相关性	0.496**	0.436**	0.429**	0.470**	0.591**	0.564**
	显著性（双尾）	0.000	0.000	0.000	0.000	0.000	0.000
企业的资金资源 ZY2	Pearson 相关性	0.493**	0.457**	0.425**	0.430**	0.572**	0.553**
	显著性（双尾）	0.000	0.000	0.000	0.000	0.000	0.000
企业的绿色环保意识 ZY3	Pearson 相关性	0.553**	0.454**	0.526**	0.546**	0.601**	0.624**
	显著性（双尾）	0.000	0.000	0.000	0.000	0.000	0.000
建筑业主的资源与意识	Pearson 相关性	0.555**	0.485**	0.497**	0.521**	0.635**	0.627**
	显著性（双尾）	0.000	0.000	0.000	0.000	0.000	0.000

注：** 在 0.01 级别（双尾），相关性显著。

从表5－16中，建筑业主资源与意识、绿色建筑技术采纳意愿的相关性分析结果可看出：

（1）建筑业主资源与意识中参与方能力与水平子维度和绿色建筑技术采纳意愿各个维度和整体的Pearson相关性系数分别为0.496、0.436、0.429、0.470、0.591、0.564，系数均为正数并且显著性sig值都在0.01以下，所以在0.01级别显著性水准下，建筑业主资源与意识中参与方能力与水平子维度和绿色建筑技术采纳意愿各个维度以及整体维度均呈现显著正相关，其中参与方能力与水平子维度和将绿色建筑技术的采纳作为长期发展目标与战略子维度的正向相关性最大。

（2）建筑业主资源与意识中企业的资金资源子维度和绿色建筑技术采纳意愿各个维度和整体的Pearson相关性系数分别为0.493、0.457、0.425、0.430、0.572、0.553，系数均为正数并且显著性sig值都在0.01以下，所以在0.01级别显著性水准下，建筑业主资源与意识中企业的资金资源子维度和绿色建筑技术采纳意愿各个维度以及整体维度均呈现显著正相关，其中企业的资金资源子维度和将绿色建筑技术的采纳作为长期发展目标与战略子维度的正向相关性最大。

（3）建筑业主资源与意识中企业的绿色环保意识子维度和绿色建筑技术采纳意愿各个维度和整体的Pearson相关性系数分别为0.553、0.454、0.526、0.546、0.601、0.624，系数均为正数并且显著性sig值都在0.01以下，所以在0.01级别显著性水准下，建筑业主资源与意识中企业的绿色环保意识子维度和绿色建筑技术采纳意愿各个维度以及整体维度均呈现显著正相关，其中示范试点工程子维度和绿色建筑技术采纳意愿整体的正向相关性最大。

（4）建筑业主资源与意识和绿色建筑技术采纳意愿各个维度和整体的Pearson相关性系数分别为0.555、0.485、0.497、0.521、0.635、0.627，系数均为正数并且显著性sig值都在0.01以下，所以在0.01级别显著性水准下，建筑业主资源与意识和绿色建筑技术采纳意愿各个维度以及整体维度均呈现显著正相关，其中建筑业主资源与意识整体和将绿色建筑技术的采纳作为长期发展目标与战略子维度的正向相关性最大。

5.3.8　整体分析

从表5－17可知，3个自变量和中介变量建筑业主资源意识之间均存在着正向相关关系，其相关性系数从强到弱排序为配套服务型政策、市场激励型环境规制、命令强制型环境规制。自变量各个子维度和中介变量建筑业主资源意识之间的关系呈现正相关性，其中配套服务型政策中加大绿色建筑技术人才培养子维度相关性系数最大，而命令控制型环境规制因素中政府对不采纳绿色建筑技术进行惩罚子维度与中介变量之间的相关程度最弱。

表 5－17　3 个自变量与中介变量、因变量之间的相关性分析汇总

变量	系数	建筑业主的资源与意识	绿色建筑技术采纳的意愿	变量	系数	建筑业主的资源与意识	绿色建筑技术采纳的意愿
政府颁布的现行法律法规 QZ1	Pearson 相关性	0.451**	0.486**	市场激励型环境规制	Pearson 相关性	0.518**	0.672**
	显著性（双尾）	0.000	0.000		显著性（双尾）	0.000	0.000
政府颁布的现行强制性规划、设计标准 QZ2	Pearson 相关性	0.407**	0.422**	制定绿色建筑发展规划 PT1	Pearson 相关性	0.486**	0.536**
	显著性（双尾）	0.000	0.000		显著性（双尾）	0.000	0.000
政府对不采纳绿色建筑技术进行惩罚 QZ3	Pearson 相关性	0.392**	0.517**	加大宣传力度 PT2	Pearson 相关性	0.492**	0.601**
	显著性（双尾）	0.000	0.000		显著性（双尾）	0.000	0.000
命令控制型环境规制	Pearson 相关性	0.461**	0.526**	示范试点工程 PT3	Pearson 相关性	0.522**	0.518**
	显著性（双尾）	0.000	0.000		显著性（双尾）	0.000	0.000
现行财政补贴 JL1	Pearson 相关性	0.416**	0.611**	加大绿色建筑技术人才培养 PT4	Pearson 相关性	0.604**	0.622**
	显著性（双尾）	0.000	0.000		显著性（双尾）	0.000	0.000

续表

变量	系数	建筑业主的资源与意识	绿色建筑技术采纳的意愿	变量	系数	建筑业主的资源与意识	绿色建筑技术采纳的意愿
现行税收优惠 JL2	Pearson 相关性	0.429 **	0.514 **	配套服务型政策	Pearson 相关性	0.601 **	0.652 **
	显著性（双尾）	0.000	0.000		显著性（双尾）	0.000	0.000
现行信贷优惠 JL3	Pearson 相关性	0.475 **	0.588 **	参与方能力与水平 ZY1	Pearson 相关性	0.930 **	0.564 **
	显著性（双尾）	0.000	0.000		显著性（双尾）	0.000	0.000
现行容积率奖励 JL4	Pearson 相关性	0.474 **	0.562 **	企业的资金资源 ZY2	Pearson 相关性	0.929 **	0.553 **
	显著性（双尾）	0.000	0.000		显著性（双尾）	0.000	0.000
现行返还城市配套费 JL5	Pearson 相关性	0.469 **	0.612 **	企业的绿色环保意识 ZY3	Pearson 相关性	0.918 **	0.624 **
	显著性（双尾）	0.000	0.000		显著性（双尾）	0.000	0.000
征收碳税制度 JL6	Pearson 相关性	0.451 **	0.617 **	建筑业主的资源与意识	Pearson 相关性	1	0.627 **
	显著性（双尾）	0.000	0.000		显著性（双尾）		0.000
实行碳交易制度 JL7	Pearson 相关性	0.488 **	0.641 **				
	显著性（双尾）	0.000	0.000				

注：** 在 0.01 级别（双尾），相关性显著。

3个自变量、中介变量和因变量绿色建筑技术采纳意愿之间也存在正向相关关系，其相关性系数从强到弱为市场激励型环境规制、配套服务型政策、命令控制型环境规制。自变量、中介变量各个子维度和因变量绿色建筑技术采纳意愿之间的关系呈现正相关性，其中命令控制型环境规制中颁布的现行强制性规划、设计标准维度与因变量的相关程度最弱。

5.4 回归分析

由5.3相关性分析可知，命令控制型环境规制、市场激励型环境规制、配套服务型政策整体维度及其各维度分别与建筑业主的资源与意识、绿色建筑技术采纳的意愿整体维度及其各维度均存在着较为显著的正向相关关系。为更深入地探讨命令控制型环境规制、市场激励型环境规制、配套服务型政策这三个自变量分别对建筑业主的资源与意识、绿色建筑技术采纳意愿的影响关系，需要对其进行回归分析。本部分将采用线性回归分析方法来探讨命令控制型环境规制、市场激励型环境规制、配套服务型政策维度分别与建筑业主的资源与意识、绿色建筑技术采纳的意愿维度之间存在何种影响关系。

5.4.1 命令控制型环境规制对建筑业主的资源与意识的回归分析

1. 整体维度层面

运用SPSS Statistics 23软件，采用线性回归分析方法来分析命令控制型环境规制对建筑业主的资源与意识的影响。先确定建筑业主的资源与意识维度作为因变量，再将所在单位主营业务收入、所在单位的性质两个变量作为控制变量放入模型中，最后将命令控制型环境规制作为模型的自变量，进行命令控制型环境规制与建筑业主的资源与意识之间的回归分析，其回归分析结果如表5-18所示。

表 5-18　命令控制型环境规制对建筑业主资源与意识的回归分析结果

变量	因变量	
	建筑业主的资源与意识	
	模型 1	模型 2
控制变量		
所在单位主营业务收入	0.118	0.135
所在单位的性质	-0.094	-0.089
自变量		
命令控制型环境规制		0.466
R^2	0.037	0.254
调整后 R^2	0.022	0.237
F 值	2.533	14.977***

从表 5-18 可以看出，模型 1 只包含了所在单位主营业务收入、所在单位的性质这两个控制变量，而模型 2 是在模型 1 两个控制变量保持不变的基础上，加入命令控制型环境规制这个自变量，探讨命令控制型环境规制与建筑业主的资源与意识之间是否有着显著性的正向影响关系。模型 2 中 R^2 值和调整后 R^2 值相对于模型 1 而言有所优化，表明加入命令控制型环境规制这个自变量后的模型解释力度有着较为明显的提升，R^2 值增大到 0.254，调整后 R^2 值由 0.022 上升为 0.237，即加入命令控制型环境规制这个自变量后模型对因变量的解释力度可达到 23.7%。另外，从表 5-18 的模型 2 相关数据可知，命令控制型环境规制对建筑业主的资源与意识维度的 F 值 = 14.977（$p = 0.000 < 0.001$），通过了 F 检验，并且回归系数 β 为 0.466（$p = 0.000 < 0.001$），两者均为显著的，表明以建筑业主的资源与意识为因变量，自变量命令控制型环境规制对其具有显著的正向影响，假设 H1 得到了验证。

2. 命令控制型环境规制各维度层面

探讨命令控制型环境规制的 3 个维度对建筑业主的资源与意识维度的影响作用。先确定建筑业主的资源与意识作为因变量，再将所在单位主营业务收入、所在单位的性质两个变量作为控制变量放入模型当中，最后将命令控制型环境规制中 3 个维度依次作为模型的自变量，进行命令控制型环境规制的各个维度与建筑业主的资源与意识维度之间的回归分析，其回归分析结果如表 5－19 所示。

表 5－19　命令控制型环境规制各维度对建筑业主资源与意识的回归分析结果

变量	因变量			
	建筑业主的资源与意识			
	模型 1	模型 3	模型 4	模型 5
控制变量				
所在单位主营业务收入	0.118	0.125	0.143	0.127
所在单位的性质	－0.094	－0.068	－0.07	－0.13
自变量				
政府颁布的现行法律法规 QZ1		0.446		
政府颁布的现行强制性规划、设计标准 QZ2			0.409	
政府对不采纳绿色建筑技术进行惩罚 QZ3				0.415
R^2	0.037	0.235	0.204	0.207
调整后 R^2	0.022	0.217	0.186	0.189
F 值	2.533	13.502 ***	11.257 ***	11.508 ***

从表 5－19 可以看出，模型 1 只包含了所在单位主营业务收入、所在单位的性质这两个控制变量，模型 3～5 在模型 1 两个控制变量保持不变的基础上，加入命令控制型环境规制各维度，探讨命令控制型环境规制各维度与建筑业主的资源与意识之间是否有着显著性的正向影响关系。

其中，模型 3 的 R^2 值和调整后 R^2 值相对于模型 1 而言有所优化，表明加入政府颁布的现行法律法规维度作为自变量后的模型解释力度均有着较为明显的提升，其中 R^2 值增大到 0.235，调整后 R^2 值由 0.022 上升为 0.217，即加入政府颁布的现行法律法规这个自变量后模型对因变量的解释力度可达到 21.7%。另外，从表 5－19 的模型 3 相关数据可知，政府颁布的现行法律法规维度对建筑业主的资源与意识维度的 F 值 = 13.502（$p = 0.000 <$

0.001），通过了F检验，并且回归系数β为0.446（$p=0.000<0.001$），两者均为显著的，表明以建筑业主的资源与意识为因变量，自变量现行法律法规维度对其具备显著的正向影响，假设H1－1得到了验证。

模型4的R^2值和调整后R^2值相对于模型1而言有所优化，表明加入政府颁布的现行强制性规划、设计标准维度作为自变量后的模型解释力度均有着较为明显的提升，其中R^2值增大到0.204，调整后R^2值为0.186，即加入政府颁布的现行强制性规划、设计标准这个自变量后模型对因变量的解释力度可达到18.6%。另外，从表5－19的模型4相关数据可知，政府颁布的现行强制性规划、设计标准维度对建筑业主的资源与意识维度的F值＝11.257（$p=0.000<0.001$），通过了F检验，并且回归系数β为0.409（$p=0.000<0.001$），两者均呈现出显著水平，表明以建筑业主的资源与意识为因变量，自变量现行强制性规划、设计标准维度对其具备显著的正向影响，假设H1－2得到了验证。

模型5的R^2值和调整后R^2值相对于模型1而言有所优化，表明加入对不采纳绿色建筑技术进行惩罚子维度作为自变量后的模型解释力度均有着较为明显的提升，其中R^2值增大到0.207，调整后R^2值为0.189，即加入对不采纳绿色建筑技术进行惩罚这个自变量后模型对因变量的解释力度可达到18.9%。另外，从表5－19的模型5相关数据可知，对不采纳绿色建筑技术进行惩罚维度对建筑业主的资源与意识的F值＝11.508（$p=0.000<0.001$），通过了F检验，并且回归系数β为0.415（$p=0.000<0.001$），两者达到了显著水准，表明以建筑业主的资源与意识为因变量，自变量对不采纳绿色建筑技术进行惩罚维度对其具备显著的正向影响，假设H1－3得到了验证。

5.4.2 命令控制型环境规制对绿色建筑技术采纳意愿的回归分析

1. 整体维度层面

运用SPSS Statistics 23软件，采用线性回归分析方法，分析命令控制型环境规制对绿色建筑技术采纳意愿的影响。先确定绿色建筑技术采纳意愿作为因变量，再将所在单位主营业务收入、所在单位的性质两个变量作为控制变量放入模型当中，最后将命令控制型环境规制作为模型的自变量，进行命令控制型环境规制与绿色建筑技术采纳意愿之间的回归分析，其回归分析结果如表5-20所示。

表5-20　命令控制型环境规制对绿色建筑技术采纳意愿的回归分析结果

变量	因变量	
	绿色建筑技术采纳的意愿	
	模型1	模型2
控制变量		
所在单位主营业务收入	0.143	0.163
所在单位的性质	-0.008	-0.003
自变量		
命令控制型环境规制		0.531
R^2	0.022	0.304
调整后R^2	0.007	0.288
F值	1.505	19.196***

如表5-20可以看出，模型1只包含了所在单位主营业务收入、所在单位的性质这两个控制变量，而模型2是在模型1两个控制变量保持不变的基础上，加入命令控制型环境规制这个自变量，探讨命令控制型环境规制与绿色建筑技术采纳意愿之间是否具有较为显著的正向影响关系。模型2中R^2值和调整后R^2值相对于模型1而言有所优化，表明加入命令控制型环境规制这个自变量后的模型解释力度有着较为明显的提升，R^2值增大到0.304，调整后R^2值由0.007上升为0.288，即加入命令控制型环境规制这个自变量后模型对因变量的解释力度可达到28.8%。另外，从表5-20的模型2相关数据可知，命令控制型环境规制对绿色建筑技术采纳意愿的F值=19.196（$p=0.000<0.001$），通过了F检验，并且回归系数β为0.531（$p=0.000<0.001$），两者均为显著的，表明以绿色建筑技术采纳意愿为因变量，自变量命令控制型环境规制对其具备显著的正向影响，假设H2得到了验证。

2. 命令控制型环境规制各维度层面

分析命令控制型环境规制的3个维度对绿色建筑技术采纳意愿的影响作用。先确定绿色建筑技术采纳意愿作为因变量，再将所在单位主营业务收入、所在单位的性质两个变量作为控制变量放入模型当中，最后将命令控制型环境规制中3个维度依次作为模型的自变量，进行命令控制型环境规制的各个维度与绿色建筑技术采纳意愿之间的回归分析，其回归分析结果如表5-21所示。

表5-21 命令控制型环境规制各维度对绿色建筑技术采纳意愿的回归分析结果

变量	因变量			
	绿色建筑技术采纳的意愿			
	模型1	模型3	模型4	模型5
控制变量				
所在单位主营业务收入	0.143	0.151	0.17	0.156
所在单位的性质	-0.008	0.019	0.017	-0.054
自变量				
政府颁布的现行法律法规QZ1		0.484		
政府颁布的现行强制性规划、设计标准QZ2			0.426	
政府对不采纳绿色建筑技术进行惩罚QZ3				0.535
R^2	0.022	0.256	0.203	0.305
调整后R^2	0.007	0.239	0.185	0.289
F值	1.505	15.144***	11.242***	19.322***

如表5-21可以看出，模型1只包含了所在单位主营业务收入、所在单位的性质这两个控制变量，而模型3~5是在模型1两个控制变量保持不变的基础上，加入命令控制型环境规制各维度，来探讨命令控制型环境规制各维度与绿色建筑技术采纳的意愿之间是否有着显著性的正向影响关系。

其中，模型3的R^2值和调整后R^2值相对于模型1而言有所优化，表明加入政府颁布的现行法律法规维度作为自变量后的模型解释力度均有着较为明显的提升，其中 R^2 值增大到0.256，调整后 R^2 值由0.007上升为0.239，即加入政府颁布的现行法律法规这个自变量后模型对因变量的解释力度可达到23.9%。另外，从表5-21的模型3相关数据可知，政府颁布的现行法律法规维度对绿色建筑技术采纳的意愿维度的F值=15.144（$p=0.000<0.001$），通过了F检验，并且回归系数β为0.484（$p=0.000<0.001$），两者均为显著的，表明以绿色建筑技术采纳的意愿为因变量，自变量现行法律法规维度对其具备显著的正向影响，假设H2-1得到了验证。

模型4的 R^2 值和调整后 R^2 值相对于模型1而言有所优化，表明加入政府颁布的现行强制性规划、设计标准维度作为自变量后的模型解释力度均有着较为明显的提升，其中 R^2 值增大到0.203，调整后 R^2 值为0.185，即加入政府颁布的现行强制性规划、设计标准这个自变量后模型对因变量的解释力度可达到18.5%。另外，从表5-21的模型4相关数据可知，政府颁布的现行强制性规划、设计标准维度对绿色建筑技术采纳意愿的F值=11.242（$p=0.000<0.001$），通过了F检验，并且回归系数β为0.426（$p=0.000<0.001$），两者均呈现出显著水平，表明以绿色建筑技术采纳的意愿为因变量，自变量现行强制性规划、设计标准维度对其具备显著的正向影响，假设H2-2得到了验证。

模型5的 R^2 值和调整后 R^2 值相对于模型1而言有所优化，其中 R^2 值增大到0.305，调整后 R^2 值为0.289，即加入对不采纳绿色建筑技术进行惩罚这个自变量后模型对因变量的解释力度明显提升，可达到28.9%。另外，从表5-21的模型5相关数据可知，对不采纳绿色建筑技术进行惩罚维度对绿色建筑技术采纳意愿的F值=19.322（$p=0.000<0.001$），通过了F检验，并且回归系数β为0.535（$p=0.000<0.001$），两者达到了显著水准，表明以绿色建筑技术采纳意愿为因变量，自变量对不采纳绿色建筑技术进行惩罚维度对其具备显著的正向影响，假设H2-3得到了验证。

5.4.3 市场激励型环境规制对建筑业主的资源与意识的回归分析

1. 整体维度层面

运用SPSS Statistics 23软件，采用线性回归分析方法，分析市场激励型环境规制对建筑业主的资源与意识的影响。先确定建筑业主的资源与意识作为因变量，再将所在单位主营业务收入、所在单位的性质两个变量作为控制变量放入模型当中，最后将市场激励型环境规制作为模型的自变量，进行市场激励型环境规制与建筑业主的资源与意识之间的回归分析，其回归分析结果如表 5－22 所示。

表 5－22　市场激励型环境规制对建筑业主的资源与意识的回归分析结果

变量	因变量	
	建筑业主的资源与意识	
	模型 1	模型 2
控制变量		
所在单位主营业务收入	0.118	0.038
所在单位的性质	-0.094	-0.13
自变量		
市场激励型环境规制		0.51
R^2	0.037	0.293
调整后 R^2	0.022	0.277
F 值	2.533	18.231 ***

从表 5－22 可以看出，模型 1 只包含了所在单位主营业务收入、所在单位的性质这两个控制变量，而模型 2 是在模型 1 两个控制变量保持不变的基础上，加入市场激励型环境规制这个自变量，探讨市场激励型环境规制与建筑业主的资源与意识之间是否有着显著性的正向影响关系。模型 2 中 R^2 值和调整后 R^2 值相对于模型 1 而言有所优化，表明加入市场激励型环境规制这个自变量后的模型解释力度有着较为明显的提升，R^2 值增大到 0.293，调整后 R^2 值由 0.022 上升为 0.277，即加入市场激励型环境规制这个自变量后模型对因变量的解释力度可达到 27.7%。另外，从表 5－22 的模型 2 相关数据可知，市场激励型环境规制对建筑业主的资源与意识的 F 值 $=18.231$（$p=0.000<0.001$），通过了 F 检验，并且回归系数 β 为 0.51（$p=0.000<0.001$），两者均为显著的，表明以建筑业主的资源与意识为因

变量，自变量市场激励型环境规制对其具备显著的正向影响，假设 H3 得到了验证。

2. 市场激励型环境规制各维度层面

以下分析市场激励型环境规制的 7 个维度对建筑业主的资源与意识的影响作用。先确定建筑业主的资源与意识作为因变量，再将所在单位主营业务收入、所在单位的性质两个变量作为控制变量放入模型当中，最后将市场激励型环境规制中 7 个维度依次作为模型的自变量，进行市场激励型环境规制的各个维度与建筑业主的资源与意识之间的回归分析，其回归分析结果如表 5 – 23 所示。

表 5 – 23　市场激励型环境规制各维度对建筑业主的资源与意识的回归分析结果

变量	因变量							
	建筑业主的资源与意识							
	模型 1	模型 3	模型 4	模型 5	模型 6	模型 7	模型 8	模型 9
控制变量								
所在单位主营业务收入	0. 118	0. 06	0. 101	0. 049	0. 049	0. 026	0. 062	0. 034
所在单位的性质	-0. 094	-0. 136	-0. 11	-0. 13	-0. 129	-0. 126	-0. 108	-0. 115
自变量								
现行财政补贴 JL1		0. 413						
现行税收优惠 JL2			0. 429					
现行信贷优惠 JL3				0. 468				
现行容积率奖励 JL4					0. 467			

续表

变量	因变量							
	建筑业主的资源与意识							
	模型 1	模型 3	模型 4	模型 5	模型 6	模型 7	模型 8	模型 9
现行返还城市配套费 JL5						0.458		
征收碳税制度 JL6							0.439	
实行碳交易制度 JL7								0.475
R^2	0.037	0.205	0.221	0.253	0.252	0.24	0.228	0.257
调整后 R^2	0.022	0.187	0.203	0.236	0.235	0.223	0.21	0.24
F 值	2.533	11.36 ***	12.475 ***	14.909 ***	14.812 ***	13.915 ***	12.958 ***	15.202 ***

如表 5－23 可以看出，模型 1 只包含了所在单位主营业务收入、所在单位的性质这两个控制变量，而模型 3～9 是在模型 1 两个控制变量保持不变的基础上，加入市场激励型环境规制各维度，探讨市场激励型环境规制各维度与建筑业主的资源与意识之间是否有着显著性的正向影响关系。

其中模型 3 的 R^2 值和调整后 R^2 值相对于模型 1 而言有所优化，表明加入现行财政补贴维度作为自变量后的模型解释力度均有着较为明显的提升，其中 R^2 值增大到 0.205，调整后 R^2 值由 0.022 上升为 0.187，即加入现行财政补贴这个自变量后模型对因变量的解释力度可达到 18.7%，说明模型拟合度有所提升。另外，从表 5－23 的模型 3 相关数据可知，现行财政补贴维度对建筑业主的资源与意识维度的 F 值 = 11.36（$p = 0.000 < 0.001$），通过了 F 检验，并且回归系数 β 为 0.413（$p = 0.000 < 0.001$），两者均为显著的，表明以建筑业主的资源与意识为因变量，自变量现行财政补贴维度对其具备显著的正向影响，假设 H3－1 得到了验证。

模型 4 的 R^2 值和调整后 R^2 值有所增大，表明加入现行税收优惠维度作为自变量后的模型解释力度均有着较为明显的提升，其中 R^2 值增大到

0.221，调整后 R^2 值为 0.203，即加入现行税收优惠这个自变量后模型对因变量的解释力度可达到 20.3%。另外，从表 5 - 23 的模型 4 相关数据可知，现行税收优惠维度对建筑业主的资源与意识维度的 F 值 = 12.475（p = 0.000 < 0.001），通过了 F 检验，并且回归系数 β 为 0.429（p = 0.000 < 0.001），两者均呈现出显著水平，表明以建筑业主的资源与意识为因变量，自变量现行税收优惠维度对其具备显著的正向影响，假设 H3 - 2 得到了验证。

模型 5 的 R^2 值和调整后 R^2 值也有所优化，其中 R^2 值增大到 0.253，调整后 R^2 值为 0.236，即加入现行信贷优惠这个自变量后模型对因变量的解释力度可达到 23.6%，表示模型 5 拟合度有所提升。另外，从表 5 - 23 的模型 5 相关数据可知，现行信贷优惠维度对建筑业主的资源与意识维度的 F 值 = 14.909（p = 0.000 < 0.001），通过了 F 检验，并且回归系数 β 为 0.468（p = 0.000 < 0.001），两者达到了显著水准，表明以建筑业主的资源与意识为因变量，自变量对现行信贷优惠维度对其具备显著的正向影响，假设 H3 - 3 得到了验证。

模型 6 的 R^2 值和调整后 R^2 值有所增加，其中 R^2 值增大到 0.252，调整后 R^2 值为 0.235，即加入现行容积率奖励这个自变量后模型对因变量的解释力度可达到 23.5%，表示模型 6 能提供更强的解释力。另外，从表 5 - 23 的模型 6 相关数据可知，现行容积率奖励维度对建筑业主的资源与意识维度的 F 值 = 14.812（p = 0.000 < 0.001），通过了 F 检验，并且回归系数 β 为 0.467（p = 0.000 < 0.001），两者均为显著的，表明以建筑业主的资源与意识为因变量，自变量对现行容积率奖励维度对其具备显著的正向影响，假设 H3 - 4 得到了验证。

模型 7 的 R^2 值和调整后 R^2 值有所增加，表明加入现行返还城市配套费维度作为自变量后的模型解释力度均有着较为明显的提升，其中 R^2 值增大到 0.24，调整后 R^2 值为 0.223，即加入现行返还城市配套费这个自变量后模型对因变量的解释力度可达到 22.3%，表示模型 7 具备更好的统计意义与拟合度。另外，从表 5 - 23 的模型 7 相关数据可知，现行返还城市配套费维度对建筑业主的资源与意识维度的 F 值 = 13.915（p = 0.000 < 0.001），通过了 F 检验，并且回归系数 β 为 0.458（p = 0.000 < 0.001），两者达到了显著水准，表明以建筑业主的资源与意识为因变量，自变量对现行返还城市

配套费维度对其具备显著的正向影响，假设 H3－5 得到了验证。

模型 8 的 R^2 值和调整后 R^2 值有所增加，其中 R^2 值增大到 0.228，调整后 R^2 值为 0.21，即加入征收碳税制度这个自变量后模型对因变量的解释力度可达到 21%，表示模型 8 拟合度进一步提升。另外，从表 5－23 的模型 8 相关数据可知，征收碳税制度维度对建筑业主的资源与意识维度的 F 值 = 12.958（$p = 0.000 < 0.001$），通过了 F 检验，并且回归系数 β 为 0.439（$p = 0.000 < 0.001$），两者均为显著的，表明以建筑业主的资源与意识为因变量，自变量对征收碳税制度维度对其具备显著的正向影响，假设 H3－6 得到了验证。

模型 9 的 R^2 值和调整后 R^2 值有所增加，表明加入实行碳交易制度维度作为自变量后的模型解释力度均有着较为明显的提升，其中 R^2 值增大到 0.257，调整后 R^2 值为 0.24，即加入实行碳交易制度这个自变量后模型对因变量的解释力度可达到 24%，表示模型 9 具备更好的解释力和拟合度。另外，从表 5－23 的模型 9 相关数据可知，实行碳交易制度维度对建筑业主的资源与意识维度的 F 值 = 15.202（$p = 0.000 < 0.001$），通过了 F 检验，并且回归系数 β 为 0.475（$p = 0.000 < 0.001$），两者达到了显著水准，表明以建筑业主的资源与意识为因变量，自变量对实行碳交易制度维度对其具备显著的正向影响，假设 H3－7 得到了验证。

5.4.4 市场激励型环境规制对绿色建筑技术采纳意愿的回归分析

1. 整体维度层面

本书采用 SPSS Statistics 23 软件，运用线性回归分析方法来剖析市场激励型环境规制对绿色建筑技术采纳意愿的影响。先确定绿色建筑技术采纳意愿作为因变量，再将所在单位主营业务收入、所在单位的性质两个变量作为控制变量放入模型当中，最后将市场激励型环境规制作为模型的自变量，进行市场激励型环境规制与绿色建筑技术采纳意愿之间的回归分析，其回归分析结果如表 5－24 所示。

表 5-24　市场激励型环境规制对绿色建筑技术采纳意愿的回归分析结果

变量	因变量	
	绿色建筑技术采纳的意愿	
	模型 1	模型 2
控制变量		
所在单位主营业务收入	0.143	0.039
所在单位的性质	-0.008	-0.056
自变量		
市场激励型环境规制		0.666
R^2	0.022	0.459
调整后 R^2	0.007	0.447
F 值	1.505	37.334***

如表 5-24 可以看出，模型 1 只包含了所在单位主营业务收入、所在单位的性质这两个控制变量，而模型 2 是在模型 1 两个控制变量保持不变的基础上，加入市场激励型环境规制这个自变量，来探讨市场激励型环境规制与绿色建筑技术采纳意愿之间是否有着显著性的正向影响关系。模型 2 中 R^2 值和调整后 R^2 值相对于模型 1 而言有所优化，表明加入市场激励型环境规制自变量后的模型解释力度有着较为明显的提升，R^2 值增大到 0.459，调整后 R^2 值由 0.007 上升为 0.477，即加入市场激励型环境规制这个自变量后模型对因变量的解释力度可达到 47.7%，表示模型 2 具备较好的统计意义与拟合度。另外，从表 5-24 的模型 2 相关数据可知，市场激励型环境规制维度对绿色建筑技术采纳意愿维度的 F 值 = 37.334（$p=0.000<0.001$），通过了 F 检验，并且回归系数 β 为 0.666（$p=0.000<0.001$），两者均为显著的，表明以绿色建筑技术采纳意愿为因变量，自变量市场激励型环境规制对其具备显著的正向影响，假设 H4 得到了验证。

2. 市场激励型环境规制各维度层面

分析市场激励型环境规制的 7 个维度对绿色建筑技术采纳意愿维度的影

响作用。先确定绿色建筑技术采纳意愿作为因变量，再将所在单位主营业务收入、所在单位的性质两个变量作为控制变量放入模型当中，最后将市场激励型环境规制中 7 个维度依次作为模型的自变量，进行市场激励型环境规制的各个维度与绿色建筑技术采纳意愿之间的回归分析，其回归分析结果如表 5 - 25 所示。

表 5 - 25　市场激励型环境规制各维度对绿色建筑技术采纳意愿的回归分析结果

变量	因变量							
	绿色建筑技术采纳的意愿							
	模型 1	模型 3	模型 4	模型 5	模型 6	模型 7	模型 8	模型 9
控制变量								
所在单位主营业务收入	0.143	0.058	0.123	0.058	0.062	0.022	0.067	0.031
所在单位的性质	-0.008	-0.07	-0.028	-0.053	-0.05	-0.051	-0.028	-0.036
自变量								
现行财政补贴 JL1		0.608						
现行税收优惠 JL2			0.513					
现行信贷优惠 JL3				0.581				
现行容积率奖励 JL4					0.555			
现行返还城市配套费 JL5						0.605		
征收碳税制度 JL6							0.609	
实行碳交易制度 JL7								0.634

续表

变量	因变量							
	绿色建筑技术采纳的意愿							
	模型1	模型3	模型4	模型5	模型6	模型7	模型8	模型9
R^2	0.022	0.387	0.285	0.356	0.326	0.379	0.389	0.415
调整后 R^2	0.007	0.373	0.269	0.341	0.31	0.365	0.375	0.401
F 值	1.505	27.816***	17.531***	24.296***	21.26***	26.819***	27.969***	31.164***

如表5－25可以看出，模型1只包含了所在单位主营业务收入、所在单位的性质这两个控制变量，模型3～9是在模型1两个控制变量保持不变的基础上，加入市场激励型环境规制各维度，来探讨市场激励型环境规制各维度与绿色建筑技术采纳意愿之间是否有着显著性的正向影响关系。

其中模型3的 R^2 值和调整后 R^2 值相对于模型1而言有所优化，表明加入现行财政补贴维度作为自变量后的模型解释力度均有着较为明显的提升，其中 R^2 值增大到0.387，调整后 R^2 值由0.007上升为0.373，即加入现行财政补贴这个自变量后模型对因变量的解释力度可达到37.3%，表示模型3的拟合度有较大提升。另外，从表5－25的模型3相关数据可知，现行财政补贴维度对绿色建筑技术采纳意愿维度的F值＝27.816（$p=0.000<0.001$），通过了F检验，并且回归系数β为0.608（$p=0.000<0.001$），两者均为显著的，表明以绿色建筑技术采纳意愿为因变量，自变量现行财政补贴维度对其具备显著的正向影响，假设H4－1得到了验证。

模型4的 R^2 值和调整后 R^2 值有所增大，表明加入现行税收优惠维度作为自变量后的模型解释力度均有着较为明显的提升，其中 R^2 值增大到0.285，调整后 R^2 值为0.269，即加入现行税收优惠这个自变量后模型对因变量的解释力度可达到26.9%。另外，从表5－25的模型4相关数据可知，现行税收优惠维度对绿色建筑技术采纳的意愿维度的F值＝17.531（$p=0.000<0.001$），通过了F检验，并且回归系数β为0.513（$p=0.000<0.001$），两者均呈现出显著水平，表明以绿色建筑技术采纳意愿为因变量，自变量现现行税收优惠维度对其具备显著的正向影响，假设H4－2得到了验证。

模型 5 的 R^2 值和调整后 R^2 值也有所优化，其中 R^2 值增大到 0.351，调整后 R^2 值为 0.341，即加入现行信贷优惠这个自变量后模型对因变量的解释力度可达到 34.1%，表示模型 5 具备更好的的统计意义与拟合度。另外，从表 5－25 的模型 5 相关数据可知，现行信贷优惠维度对绿色建筑技术采纳意愿维度的 F 值 = 24.296（$p = 0.000 < 0.001$），通过了 F 检验，并且回归系数 β 为 0.581（$p = 0.000 < 0.001$），两者达到了显著水准，表明以绿色建筑技术采纳的意愿为因变量，自变量对现行信贷优惠维度对其具备显著的正向影响，假设 H4－3 得到了验证。

模型 6 的 R^2 值和调整后 R^2 值有所增加，表明加入现行容积率奖励维度作为自变量后的模型解释力度均有着较为明显的提升，其中 R^2 值增大到 0.326，调整后 R^2 值为 0.31，即加入现行容积率奖励这个自变量后模型对因变量的解释力度可达到 31%。另外，从表 5－25 的模型 6 相关数据可知，现行容积率奖励维度对绿色建筑技术采纳意愿维度的 F 值 = 21.26（$p = 0.000 < 0.001$），通过了 F 检验，并且回归系数 β 为 0.555（$p = 0.000 < 0.001$），两者均为显著的，表明以绿色建筑技术采纳意愿为因变量，自变量对现行容积率奖励维度对其具备显著的正向影响，假设 H4－4 得到了验证。

模型 7 的 R^2 值和调整后 R^2 值有所增加，表明加入现行返还城市配套费维度作为自变量后的模型解释力度均有着较为明显的提升，其中 R^2 值增大到 0.379，调整后 R^2 值为 0.365，即加入现行返还城市配套费这个自变量后模型对因变量的解释力度可达到 36.5%，表示模型 7 具备的统计意义与拟合度进一步提升。另外，从表 5－25 的模型 7 相关数据可知，现行返还城市配套费维度对绿色建筑技术采纳意愿维度的 F 值 = 26.819（$p = 0.000 < 0.001$），通过了 F 检验，并且回归系数 β 为 0.605（$p = 0.000 < 0.001$），两者达到了显著水准，表明以绿色建筑技术采纳意愿为因变量，自变量对现行返还城市配套费维度对其具备显著的正向影响，假设 H4－5 得到了验证。

模型 8 的 R^2 值和调整后 R^2 值有所增加，其中 R^2 值增大到 0.389，调整后 R^2 值为 0.375，即加入征收碳税制度这个自变量后模型对因变量的解释力度可达到 37.5%，表示模型 8 解释力度进一步提升。另外，从表 5－25 的模型 8 相关数据可知，征收碳税制度维度对绿色建筑技术采纳意愿维度的 F 值 = 27.969（$p = 0.000 < 0.001$），通过了 F 检验，并且回归系数 β 为

0.609（$p=0.000<0.001$），两者均为显著的，表明以绿色建筑技术采纳意愿为因变量，自变量对征收碳税制度维度对其具备显著的正向影响，假设H4－6得到了验证。

模型9的R^2值和调整后R^2值有所增加，表明加入实行碳交易制度维度作为自变量后的模型解释力度均有着较为明显的提升，其中R^2值增大到0.415，调整后R^2值为0.401，即加入实行碳交易制度这个自变量后模型对因变量的解释力度可达到40.1%，表示模型9具备显著的统计意义与良好的拟合度。另外，从表5－25的模型9相关数据可知，实行碳交易制度维度对绿色建筑技术采纳意愿维度的F值＝31.164（$p=0.000<0.001$），通过了F检验，并且回归系数β为0.634（$p=0.000<0.001$），两者达到了显著水准，表明以绿色建筑技术采纳意愿为因变量，自变量对实行碳交易制度维度对其具备显著的正向影响，假设H4－7得到了验证。

5.4.5 配套服务型政策对建筑业主的资源与意识的回归分析

1. 整体维度层面

运用SPSS Statistics 23软件，采用线性回归分析方法，分析配套服务型政策对建筑业主的资源与意识的影响。先确定建筑业主的资源与意识作为因变量，再将所在单位主营业务收入、所在单位的性质两个变量作为控制变量放入模型当中，最后将配套服务型政策作为模型的自变量，进行配套服务型政策与建筑业主的资源与意识之间的回归分析，其回归分析结果如表5－26所示。

表5－26　配套服务型政策对建筑业主的资源与意识的回归分析结果

变量	因变量	
	建筑业主的资源与意识	
	模型1	模型2
控制变量		
所在单位主营业务收入	0.118	0.043
所在单位的性质	－0.094	－0.075

续表

变量	因变量	
	建筑业主的资源与意识	
	模型 1	模型 2
自变量		
配套服务型政策		0.586
R^2	0.037	0.373
调整后 R^2	0.022	0.358
F 值	2.533	26.131 ***

如表 5－26 可以看出，模型 1 只包含了所在单位主营业务收入、所在单位的性质这两个控制变量，模型 2 是在模型 1 两个控制变量保持不变的基础上，加入配套服务型政策这个自变量，来探讨配套服务型政策与建筑业主的资源与意识之间是否有着显著性的正向影响关系。模型 2 中 R^2 值和调整后 R^2 值相对于模型 1 而言有所优化，表明加入配套服务型政策规制这个自变量后的模型解释力度有着较为明显的提升，R^2 值增大到 0.373，调整后 R^2 值由 0.022 上升为 0.358，即加入配套服务型政策这个自变量后模型对因变量的解释力度可达到 35.8%，表示模型 2 具备更好的统计意义与拟合度。另外，从表 5－26 的模型 2 相关数据可知，配套服务型政策对建筑业主的资源与意识的 F 值 = 26.131（$p = 0.000 < 0.001$），通过了 F 检验，并且回归系数 β 为 0.586（$p = 0.000 < 0.001$），两者均为显著的，表明以建筑业主的资源与意识为因变量，自变量配套服务型政策对其具备显著的正向影响，假设 H5 得到了验证。

2. 配套服务型政策各维度层面

探讨配套服务型政策的 4 个维度对建筑业主的资源与意识维度的影响作用，先确定建筑业主的资源与意识作为因变量，再将所在单位主营业务收入、所在单位的性质两个变量作为控制变量放入模型当中，最后将配套服务型政策中 4 个维度依次作为模型的自变量，进行配套服务型政策的各个维度与建筑业主的资源与意识之间的回归分析，其回归分析结果如表 5－27 所示。

表 5－27　配套服务型政策各维度对建筑业主的资源与意识的回归分析结果

变量	因变量				
	建筑业主的资源与意识				
	模型 1	模型 3	模型 4	模型 5	模型 6
控制变量					
所在单位主营业务收入	0.118	0.11	0.056	0.044	0.024
所在单位的性质	－0.094	－0.077	－0.093	－0.091	－0.055
自变量					
制定绿色建筑发展规划 PT1		0.478			
加大宣传力度 PT2			0.476		
示范试点工程 PT3				0.506	
加大绿色建筑技术人才培养 PT4					0.590
R^2	0.037	0.265	0.26	0.287	0.369
调整后 R^2	0.022	0.248	0.243	0.271	0.355
F 值	2.533	15.857***	15.439***	17.722***	25.785***

从表 5－27 可以看出，模型 1 只包含了所在单位主营业务收入、所在单位的性质这两个控制变量，模型 3～6 是在模型 1 两个控制变量保持不变的基础上，加入配套服务型政策各维度，来探讨配套服务型政策各维度与建筑业主的资源与意识之间是否有着显著性的正向影响关系。

其中，模型 3 的 R^2 值和调整后 R^2 值相对于模型 1 而言有所优化，表明加入制定绿色建筑发展规划维度作为自变量后的模型解释力度均有着较为明显的提升，其中 R^2 值增大到 0.265，调整后 R^2 值由 0.022 上升为 0.248，即加入制定绿色建筑发展规划这个自变量后模型对因变量的解释力度可达到 24.8%，模型拟合度有所提升。另外，从表 5－27 的模型 3 相关数据可知，制定绿色建筑发展规划维度对建筑业主的资源与意识维度的 F 值 = 15.857（$p = 0.000 < 0.001$），通过了 F 检验，并且回归系数 β 为 0.478（$p = 0.000 < 0.001$），两者均为显著的，表明以建筑业主的资源与意识为因变量，自变量制定绿色建筑发展规划维度对其具备显著的正向影响，假设 H5－1 得到了验证。

模型4的R^2值和调整后R^2值相对于模型1而言有所优化，表明加入加大宣传力度维度作为自变量后的模型解释力度均有着较为明显的提升，其中R^2值增大到0.26，调整后R^2值为0.243，即加入加大宣传力度这个自变量后模型对因变量的解释力度可达到24.3%。另外，从表5-27的模型4相关数据可知，加大宣传力度维度对建筑业主的资源与意识维度的F值=15.439（$p=0.000<0.001$），通过了F检验，并且回归系数β为0.476（$p=0.000<0.001$），两者均呈现出显著水平，表明以建筑业主的资源与意识为因变量，自变量加大宣传力度维度对其具备显著的正向影响，假设H5-2得到了验证。

模型5的R^2值和调整后R^2值相对于模型1而言有所优化，其中R^2值增大到0.287，调整后R^2值为0.271，即加入示范试点工程这个自变量后模型对因变量的解释力度增加，可达到27.1%。另外，从表5-27的模型5相关数据可知，示范试点工程维度对建筑业主的资源与意识维度的F值=17.722（$p=0.000<0.001$），通过了F检验，并且回归系数β为0.506（$p=0.000<0.001$），两者达到了显著水准，表明以建筑业主的资源与意识为因变量，自变量示范试点工程维度对其具备显著的正向影响，假设H5-3得到了验证。

模型6的R^2值和调整后R^2值有所优化，其中R^2值增大到0.369，调整后R^2值为0.355，即加入加大绿色建筑技术人才培养这个自变量后模型对因变量的解释力度可达到35.5%，表示模型6具备显著的统计意义与更好的拟合度。另外，从表5-27的模型6相关数据可知，加大绿色建筑技术人才培养维度对建筑业主的资源与意识维度的F值=25.785（$p=0.000<0.001$），通过了F检验，并且回归系数β为0.590（$p=0.000<0.001$），两者均呈现出显著水平，表明以建筑业主的资源与意识为因变量，自变量加大绿色建筑技术人才培养维度对其具备显著的正向影响，假设H5-4得到了验证。

5.4.6　配套服务型政策对绿色建筑技术采纳意愿的回归分析

1. 整体维度层面

运用SPSS Statistics 23软件，采用线性回归分析方法，分析配套服务型政策对绿色建筑技术采纳意愿的影响。先确定绿色建筑技术采纳意愿作为因变量，再将所在单位主营业务收入、所在单位的性质两个变量作为控制变量放入模型当中，最后将配套服务型政策作为模型的自变量，进行配套服务型政策与绿色建筑技术采纳意愿之间的回归分析，其回归分析结果如表 5 - 28 所示。

表 5 - 28　　配套服务型政策对绿色建筑技术采纳意愿的回归分析结果

变量	因变量	
	绿色建筑技术采纳的意愿	
	模型 1	模型 2
控制变量		
所在单位主营业务收入	0.143	0.061
所在单位的性质	-0.008	0.012
自变量		
配套服务型政策		0.645
R^2	0.022	0.428
调整后 R^2	0.007	0.415
F 值	1.505	32.956***

从表 5 - 28 可以看出，模型 1 只包含了所在单位主营业务收入、所在单位的性质这两个控制变量，模型 2 是在模型 1 两个控制变量保持不变的基础上，加入配套服务型政策这个自变量，分析配套服务型政策与绿色建筑技术采纳意愿之间是否有着显著性的正向影响关系。模型 2 中 R^2 值和调整后 R^2 值相对于模型 1 而言有所优化，表明加入配套服务型政策自变量后的模型解释力度有着较为明显的提升，R^2 值增大到 0.428，调整后 R^2 值由 0.007 上升为 0.415，即加入配套服务型政策这个自变量后模型对因变量的解释力度可达到 41.5%，表示模型 2 具备较好的统计意义与拟合度。另外，从表 5 - 28 的模型 2 相关数据可知，配套服务型政策对绿色建筑技术采纳意愿的 F 值 = 32.956（$p = 0.000 < 0.001$），通过了 F 检验，并且回归系数 β 为 0.645（$p = 0.000 < 0.001$），两者均为显著的，表明以绿色建筑技术采纳意愿为因变量，自变量配套服务型政策对其具备显著的正向影响，假设 H6 得到了验证。

2. 配套服务型政策各维度层面

分析配套服务型政策的 4 个维度对绿色建筑技术采纳意愿维度的影响作用。先确定绿色建筑技术采纳意愿作为因变量，再将所在单位主营业务收入、所在单位的性质两个变量作为控制变量放入模型当中，最后将配套服务型政策中 4 个维度依次作为模型的自变量，进行配套服务型政策的各个维度与绿色建筑技术采纳意愿之间的回归分析，其回归分析结果如表 5 - 29 所示。

表 5 - 29　配套服务型政策各维度对绿色建筑技术采纳意愿的回归分析结果

变量	因变量				
	绿色建筑技术采纳的意愿				
	模型 1	模型 3	模型 4	模型 5	模型 6
控制变量					
所在单位主营业务收入	0.143	0.135	0.066	0.069	0.045
所在单位的性质	-0.008	0.01	-0.007	-0.006	0.033
自变量					
制定绿色建筑发展规划 PT1		0.532			
加大宣传力度 PT2			0.592		
示范试点工程 PT3				0.507	
加大绿色建筑技术人才培养 PT4					0.619
R^2	0.022	0.304	0.367	0.274	0.388
调整后 R^2	0.007	0.289	0.352	0.257	0.375
F 值	1.505	19.248***	25.456***	16.574***	27.951***

从表 5 - 29 可以看出，模型 1 只包含了所在单位主营业务收入、所在单位的性质这两个控制变量，模型 3 ~ 6 是在模型 1 两个控制变量保持不变的基础上，加入配套服务型政策各维度，来探讨配套服务型政策各维度与绿色建筑技术采纳意愿之间是否有着显著性的正向影响关系。

其中，模型 3 的 R^2 值和调整后 R^2 值相对于模型 1 而言有所优化，表明加入制定绿色建筑发展规划维度作为自变量后的模型解释力度均有着较为明显的提升，其中 R^2 值增大到0.304，调整后 R^2 值由0.007上升为0.289，即加入政府颁布的现行法律法规这个自变量后模型对因变量的解释力度可达到28.9%。另外，从表5－29的模型3相关数据可知，制定绿色建筑发展规划维度对绿色建筑技术采纳意愿维度的F值＝19.248（$p=0.000<0.001$），通过了F检验，并且回归系数β为0.532（$p=0.000<0.001$），两者均为显著的，表明以绿色建筑技术采纳意愿为因变量，自变量制定绿色建筑发展规划维度对其具备显著的正向影响，假设H6－1得到了验证。

模型4的 R^2 值和调整后 R^2 值相对于模型1而言有所优化，其中 R^2 值增大到0.367，调整后 R^2 值为0.352，即加入加大宣传力度这个自变量后模型对因变量的解释力度可达到35.2%，表示模型4具备更好的统计意义与拟合度。另外，从表5－29的模型4相关数据可知，加大宣传力度维度对绿色建筑技术采纳意愿维度的F值＝25.456（$p=0.000<0.001$），通过了F检验，并且回归系数β为0.592（$p=0.000<0.001$），两者均呈现出显著水平，表明以绿色建筑技术采纳意愿为因变量，自变量加大宣传力度维度对其具备显著的正向影响，假设H6－2得到了验证。

模型5的 R^2 值和调整后 R^2 值相对于模型1而言有所优化，其中 R^2 值增大到0.274，调整后 R^2 值为0.257，即加入示范试点工程这个自变量后模型对因变量的解释力度可达到25.7%，表示模型5拟合度有所提升。另外，从表5－29的模型5相关数据可知，示范试点工程维度对绿色建筑技术采纳意愿维度的F值＝16.574（$p=0.000<0.001$），通过了F检验，并且回归系数β为0.507（$p=0.000<0.001$），两者达到了显著水准，表明以绿色建筑技术采纳意愿为因变量，自变量示范试点工程维度对其具备显著的正向影响，假设H6－3得到了验证。

模型6的 R^2 值和调整后 R^2 值相对于模型1而言有所优化，表明加入加大绿色建筑技术人才培养维度作为自变量后的模型解释力度均有着较为明显的提升，其中 R^2 值增大到0.388，调整后 R^2 值为0.375，即加入加大绿色建筑技术人才培养这个自变量后模型对因变量的解释力度可达到37.5%，表示模型6具备更好的统计意义与拟合度。另外，从表5－29的模型6相关数据可知，加大绿色建筑技术人才培养维度对绿色建筑技术采纳意愿维度的

F 值 = 27.951（p = 0.000 < 0.001），通过了 F 检验，并且回归系数 β 为 0.619（p = 0.000 < 0.001），两者均呈现出显著水平，表明以绿色建筑技术采纳意愿为因变量，自变量加大绿色建筑技术人才培养维度对其具备显著的正向影响，假设 H6 - 4 得到了验证。

5.4.7　建筑业主的资源与意识对绿色建筑技术采纳意愿的回归分析

1. 整体维度层面

采用 SPSS Statistics 23 软件，运用线性回归分析方法来剖析建筑业主的资源与意识对绿色建筑技术采纳意愿的影响。先确定绿色建筑技术采纳意愿作为因变量，再将所在单位主营业务收入、所在单位的性质两个变量作为控制变量放入模型当中，最后将建筑业主的资源与意识作为模型的自变量，进行建筑业主的资源与意识和绿色建筑技术采纳意愿之间的回归分析，其回归分析结果如表 5 - 30 所示。

表 5 - 30　建筑业主的资源与意识对绿色建筑技术采纳意愿的回归分析结果

变量	因变量	
	绿色建筑技术采纳意愿	
	模型 1	模型 2
控制变量		
所在单位主营业务收入	0.143	0.07
所在单位的性质	-0.008	0.05
自变量		
建筑业主的资源与意识		0.623
R^2	0.022	0.396
调整后 R^2	0.007	0.382
F 值	1.505	28.868***

从表5－30可以看出，模型1只包含了所在单位主营业务收入、所在单位的性质这两个控制变量，而模型2是在模型1两个控制变量保持不变的基础上，加入建筑业主的资源与意识这个自变量，来探讨建筑业主的资源与意识与绿色建筑技术采纳意愿之间是否有着显著性的正向影响关系。模型2中R^2值和调整后R^2值相对于模型1而言有所优化，表明加入建筑业主的资源与意识自变量后的模型解释力度有着较为明显的提升，R^2值增大到0.396，调整后R^2值由0.007上升为0.382，即加入建筑业主的资源与意识这个自变量后模型对因变量的解释力度可达到38.2%，表示模型2具备显著的统计意义与更好的拟合度。另外，从表5－30的模型2相关数据可知，建筑业主的资源与意识维度对绿色建筑技术采纳意愿的F值＝28.868（$p = 0.000 < 0.001$），通过了F检验，并且回归系数β为0.623（$p = 0.000 < 0.001$），两者均为显著的，表明以绿色建筑技术采纳意愿为因变量，自变量建筑业主的资源与意识对其具备显著的正向影响，假设H7得到了验证。

2. 建筑业主的资源与意识各维度层面

探讨建筑业主的资源与意识的3个维度对绿色建筑技术采纳意愿的影响作用。先确定绿色建筑技术采纳意愿作为因变量，再将所在单位主营业务收入、所在单位的性质两个变量作为控制变量放入模型当中，最后将建筑业主的资源与意识中3个维度依次作为模型的自变量，进行建筑业主的资源与意识的各个维度与绿色建筑技术采纳意愿之间的回归分析，其回归分析结果如表5－31所示。

表5－31　建筑业主的资源与意识各维度对绿色建筑技术采纳意愿的回归分析结果

变量	因变量			
	绿色建筑技术采纳的意愿			
	模型1	模型3	模型4	模型5
控制变量				
所在单位主营业务收入	0.143	0.07	0.104	0.068
所在单位的性质	－0.008	0.058	0.06	0.003

续表

变量	因变量			
	绿色建筑技术采纳的意愿			
	模型 1	模型 3	模型 4	模型 5
自变量				
参与方能力与水平 ZY1		0.561		
企业的资金资源 ZY2			0.548	
企业的绿色环保意识 ZY3				0.615
R^2	0.022	0.321	0.312	0.393
调整后 R^2	0.007	0.305	0.297	0.38
F 值	1.505	20.78 ***	19.984 ***	28.53 ***

从表 5－31 可以看出，模型 1 只包含了所在单位主营业务收入、所在单位的性质这两个控制变量，而模型 3～5 是在模型 1 两个控制变量保持不变的基础上，加入建筑业主的资源与意识各维度，来探讨建筑业主的资源与意识各维度与绿色建筑技术采纳意愿之间是否有着显著性的正向影响关系。

其中，模型 3 的 R^2 值和调整后 R^2 值相对于模型 1 而言有所优化，表明加入参与方能力与水平维度作为自变量后的模型解释力度均有着较为明显的提升，其中 R^2 值增大到 0.321，调整后 R^2 值由 0.007 上升为 0.305，即加入参与方能力与水平这个自变量后模型对因变量的解释力度可达到 30.5%，表示模型 3 具备更好的统计意义与拟合度。另外，从表 5－31 的模型 3 相关数据可知，参与方能力与水平维度对绿色建筑技术采纳意愿维度的 F 值 = 20.78（$p = 0.000 < 0.001$），通过了 F 检验，并且回归系数 β 为 0.561（$p = 0.000 < 0.001$），两者均为显著的，表明以绿色建筑技术采纳意愿为因变量，自变量参与方能力与水平维度对其具备显著的正向影响，假设 H7－1 得到了验证。

模型 4 的 R^2 值和调整后 R^2 值相对于模型 1 而言有所优化，其中 R^2 值增大到 0.312，调整后 R^2 值为 0.297，即加入企业的资金资源这个自变量后模型对因变量的解释力度可达到 29.7%。另外，从表 5－31 的模型 4 相关数据可知，企业的资金资源维度对绿色建筑技术采纳意愿的 F 值 = 19.984

（$p=0.000<0.001$），通过了 F 检验，并且回归系数 β 为 0.548（$p=0.000<0.001$），两者均呈现出显著水平，表明以绿色建筑技术采纳意愿为因变量，自变量企业的资金资源维度对其具备显著的正向影响，假设 H7－2 得到了验证。

模型 5 的 R^2 值和调整后 R^2 值相对于模型 1 而言有所优化，其中 R^2 值增大到 0.393，调整后 R^2 值为 0.38，即加入企业的绿色环保意识这个自变量后模型对因变量的解释力度可达到 38%，表示模型 5 具备较显著的统计意义与更好的拟合度。另外，从表 5－31 的模型 5 相关数据可知，企业的绿色环保意识维度对绿色建筑技术采纳意愿的 F 值 = 28.53（$p=0.000<0.001$），通过了 F 检验，并且回归系数 β 为 0.615（$p=0.000<0.001$），两者达到了显著水准，表明以绿色建筑技术采纳意愿为因变量，自变量企业的绿色环保意识维度对其具备显著的正向影响，假设 H7－3 得到了验证。

5.5 中介效应检验分析

5.5.1 中介变量效应检验方法

在研究自变量与因变量之间存在何种影响作用时，如果自变量会通过某个变量而作用于因变量，这个变量就称为中介变量，所起到的作用为中介变量效应。为了进一步探讨自变量与因变量之间存在的关系，接下去将进行中介变量的效应检验。对此，本书采用了温忠麟等提出的修改后中介效应检验法，即逐步多元回归分析法与 Bootstrap 方法相结合的检验流程①。以下检验分析建筑业主资源与意识在命令控制型环境规制、市场激励型环境规制、配套服务型政策等三个维度与绿色建筑技术采纳意愿之间的中介作用。本书重点关注环境规制对绿色建筑技术采纳的影响，研究重点在碳税制度与碳交易制度方面，考虑篇幅有限，在子维度分析部分，仅对市场激励型环境规制维度的 7 个子维度进行中介变量效应检验。

---

① 温忠麟，叶宝娟．中介效应分析：方法和模型发展［J］．心理科学进展，2014，22（5）：731－745.

较早研究常采用的中介效应检验方法一般为 Baron 等提出的三步骤回归分析①，这个方法较为简捷易操作，但在后续应用过程中该检验方法被一些专家学者质疑其存在检验力有所欠缺的问题。我国学者温忠麟等②对中介效应检验方法进一步优化，提出逐步多元回归分析法与 Bootstrap 方法相结合的检验方法，见图 5－1。

$$Y = cX + e_1 \tag{5.1}$$

$$M = aX + e_2 \tag{5.2}$$

$$Y = c'X + bM + e_3 \tag{5.3}$$

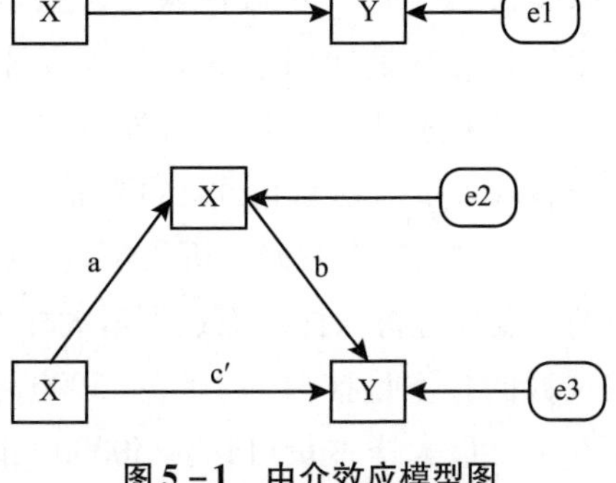

图 5－1　中介效应模型图

此方法检验过程的具体步骤如下（见图 5－2）：

（1）对自变量与因变量进行回归分析，验证上述回归方程式 5.1 中回归系数 c 是否显著，如果回归系数 c 值呈现显著，则可以进行下一步骤，如不显著则停止检验。

（2）以中介变量为结果变量，自变量对其进行回归分析，验证此回归方程式 5.2 中回归系数 a 是否呈现显著水准；同时构建回归方程式 5.3，验证模型加入中介变量因素后自变量对因变量的回归系数 b 是否为显著；如果回归系数 a、b 两个数值均为显著的，则进入下一步骤，若存在至少一个系

① Zhonglin Wen, Herbert W. Marsh, Kit－Tai Hau. Structural Equation Models of Latent Interactions: An Appropriate Standardized Solution and Its Scale－Free Properties [J]. Structural Equation Modeling: A Multidisciplinary Journal, 2010, 17 (1).

② 温忠麟，叶宝娟．中介效应分析：方法和模型发展［J］．心理科学进展，2014，22（5）：731－745.

数为不显著，则进入 bootstrap 检验。

（3）在自变量与中介变量的共同影响因变量的基础上建立回归分析，从中验证在加入中介变量后模型自变量对因变量的 c′是否均为显著。

（4）依据上述三步骤得出的多个回归系数，如果回归系数 b 显著但回归系数 c′呈现出不显著水平，表明在自变量与因变量之中，中介变量此时起到的是完全中介效应；如果回归系数 b 与回归系数 c′均为显著的，同时满足 ab 与 c 同号，表示在自变量与因变量之中，中介变量起到了部分中介效应。

（5）Bootstrap 法。中介变量效应的检验除了上述逐步回归分析法之外，还应该结合运用 Bootstrap 方法来进一步进行验证，温忠麟等在中介效应方法检验的相关研究中提出，尤其是回归系数 a 与 b 无法同时达到显著水平时，最好使用 Bootstrap 方法检验中介效应，另外若需要对中介效应进行汇报置信区间，也能使用 Bootstrap 方法获得此区间数值。

Bootstrap 法通常适合于中小样本数据分析的情境下运用，本质上是从原始数据样本中有放回的重复地进行取样从而达到增大样本厚度的目的。在研究过程中学者们较常选择的样本量抽取为 1000 ~ 5000，也可以依据自身研究需求选择更大的样本量，最大样本量可达到 50000，以 Process v3.5 插件为例。通过对这些样本的估算获得置信区间来检验中介作用是否存在。运用 Bootstrap 法运算可得到总效应、间接效应以及直接效应相对应的效应值以及置信区间，如运算得出的间接效应置信区间数值同号，即不包含 0，表明存在中介效应，反之，如果此置信区间数值为异号，即包含 0 这个数值，就表示中介效应不显著。此外，再分析直接效应的置信区间是否含有 0 这个数值，如有包含，则表示此时中介变量在其中起到的是完全中介效应，反之，置信区间不包含 0，则表明中介变量在其中只是发挥出部分中介作用。完全中介效应作用是指自变量对因变量的影响作用完全通过中介变量来实现，即只存在自变量→中介变量→因变量这条作用途径；部分中介效应作用是指自变量对因变量的影响作用是通过两条途径完成的，既有自变量→因变量直接作用的影响路径，也存在一条自变量→中介变量→因变量的影响路径。

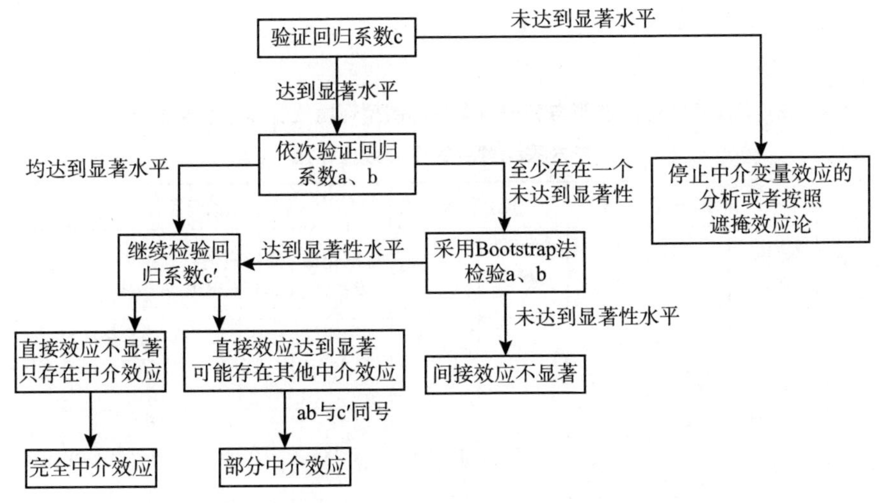

图 5-2　中介变量效应验证程序

资料来源：参考温忠麟，叶宝娟．中介效应分析：方法和模型发展［J］．心理科学进展，2014，22（5）：731-745.

5.5.2　建筑业主资源与意识的中介作用检验

1. 对命令控制型环境规制和绿色建筑技术采纳意愿的中介作用

应用 SPSS Statistics 23 软件建立逐步多元线性回归模型，探讨建筑业主资源与意识对命令控制型环境规制和绿色建筑技术采纳意愿的中介效应作用。第一，建立含有两个控制变量、自变量命令控制型环境规制和因变量绿色建筑技术采纳意愿的模型，即表 5-32 中模型 1，借此验证命令控制型环境规制对绿色建筑技术采纳意愿的直接影响，从而获得直接效应回归系数 c 显著水平；第二，建立含有两个控制变量、自变量命令控制型环境规制以及中介变量建筑业主的资源与意识的模型 2，以此来验证命令控制型环境规制对建筑业主的资源与意识的作用，即检验回归系数 a 的显著水平；第三，在模型 1 的前提下加入中介变量建筑业主的资源与意识，建立一个含有两个控制变量、自变量命令控制型环境规制、中介变量建筑业主的资源与意识以及因变量绿色建筑技术采纳意愿的模型，即表 5-32 中模型 3 所示，通过检验回归系数 b、c′的显著水平以及对回归系数 c、c′进行比较，以此来验证建筑业主的资源与意识在其中发挥的中介作用。模型 1～3 的具体回归分析运算结果如表 5-32 所示。

表 5-32 建筑业主的资源与意识对命令控制型环境规制和绿色建筑技术采纳意愿的中介效应作用

<table>
<tr><th rowspan="2">模型序号</th><th colspan="2">回归方程</th><th colspan="2">拟合指标</th><th colspan="4">系数显著性</th></tr>
<tr><th>结果变量</th><th>控制变量</th><th>R^2</th><th>F</th><th>标准化回归系数</th><th>非标准化回归系数</th><th>t</th><th>P</th></tr>
<tr><td rowspan="3">1</td><td rowspan="3">绿色建筑技术采纳意愿 JC</td><td>所在单位主营业务收入</td><td rowspan="3">0.304</td><td rowspan="3">19.196</td><td>0.163</td><td>0.047</td><td>1.727</td><td>0.087</td></tr>
<tr><td>所在单位的性质</td><td>-0.003</td><td>-0.002</td><td>-0.029</td><td>0.977</td></tr>
<tr><td>命令控制型环境规制</td><td>0.531</td><td>0.613</td><td>7.307</td><td>0.000</td></tr>
<tr><td rowspan="3">2</td><td rowspan="3">建筑业主的资源与意识 ZY</td><td>所在单位主营业务收入</td><td rowspan="3">0.254</td><td rowspan="3">14.977</td><td>0.135</td><td>0.038</td><td>1.381</td><td>0.170</td></tr>
<tr><td>所在单位的性质</td><td>-0.089</td><td>-0.077</td><td>-0.910</td><td>0.365</td></tr>
<tr><td>命令控制型环境规制</td><td>0.466</td><td>0.530</td><td>6.200</td><td>0.000</td></tr>
<tr><td rowspan="4">3</td><td rowspan="4">绿色建筑技术采纳意愿 JC</td><td>所在单位主营业务收入</td><td rowspan="4">0.471</td><td rowspan="4">29.123</td><td>0.099</td><td>0.029</td><td>1.192</td><td>0.236</td></tr>
<tr><td>所在单位的性质</td><td>0.039</td><td>0.035</td><td>0.475</td><td>0.636</td></tr>
<tr><td>命令控制型环境规制</td><td>0.310</td><td>0.358</td><td>4.295</td><td>0.000</td></tr>
<tr><td>建筑业主的资源与意识</td><td>0.473</td><td>0.481</td><td>6.428</td><td>0.000</td></tr>
</table>

依据表 5-32 中对模型 1 的数据运算结果分析可得出，此模型的直接效应标准化回归系数为 0.531、非标准化回归系数为 0.613，其显著水平通过

验证；模型 2 验证了命令控制型环境规制以及建筑业主的资源与意识之间的关系，根据分析结果可知，F 值为 14.977，R^2 为 0.254，表明命令控制型环境规制对建筑业主的资源与意识影响的回归模型具有一定的统计意义。从该模型验证结果（B = 0.530、β = 0.466，P = 0.000 < 0.001）可得，命令控制型环境规制对建筑业主的资源与意识具备显著性水平较高的正向作用，即中介效应中自变量命令控制型环境规制对中介变量绿色建筑技术采纳意愿的影响作用回归系数 a 的显著性得到了验证；模型 3 在模型 1 的基础上加入了中介变量建筑业主的资源与意识维度，此时模型的标准化回归系数分别为 0.473、0.310，非标准化回归系数为 0.481、0.358，显著性水平 P 均为 0.000，即表示回归系数 b、c′都呈现出 1‰水平的显著度，说明建筑业主资源与意识在命令控制型环境规制和绿色建筑技术采纳意愿之间起到部分中介作用，验证了假设 H8。

从上述回归分析结果可得，命令控制型环境规制对绿色建筑技术采纳意愿的作用，不仅存在着命令控制型环境规制对绿色建筑技术采纳意愿的直接影响，也存在着命令控制型环境规制通过建筑业主资源与意识对绿色建筑技术采纳意愿的间接作用。为了进一步分析中介变量在其中的直接效应和间接效应，在逐步线性回归分析方法的基础上，利用 Bootstrap 法进行验证，采用的是 Hayes（海耶斯）所开发的 Process 插件在 SPSS Statistics 23 软件中实现的。Bootstrap 方法样本选择量为 5000，建立在 95% 水平上的置信区间来完成检验，当中介效应的置信区间范围不含有 0 时即可验证，这种方法的采用具备较高的可信程度，能够较好地增强上述逐步线性回归分析结果的可靠程度。运用 Bootstrap 方法进行检验的运算结果如表 5 - 33 所示。

表 5 - 33　建筑业主的资源与意识对命令控制型环境规制和绿色建筑技术采纳意愿的中介作用的检验

中介变量	效应	Effect	BootSE	95% 置信区间		效应占比
				LLCI	ULCI	
建筑业主的资源与意识	直接效应	0.358	0.083	0.193	0.523	58.45%
	间接效应	0.255	0.070	0.134	0.408	41.55%
	总效应	0.613	0.084	0.447	0.779	100%

从表5-33可知，命令控制型环境规制对绿色建筑技术采纳意愿的总影响效应值为0.613，其置信区间为0.447~0.779，不含有0；命令控制型环境规制对绿色建筑技术采纳意愿的直接影响效应值为0.358，占总效应值（0.613）的58.45%，其95%置信区间为0.193~0.523，未包含0；而命令控制型环境规制通过建筑业主的资源与意识对绿色建筑技术采纳意愿的间接影响效应值为0.255，占总效应值（0.613）的41.55%，其95%置信区间处于0.134~0.408，也不含有0，因此表明存在显著的中介效应，且为部分中介效应。即验证了在命令控制型环境规制促进绿色建筑技术采纳意愿的过程中，建筑业主的资源与意识发挥了部分中介效应作用，再次检验通过假设H8，也验证了建筑业主的资源与意识在其中所起到中介作用的稳健性。

2. 对市场激励型环境规制和绿色建筑技术采纳意愿的中介作用

利用SPSS Statistics 23软件建立逐步多元线性回归模型，探讨建筑业主的资源与意识对市场激励型环境规制和绿色建筑技术采纳意愿的中介作用。第一，建立含有两个控制变量、自变量市场激励型环境规制和因变量绿色建筑技术采纳意愿的模型，即表5-34中模型1，借此验证市场激励型环境规制对绿色建筑技术采纳意愿的直接影响，从而获得直接效应回归系数c显著水平；第二，建立含有两个控制变量、自变量市场激励型环境规制以及中介变量建筑业主的资源与意识的模型2，以此来验证市场激励型环境规制对建筑业主的资源与意识的作用，即检验回归系数a的显著水平；第三，在模型1的前提下加入中介变量建筑业主的资源与意识，建立一个含有两个控制变量、自变量市场激励型环境规制、中介变量建筑业主的资源与意识以及因变量绿色建筑技术采纳意愿的模型，即表5-34中模型3所示，通过检验回归系数b、c′的显著水平以及对回归系数c、c′进行比较，以此来验证建筑业主的资源与意识在其中发挥的中介作用。模型1~3的具体回归分析运算结果如表5-34所示。

表 5-34　建筑业主的资源与意识对市场激励型环境规制和绿色建筑技术采纳意愿的中介作用

<table>
<tr><th rowspan="2">模型序号</th><th colspan="2">回归方程</th><th colspan="2">拟合指标</th><th colspan="4">系数显著性</th></tr>
<tr><th>结果变量</th><th>控制变量</th><th>R^2</th><th>F</th><th>标准化回归系数</th><th>非标准化回归系数</th><th>t</th><th>P</th></tr>
<tr><td rowspan="3">1</td><td rowspan="3">绿色建筑技术采纳意愿 JC</td><td>所在单位主营业务收入</td><td rowspan="3">0.459</td><td rowspan="3">37.334</td><td>0.039</td><td>0.011</td><td>0.463</td><td>0.644</td></tr>
<tr><td>所在单位的性质</td><td>-0.056</td><td>-0.049</td><td>-0.669</td><td>0.505</td></tr>
<tr><td>市场激励型环境规制</td><td>0.666</td><td>0.657</td><td>10.325</td><td>0.000</td></tr>
<tr><td rowspan="3">2</td><td rowspan="3">建筑业主的资源与意识 ZY</td><td>所在单位主营业务收入</td><td rowspan="3">0.293</td><td rowspan="3">18.231</td><td>0.038</td><td>0.011</td><td>0.393</td><td>0.695</td></tr>
<tr><td>所在单位的性质</td><td>-0.130</td><td>-0.113</td><td>-1.367</td><td>0.174</td></tr>
<tr><td>市场激励型环境规制</td><td>0.510</td><td>0.495</td><td>6.917</td><td>0.000</td></tr>
<tr><td rowspan="4">3</td><td rowspan="4">绿色建筑技术采纳意愿 JC</td><td>所在单位主营业务收入</td><td rowspan="4">0.559</td><td rowspan="4">41.485</td><td>0.025</td><td>0.007</td><td>0.325</td><td>0.746</td></tr>
<tr><td>所在单位的性质</td><td>-0.007</td><td>-0.006</td><td>-0.090</td><td>0.928</td></tr>
<tr><td>市场激励型环境规制</td><td>0.475</td><td>0.468</td><td>6.950</td><td>0.000</td></tr>
<tr><td>建筑业主的资源与意识</td><td>0.376</td><td>0.382</td><td>5.444</td><td>0.000</td></tr>
</table>

从表 5-34 中对模型 1 的数据运算结果分析可得出，此模型的直接效应标准化回归系数为 0.666、非标准化回归系数为 0.657，其显著水平通过验证；模型 2 验证了市场激励型环境规制以及建筑业主的资源与意识之间的关

系，根据分析结果可知，F 值为 18.231，R^2 为 0.293，表明市场激励型环境规制对建筑业主的资源与意识影响的回归模型具有一定的统计意义。从此模型验证结果（B = 0.495、β = 0.510，P = 0.000 < 0.001）可得，市场激励型环境规制对建筑业主的资源与意识具备显著性水平较高的正向影响，即自变量市场激励型环境规制对中介变量绿色建筑技术采纳意愿的影响作用回归系数 a 的显著性得到了验证；模型 3 在模型 1 的基础上加入了中介变量建筑业主的资源与意识维度，此时模型的标准化回归系数分别为 0.376、0.475，非标准化回归系数为 0.382、0.468，显著性水平 P 均为 0.000，即表示回归系数 b、c′都呈现出 1‰水平的显著度，说明建筑业主的资源与意识在市场激励型环境规制和绿色建筑技术采纳意愿之间发挥着部分中介作用，验证了假设 H9。

从上述回归分析结果可得，市场激励型环境规制对绿色建筑技术采纳意愿的作用，不仅存在着市场激励型环境规制对绿色建筑技术采纳意愿的直接影响，也存在着市场激励型环境规制通过建筑业主的资源与意识对绿色建筑技术采纳意愿的间接作用。为了进一步探析中介变量在其中的直接效应和间接效应，同样在逐步线性回归分析方法的基础上利用 Bootstrap 法进行验证，采用的是 Hayes 所开发的 Process 插件在 SPSS Statistics 23 软件中实现。Bootstrap 方法样本选择量为 5000，建立在 95% 水平上的置信区间来完成检验，当中介效应的置信区间范围不含有 0 时即可验证。运用 Bootstrap 方法进行检验的运算结果如表 5 - 35 所示。

表 5 - 35　建筑业主的资源与意识对市场激励型环境规制和绿色建筑技术采纳意愿的中介作用的检验

中介变量	效应	Effect	BootSE	95% 置信区间		效应占比
				LLCI	ULCI	
建筑业主的资源与意识	直接效应	0.468	0.067	0.335	0.601	71.22%
	间接效应	0.189	0.054	0.092	0.302	28.78%
	总效应	0.657	0.064	0.531	0.783	100%

从表 5 - 35 可知，市场激励型环境规制对绿色建筑技术采纳意愿的总影

响效应值为 0.657，其置信区间为 0.531 ~ 0.783，不含有 0；市场激励型环境规制对绿色建筑技术采纳意愿的直接影响效应值为 0.468，占总效应值（0.657）的 71.22%，其 95% 置信区间为 0.335 ~ 0.601，未包含 0；而市场激励型环境规制通过建筑业主的资源与意识对绿色建筑技术采纳意愿的间接影响效应值为 0.189，占总效应值（0.657）的 28.78%，其 95% 置信区间处于 0.092 ~ 0.302，也不含有 0，因此表明存在显著的中介效应，且为部分中介效应。即验证了在市场激励型环境规制促进绿色建筑技术采纳意愿的过程中，建筑业主的资源与意识发挥了部分中介效应作用，再次检验假设 H9 成立，也验证了建筑业主的资源与意识在其中所起到中介作用的稳健性。

以下开展建筑业主资源与意识对市场激励型环境规制的七个子维度与绿色建筑技术采纳意愿的中介作用检验。

（1）对现行财政补贴和绿色建筑技术采纳意愿的中介作用。

在探讨建筑业主的资源与意识对现行财政补贴和绿色建筑技术采纳意愿的中介效应作用情境下，利用 SPSS Statistics 23 软件建立逐步多元线性回归模型。第一，建立含有两个控制变量、自变量现行财政补贴和因变量绿色建筑技术采纳意愿的模型，即表 5 - 36 中模型 4，借此验证现行财政补贴对绿色建筑技术采纳意愿的直接影响，从而获得直接效应回归系数 c 显著水平；第二，建立含有两个控制变量、自变量现行财政补贴以及中介变量建筑业主的资源与意识的模型 5，以此来验证现行财政补贴对建筑业主的资源与意识的作用，即检验回归系数 a 的显著水平；第三，在模型 3 的前提下加入中介变量建筑业主的资源与意识，建立一个含有两个控制变量、自变量现行财政补贴、中介变量建筑业主的资源与意识以及因变量绿色建筑技术采纳意愿的模型，即表 5 - 36 中模型 6 所示，通过检验回归系数 b、c′的显著水平以及对回归系数 c、c′进行比较，以此来验证建筑业主的资源与意识在其中发挥的中介作用。模型 4 ~ 6 的具体回归分析运算结果如表 5 - 36 所示。

表 5 - 36　建筑业主的资源与意识对现行财政补贴和绿色建筑技术采纳意愿的中介作用

模型序号	回归方程		拟合指标		系数显著性			
	结果变量	控制变量	R^2	F	标准化回归系数	非标准化回归系数	t	P
		所在单位主营业务收入			0.058	0.017	0.026	0.653
4	绿色建筑技术采纳意愿 JC	所在单位的性质	0.387	27.816	-0.070	-0.062	0.078	-0.792
		现行财政补贴 JL1			0.608	0.491	0.055	8.870
		所在单位主营业务收入			0.060	0.017	0.590	0.556
5	建筑业主的资源与意识 ZY	所在单位的性质	0.205	11.360	-0.136	-0.118	-1.344	0.181
		现行财政补贴 JL1			0.413	0.328	5.290	0.000
		所在单位主营业务收入			0.032	0.009	0.409	0.683
6	绿色建筑技术采纳意愿 JC	所在单位的性质	0.543	38.973	-0.010	-0.009	-0.130	0.897
		现行财政补贴 JL1			0.425	0.343	6.499	0.000
		建筑业主的资源与意识			0.443	0.450	6.691	0.000

依据表 5 - 36 中对模型 4 的数据运算结果分析可得出，此模型的直接效应标准化回归系数为 0.608、非标准化回归系数为 0.491，其显著水平通过验证；模型 5 验证了现行财政补贴以及建筑业主的资源与意识之间的关系，从此模型验证结果（B = 0.328、β = 0.413，P = 0.000 < 0.001）可

得，现行财政补贴对建筑业主的资源与意识具备显著性水平较高的正向影响，即自变量现行财政补贴对中介变量绿色建筑技术采纳意愿的影响作用回归系数 a 的显著性得到了验证；模型 6 在模型 4 的基础上加入了中介变量建筑业主的资源与意识维度，此时模型的标准化回归系数分别为 0.443、0.425，非标准化回归系数为 0.450、0.343，显著性水平 P 均为 0.000，即表示回归系数 b、c′都呈现出 1‰水平的显著度，说明建筑业主的资源与意识在现行财政补贴和绿色建筑技术采纳意愿之间发挥着部分中介作用，验证了假设 H9－1。

从上述回归分析结果可得，现行财政补贴对绿色建筑技术采纳意愿的作用，不仅存在着现行财政补贴对绿色建筑技术采纳意愿的直接影响，也存在着现行财政补贴通过建筑业主的资源与意识对绿色建筑技术采纳意愿的间接作用。为了进一步探析中介变量在其中的直接效应和间接效应，同样在逐步线性回归分析方法的基础上利用 Bootstrap 法进行验证。运用 Bootstrap 方法进行检验的运算结果如表 5－37 所示。

表 5－37　建筑业主的资源与意识对现行财政补贴和绿色建筑技术采纳意愿的中介作用的检验

中介变量	效应	Effect	BootSE	95%置信区间		效应占比（%）
				LLCI	ULCI	
建筑业主的资源与意识	直接效应	0.343	0.053	0.239	0.448	69.89
	间接效应	0.148	0.043	0.072	0.239	30.11
	总效应	0.491	0.055	0.381	0.600	100

从表 5－37 可知，现行财政补贴对绿色建筑技术采纳意愿的总影响效应值为 0.491，其置信区间为 0.381～0.600，不含有 0；现行财政补贴对绿色建筑技术采纳意愿的直接影响效应值 0.343，占总效应值（0.491）的 69.89%，其 95%置信区间为 0.239～0.448，未包含 0；而现行财政补贴通过建筑业主的资源与意识对绿色建筑技术采纳意愿的间接影响效应值为 0.148，占总效应值的 30.11%，其 95%置信区间处于 0.072～0.239，也不含有 0，因此表明存在显著的中介效应，且为部分中介效应。即验证了在现

行财政补贴促进绿色建筑技术采纳意愿的过程当中，建筑业主的资源与意识发挥出了部分中介效应作用，再次检验假设 H9－1 成立，也验证了建筑业主的资源与意识在其中所起到中介作用的稳健性。

（2）对现行税收优惠和绿色建筑技术采纳意愿的中介作用。

利用 SPSS Statistics 23 软件建立逐步多元线性回归模型，分析建筑业主的资源与意识对现行税收优惠和绿色建筑技术采纳意愿的中介作用。第一，建立含有两个控制变量、自变量税收优惠和因变量绿色建筑技术采纳意愿的模型，即表 5－38 中模型 7，借此验证现行税收优惠对绿色建筑技术采纳意愿的直接影响，从而获得直接效应回归系数 c 显著水平；第二，建立含有两个控制变量、自变量现行税收优惠以及中介变量建筑业主的资源与意识的模型 8，以此来验证现行税收优惠对建筑业主的资源与意识的作用，即检验回归系数 a 的显著水平；第三，在模型 7 的前提下加入中介变量建筑业主的资源与意识，建立一个含有两个控制变量、自变量现行税收优惠、中介变量建筑业主的资源与意识以及因变量绿色建筑技术采纳意愿的模型，即表 5－38 中模型 9 所示，通过检验回归系数 b、c′的显著水平以及对回归系数 c、c′进行比较，以此来验证建筑业主的资源与意识在其中发挥的中介作用。模型 7 ~9 具体回归分析运算结果如表 5－38 所示。

表 5－38　建筑业主的资源与意识对现行税收优惠和绿色建筑技术采纳意愿的中介作用

模型序号	回归方程		拟合指标		系数显著性			
	结果变量	控制变量	R^2	F	标准化回归系数	非标准化回归系数	t	P
7	绿色建筑技术采纳意愿 JC	所在单位主营业务收入	0.285	17.531	0.123	0.036	1.291	0.199
		所在单位的性质			-0.028	-0.025	-0.296	0.768
		现行税收优惠 JL2			0.513	0.436	6.965	0.000

续表

模型序号	回归方程		拟合指标		系数显著性			
	结果变量	控制变量	R^2	F	标准化回归系数	非标准化回归系数	t	P
8	建筑业主的资源与意识 ZY	所在单位主营业务收入	0.221	12.475	0.101	0.029	1.012	0.313
		所在单位的性质			-0.110	-0.096	-1.107	0.270
		现行税收优惠 JL2			0.429	0.359	5.587	0.000
9	绿色建筑技术采纳意愿 JC	所在单位主营业务收入	0.471	29.100	0.074	0.021	0.894	0.373
		所在单位的性质			0.026	0.023	0.309	0.758
		现行税收优惠 JL2			0.303	0.258	4.288	0.000
		建筑业主的资源与意识			0.488	0.496	6.776	0.000

依据表 5-38 中对模型 7 的数据运算结果分析可得出，此模型的直接效应标准化回归系数为 0.513、非标准化回归系数为 0.436，其显著水平通过验证；模型 8 验证了现行税收优惠以及建筑业主的资源与意识之间的关系，从此模型验证结果（B = 0.359、β = 0.429，P = 0.000 < 0.001）可得，现行税收优惠对建筑业主的资源与意识具备显著性水平较高的正向影响，即自变量现行税收优惠对中介变量绿色建筑技术采纳意愿的影响作用回归系数 a 的显著性得到了验证；模型 9 在模型 7 的基础上加入了中介变量建筑业主的资源与意识维度，此时模型的标准化回归系数分别为 0.488、0.303，非标准化回归系数为 0.496、0.258，显著性水平 P 均为 0.000，即表示回归系数 b、c′都呈现出 1‰水平的显著度，说明建筑业主的资源与意识在现行税收优惠和绿色建筑技术采纳意愿之间发挥着部分中介作用，验证了假设 H9-2。

从上述回归分析结果可得，现行税收优惠对绿色建筑技术采纳意愿的作用，不仅存在着现行税收优惠对绿色建筑技术采纳意愿的直接影响，也存在着现行税收优惠通过建筑业主的资源与意识对绿色建筑技术采纳意愿的间接作用。为了进一步探析中介变量在其中的直接效应和间接效应，同样在逐步线性回归分析方法的基础上利用 Bootstrap 法进行验证的运算结果如表 5－39 所示。

表 5－39　建筑业主的资源与意识对现行税收优惠和绿色建筑技术采纳意愿的中介作用的检验

中介变量	效应	Effect	BootSE	95%置信区间		效应占比（%）
				LLCI	ULCI	
建筑业主的资源与意识	直接效应	0.258	0.060	0.139	0.377	59.13
	间接效应	0.178	0.054	0.089	0.299	40.87
	总效应	0.436	0.063	0.312	0.560	100

从表 5－39 可知，现行税收优惠对绿色建筑技术采纳意愿的总影响效应值为 0.436，其置信区间为 0.321～0.560，不含有 0；现行税收优惠对绿色建筑技术采纳意愿的直接影响效应值 0.258，占总效应值（0.436）的 59.13%，其 95%置信区间为 0.139～0.377，未包含 0；而现行税收优惠通过建筑业主的资源与意识对绿色建筑技术采纳意愿的间接影响效应值为 0.178，占总效应值的 40.87%，其 95%置信区间处于 0.089～0.299，也不含有 0，因此表明存在显著的中介效应，且为部分中介效应。即验证了在现行税收优惠促进绿色建筑技术采纳意愿的过程中，建筑业主的资源与意识发挥了部分中介作用，再次检验假设 H9－2 成立，也验证了建筑业主的资源与意识在其中所起到中介作用的稳健性。

（3）对现行信贷优惠和绿色建筑技术采纳意愿的中介作用。

利用 SPSS Statistics 23 软件建立逐步多元线性回归模型，分析建筑业主资源与意识对现行信贷优惠和绿色建筑技术采纳意愿的中介效应作用。第一，建立含有两个控制变量、自变量现行信贷优惠和因变量绿色建筑技术采纳意愿的模型，即表 5－40 中模型 10，借此验证现行信贷优惠对绿色建筑技术采纳意愿的直接影响，从而获得直接效应回归系数 c 显著水平；第二，建立含有两个控制变量、自变量现行信贷优惠以及中介变量建筑业主的资源与意识的模型 11，以此来验证现行信贷优惠对建筑业主的资源与意识的作用，即检验回归系数 a 的显著水平；第三，在模型 10 的前提下加入中介变量建筑业主的资源与意识，建立一个含有两个控制变量、自变量现行信贷优惠、中介变量建筑业主的资源与意识以及因变量绿色建筑技术采纳意愿的模型，即表 5－40 中模型 12 所示，通过检验回归系数 b、c′的显著水平以及对回归系数 c、c′进行比较，以此来验证建筑业主的资源与意识在其中发挥的中介作用。模型 10～12 具体回归分析运算结果如表 5－40 所示。

表 5－40　建筑业主的资源与意识对现行信贷优惠和绿色建筑技术采纳意愿的中介作用

模型序号	回归方程		拟合指标		系数显著性			
	结果变量	控制变量	R^2	F	标准化回归系数	非标准化回归系数	t	P
10	绿色建筑技术采纳意愿 JC	所在单位主营业务收入	0.356	24.296	0.058	0.017	0.638	0.525
		所在单位的性质			－0.053	－0.047	－0.585	0.560
		现行信贷优惠 JL3			0.581	0.531	8.268	0.000
11	建筑业主的资源与意识 ZY	所在单位主营业务收入	0.253	14.909	0.049	0.014	0.500	0.618
		所在单位的性质			－0.130	－0.113	－1.327	0.187
		现行信贷优惠 JL3			0.468	0.421	6.184	0.000

续表

模型序号	回归方程		拟合指标		系数显著性			
	结果变量	控制变量	R^2	F	标准化回归系数	非标准化回归系数	t	P
12	绿色建筑技术采纳意愿 JC	所在单位主营业务收入	0.503	33.137	0.036	0.011	0.452	0.652
		所在单位的性质			0.005	0.004	0.056	0.955
		现行信贷优惠 JL3			0.374	0.341	5.305	0.000
		建筑业主的资源与意识			0.444	0.451	6.228	0.000

依据表 5 - 40 中对模型 10 的数据运算结果分析可得出，此模型的直接效应标准化回归系数为 0.581、非标准化回归系数为 0.531，其显著水平通过验证；模型 11 验证了现行信贷优惠以及建筑业主的资源与意识之间的关系，从此模型验证结果（$B=0.421$、$\beta=0.468$，$P=0.000<0.001$）可得，现行信贷优惠对建筑业主的资源与意识具备显著性水平较高的正向影响，即自变量现行信贷优惠对中介变量绿色建筑技术采纳意愿的影响作用回归系数 a 的显著性得到了验证；模型 12 在模型 10 的基础上加入了中介变量建筑业主的资源与意识维度，此时模型的标准化回归系数分别为 0.444、0.374，非标准化回归系数为 0.451、0.341，显著性水平 P 均为 0.000，即表示回归系数 b、c′都呈现出 1‰水平的显著度，说明建筑业主的资源与意识在现行信贷优惠和绿色建筑技术采纳意愿之间发挥着部分中介作用，验证了假设 H9 - 3。

从上述回归分析结果可得，现行信贷优惠对绿色建筑技术采纳意愿的作用，不仅存在着现行信贷优惠对绿色建筑技术采纳意愿的直接影响，也存在着现行信贷优惠通过建筑业主的资源与意识对绿色建筑技术采纳意愿的间接作用。为了进一步探析中介变量在其中的直接效应和间接效应，同样在逐步线性回归分析方法的基础上利用 Bootstrap 法进行验证的运算结果如表 5 - 41 所示。

表 5 -41　　建筑业主的资源与意识对现行信贷优惠和绿色建筑技术采纳意愿的中介作用的检验

中介变量	效应	Effect	BootSE	95% 置信区间		效应占比（%）
				LLCI	ULCI	
建筑业主的资源与意识	直接效应	0. 341	0. 064	0. 214	0. 469	64. 24
	间接效应	0. 190	0. 056	0. 096	0. 311	35. 76
	总效应	0. 531	0. 064	0. 404	0. 658	100

从表 5 -41 可知，现行信贷优惠对绿色建筑技术采纳意愿的总影响效应值为 0. 531，其置信区间为 0. 404 ~0. 658，不含有 0；现行信贷优惠对绿色建筑技术采纳意愿的直接影响效应值 0. 341，占总效应值（0. 531）的 64. 24%，其 95% 置信区间为 0. 214 ~0. 469，未包含 0；而现行信贷优惠通过建筑业主的资源与意识对绿色建筑技术采纳意愿的间接影响效应值为 0. 190，占总效应值的 35. 76%，其 95% 置信区间处于 0. 096 ~0. 311，也不含有 0，因此表明存在显著的中介效应，且为部分中介效应。即验证了在现行信贷优惠促进绿色建筑技术采纳意愿的过程中，建筑业主的资源与意识发挥了部分中介作用，再次检验假设 H9 -3 成立，也验证了建筑业主的资源与意识在其中所起到中介作用的稳健性。

（4）对现行容积率奖励和绿色建筑技术采纳意愿的中介作用。

利用 SPSS Statistics 23 软件建立逐步多元线性回归模型，分析建筑业主的资源与意识对现行容积率奖励和绿色建筑技术采纳意愿的中介效应作用。第一，建立含有两个控制变量、自变量现行容积率奖励和因变量绿色建筑技术采纳意愿的模型，即表 5 -42 中模型 13，借此验证现行容积率奖励对绿色建筑技术采纳意愿的直接影响，从而获得直接效应回归系数 c 显著水平；第二，建立含有两个控制变量、自变量现行容积率奖励以及中介变量建筑业主的资源与意识的模型 14，以此来验证现行容积率奖励对建筑业主的资源与意识的作用，即检验回归系数 a 的显著水平；第三，在模型 13 的前提下加入中介变量建筑业主的资源与意识，建立一个含有两个控制变量、自变量现行容积率奖励、中介变量建筑业主的资源与意识以及因变量绿色建筑技术采纳意愿的模型，即表 5 -42 中模型 15 所示，通过检验回归系数 b、c′的显著水平以及对回归系数 c、c′进行比较，以此来验证建筑业主的资源与意识在其中发挥的中介作用。模型 13～15 具体回归分析运算结果如表 5－42 所示。

表 5－42　建筑业主的资源与意识对现行容积率奖励和绿色建筑技术采纳意愿的中介作用

模型序号	回归方程		拟合指标		系数显著性			
	结果变量	控制变量	R^2	F	标准化回归系数	非标准化回归系数	t	P
13	绿色建筑技术采纳意愿 JC	所在单位主营业务收入	0.326	21.260	0.062	0.018	0.665	0.507
		所在单位的性质			－0.050	－0.044	－0.539	0.591
		现行容积率奖励 JL4			0.555	0.490	7.710	0.000
14	建筑业主的资源与意识 ZY	所在单位主营业务收入	0.252	14.812	0.049	0.014	0.501	0.617
		所在单位的性质			－0.129	－0.112	－1.317	0.190
		现行容积率奖励 JL4			0.467	0.406	6.162	0.000
15	绿色建筑技术采纳意愿 JC	所在单位主营业务收入	0.485	30.787	0.039	0.011	0.480	0.632
		所在单位的性质			0.009	0.008	0.113	0.910
		现行容积率奖励 JL4			0.340	0.300	4.739	0.000
		建筑业主的资源与意识			0.461	0.468	6.352	0.000

依据表 5－42 中对模型 13 的数据运算结果分析可得出，此模型的直接效应标准化回归系数为 0.555、非标准化回归系数为 0.490，其显著水平通过验

证；模型 14 验证了现行容积率奖励以及建筑业主的资源与意识之间的关系，从此模型验证结果（B = 0.406、β = 0.467，P = 0.000 < 0.001）可得，现行容积率奖励对建筑业主的资源与意识具备显著性水平较高的正向影响，即自变量现行容积率奖励对中介变量绿色建筑技术采纳意愿的影响作用回归系数 a 的显著性得到了验证；模型 15 在模型 13 的基础上加入了中介变量建筑业主的资源与意识维度，此时模型的标准化回归系数分别为 0.461、0.340，非标准化回归系数为 0.468、0.300，显著性水平 P 均为 0.000，即表示回归系数 b、c′ 都呈现出 1‰水平的显著度，说明建筑业主的资源与意识在现行容积率奖励和绿色建筑技术采纳意愿之间发挥着部分中介作用，验证了假设 H9 -4。

依据上述回归分析结果可得，现行容积率奖励对绿色建筑技术采纳意愿的作用，不仅存在着现行容积率奖励对绿色建筑技术采纳意愿的直接影响，也存在着现行容积率奖励通过建筑业主的资源与意识对绿色建筑技术采纳意愿的间接作用。为了进一步探析中介变量在其中的直接效应和间接效应，同样在逐步线性回归分析方法的基础上利用 Bootstrap 法进行验证的运算结果如表 5 -43 所示。

表 5 -43　建筑业主的资源与意识对现行容积率奖励和绿色建筑技术采纳意愿的中介作用的检验

中介变量	效应	Effect	BootSE	95% 置信区间		效应占比（%）
				LLCI	ULCI	
建筑业主的资源与意识	直接效应	0.300	0.063	0.175	0.425	61.21
	间接效应	0.190	0.052	0.099	0.301	38.77
	总效应	0.490	0.064	0.364	0.615	100

从表 5 -43 可知，现行容积率奖励对绿色建筑技术采纳意愿的总影响效应值为 0.490，其置信区间为 0.364 ~ 0.615，不含有 0；现行容积率奖励对绿色建筑技术采纳意愿的直接影响效应值 0.300，占总效应值（0.490）的 61.21%，其 95% 置信区间为 0.175 ~ 0.425，未包含 0；而现行容积率奖励通过建筑业主的资源与意识对绿色建筑技术采纳意愿的间接影响效应值为 0.190，占总效应值的 38.77%，其 95% 置信区间处于 0.099 ~ 0.301，也不

含有0，因此表明存在显著的中介效应，且为部分中介效应。即验证了在现行容积率奖励促进绿色建筑技术采纳意愿的过程中，建筑业主的资源与意识发挥了部分中介作用，再次检验假设 H9 - 4 成立，也验证了建筑业主的资源与意识在其中所起到中介作用的稳健性。

（5）对现行返还城市配套费和绿色建筑技术采纳意愿的中介作用。

利用 SPSS Statistics 23 软件建立逐步多元线性回归模型，分析建筑业主资源与意识对现行返还城市配套费和绿色建筑技术采纳意愿的中介作用。第一，建立含有两个控制变量、自变量现行返还城市配套费和因变量绿色建筑技术采纳意愿的模型，即表 5 - 44 中模型 16，借此验证现行返还城市配套费对绿色建筑技术采纳意愿的直接影响，从而获得直接效应回归系数 c 显著水平；第二，建立含有两个控制变量、自变量现行返还城市配套费以及中介变量建筑业主的资源与意识的模型 17，以此来验证现行返还城市配套费对建筑业主的资源与意识的作用，即检验回归系数 a 的显著水平；第三，在模型 16 的前提下加入中介变量建筑业主的资源与意识，建立一个含有两个控制变量、自变量现行返还城市配套费、中介变量建筑业主的资源与意识以及因变量绿色建筑技术采纳意愿的模型，即表 5 - 44 中模型 18 所示，通过检验回归系数 b、c′的显著水平以及对回归系数 c、c′进行比较，以此来验证建筑业主的资源与意识在其中发挥的中介作用。模型 16 ~ 18 具体回归分析运算结果如表 5 - 44 所示。

表 5 - 44　建筑业主的资源与意识对现行容积率奖励和绿色建筑技术采纳意愿的中介作用

模型序号	回归方程		拟合指标		系数显著性			
	结果变量	控制变量	R^2	F	标准化回归系数	非标准化回归系数	t	P
16	绿色建筑技术采纳意愿 JC	所在单位主营业务收入	0.379	26.819	0.022	0.006	0.239	0.811
		所在单位的性质			-0.051	-0.045	-0.572	0.569
		现行返还城市配套费 JL5			0.606	0.580	8.704	0.000

续表

模型序号	回归方程		拟合指标		系数显著性			
	结果变量	控制变量	R^2	F	标准化回归系数	非标准化回归系数	t	P
17	建筑业主的资源与意识 ZY	所在单位主营业务收入	0.240	13.915	0.026	0.007	0.257	0.797
		所在单位的性质			-0.126	-0.110	-1.277	0.204
		现行返还城市配套费 JL5			0.458	0.431	5.947	0.000
18	绿色建筑技术采纳意愿 JC	所在单位主营业务收入	0.523	35.874	0.010	0.003	0.131	0.896
		所在单位的性质			0.004	0.003	0.049	0.961
		现行返还城市配套费 JL5			0.406	0.389	5.895	0.000
		建筑业主的资源与意识			0.436	0.443	6.289	0.000

从表 5-44 中对模型 16 的数据运算结果分析可得出，此模型的直接效应标准化回归系数为 0.606、非标准化回归系数为 0.580，其显著水平通过验证；模型 17 验证了现行返还城市配套费以及建筑业主的资源与意识之间的关系，从此模型验证结果（B = 0.431、β = 0.458，P = 0.000 < 0.001）可得，现行返还城市配套费对建筑业主的资源与意识具备显著性水平较高的正向影响，即自变量现行返还城市配套费对中介变量绿色建筑技术采纳意愿的影响作用回归系数 a 的显著性得到了验证；模型 18 在模型 16 的基础上加入了中介变量建筑业主的资源与意识维度，此时模型的标准化回归系数分别为 0.436、0.406，非标准化回归系数为 0.443、0.389，显著性水平 P 均为 0.000，即表示回归系数 b、c′都呈现出 1‰水平的显著度，说明建筑业主的资源与意识在现行返还城市配套费和绿色建筑技术采纳意愿之间发挥着部分

中介作用，验证了假设 H9 –5。

从上述回归分析结果可得，现行返还城市配套费对绿色建筑技术采纳意愿的作用，不仅存在着现行返还城市配套费对绿色建筑技术采纳意愿的直接影响，也存在着现行返还城市配套费通过建筑业主的资源与意识对绿色建筑技术采纳意愿的间接作用。为了进一步探析中介变量在其中的直接效应和间接效应，同样在依次线性回归分析方法的基础上利用 Bootstrap 法进行验证的运算结果如表 5 –45 所示。

表 5 –45　建筑业主的资源与意识对现行返还城市配套费和绿色建筑技术采纳意愿的中介作用的检验

中介变量	效应	Effect	BootSE	95% 置信区间		效应占比（%）
				LLCI	ULCI	
建筑业主的资源与意识	直接效应	0.389	0.066	0.259	0.520	67.10
	间接效应	0.191	0.051	0.100	0.301	32.91
	总效应	0.580	0.067	0.448	0.712	100

从表 5 –45 可知，现行返还城市配套费对绿色建筑技术采纳意愿的总影响效应值为 0.580，其置信区间为 0.448 ~ 0.712，不含有 0；现行返还城市配套费对绿色建筑技术采纳意愿的直接影响效应值 0.389，占总效应值（0.580）的 67.10%，其 95% 置信区间为 0.259 ~ 0.520，未包含 0；而现行返还城市配套费通过建筑业主的资源与意识对绿色建筑技术采纳意愿的间接影响效应值为 0.191，占总效应值的 32.91%，其 95% 置信区间处于 0.100 ~ 0.301，也不含有 0，因此表明存在显著的中介效应，且为部分中介效应。即验证了在现行返还城市配套费促进绿色建筑技术采纳意愿的过程中，建筑业主的资源与意识发挥了部分中介作用，再次检验假设 H9 –5 成立，也验证了建筑业主的资源与意识在其中所起到中介作用的稳健性。

（6）对征收碳税制度和绿色建筑技术采纳意愿的中介作用。

利用 SPSS Statistics 23 软件建立逐步多元线性回归模型，分析建筑业主资源与意识对征收碳税制度和绿色建筑技术采纳意愿的中介作用。第一，建立含有两个控制变量、自变量征收碳税制度和因变量绿色建筑技术采纳意愿的模型，即表 5－46 中模型 19，借此验证征收碳税制度对绿色建筑技术采纳意愿的直接影响，从而获得直接效应回归系数 c 显著水平；第二，建立含有两个控制变量、自变量征收碳税制度以及中介变量建筑业主的资源与意识的模型 20，以此来验证征收碳税制度对建筑业主的资源与意识的作用，即检验回归系数 a 的显著水平；第三，在模型 19 的前提下加入中介变量建筑业主的资源与意识，建立一个含有两个控制变量、自变量征收碳税制度、中介变量建筑业主的资源与意识以及因变量绿色建筑技术采纳意愿的模型，即表 5－46 中模型 21 所示，通过检验回归系数 b、c′的显著水平以及对回归系数 c、c′进行比较，以此来验证建筑业主的资源与意识在其中发挥的中介作用。模型 19～21 具体回归分析运算结果如表 5－46 所示。

表 5－46　建筑业主的资源与意识对征收碳税制度和绿色建筑技术采纳意愿的中介作用

<table>
<tr><th rowspan="2">模型序号</th><th colspan="2">回归方程</th><th colspan="2">拟合指标</th><th colspan="4">系数显著性</th></tr>
<tr><th>结果变量</th><th>控制变量</th><th>R^2</th><th>F</th><th>标准化回归系数</th><th>非标准化回归系数</th><th>t</th><th>P</th></tr>
<tr><td rowspan="3">19</td><td rowspan="3">绿色建筑技术采纳意愿 JC</td><td>所在单位主营业务收入</td><td rowspan="3">0. 389</td><td rowspan="3">27. 969</td><td>0. 067</td><td>0. 019</td><td>0. 750</td><td>0. 455</td></tr>
<tr><td>所在单位的性质</td><td>－0. 028</td><td>－0. 025</td><td>－0. 314</td><td>0. 754</td></tr>
<tr><td>征收碳税制度 JL6</td><td>0. 609</td><td>0. 512</td><td>8. 895</td><td>0. 000</td></tr>
<tr><td rowspan="3">20</td><td rowspan="3">建筑业主的资源与意识 ZY</td><td>所在单位主营业务收入</td><td rowspan="3">0. 228</td><td rowspan="3">12. 958</td><td>0. 062</td><td>0. 018</td><td>0. 624</td><td>0. 534</td></tr>
<tr><td>所在单位的性质</td><td>－0. 108</td><td>－0. 094</td><td>－1. 085</td><td>0. 280</td></tr>
<tr><td>征收碳税制度 JL6</td><td>0. 439</td><td>0. 364</td><td>5. 710</td><td>0. 000</td></tr>
</table>

续表

模型序号	回归方程		拟合指标		系数显著性			
	结果变量	控制变量	R^2	F	标准化回归系数	非标准化回归系数	t	P
21	绿色建筑技术采纳意愿 JC	所在单位主营业务收入	0.535	37.621	0.040	0.011	0.507	0.613
		所在单位的性质			0.019	0.017	0.245	0.807
		征收碳税制度 JL6			0.418	0.352	6.243	0.000
		建筑业主的资源与意识			0.435	0.442	6.410	0.000

依据表 5－46 中对模型 19 的数据运算结果分析可得出，此模型的直接效应标准化回归系数为 0.609、非标准化回归系数为 0.512，其显著水平通过验证；模型 20 验证了征收碳税制度以及建筑业主的资源与意识之间的关系，从此模型验证结果（B＝0.364、β＝0.439，P＝0.000＜0.001）可得，征收碳税制度对建筑业主的资源与意识具备显著性水平较高的正向影响，即自变量征收碳税制度对中介变量绿色建筑技术采纳意愿的影响作用回归系数 a 的显著性得到了验证；模型 21 在模型 19 的基础上加入了中介变量建筑业主的资源与意识，此时模型的标准化回归系数分别为 0.435、0.418，非标准化回归系数为 0.442、0.352，显著性水平 P 均为 0.000，即表示回归系数 b、c′都呈现出 1‰水平的显著度，说明建筑业主的资源与意识在征收碳税制度和绿色建筑技术采纳意愿之间发挥着部分中介作用，验证了假设 H9－6。

依据上述回归分析结果可得，征收碳税制度对绿色建筑技术采纳意愿的作用，不仅存在着征收碳税制度对绿色建筑技术采纳意愿的直接影响，也存在着征收碳税制度通过建筑业主的资源与意识对绿色建筑技术采纳意愿的间接作用。为了进一步探析中介变量在其中的直接效应和间接效应，同样在依次线性回归分析方法的基础上利用 Bootstrap 法进行验证的运算结果如表 5－47 所示。

表 5 – 47　　建筑业主的资源与意识对征收碳税制度和绿色建筑技术采纳意愿的中介作用的检验

中介变量	效应	Effect	BootSE	95% 置信区间		效应占比（%）
				LLCI	ULCI	
建筑业主的资源与意识	直接效应	0.352	0.056	0.240	0.463	68.64
	间接效应	0.161	0.049	0.079	0.271	31.36
	总效应	0.512	0.058	0.399	0.626	100

从表 5 – 47 可知，征收碳税制度对绿色建筑技术采纳意愿的总影响效应值为 0.512，其置信区间为 0.399 ~ 0.626，不含有 0；征收碳税制度对绿色建筑技术采纳意愿的直接影响效应值 0.352，占总效应值（0.512）的 68.64%，其 95% 置信区间为 0.240 ~ 0.463，未包含 0；而征收碳税制度通过建筑业主的资源与意识对绿色建筑技术采纳意愿的间接影响效应值为 0.161，占总效应值的 31.36%，其 95% 置信区间处于 0.079 ~ 0.271，也不含有 0，因此表明存在显著的中介效应，且为部分中介效应。即验证了在征收碳税制度促进绿色建筑技术采纳意愿的过程中，建筑业主的资源与意识发挥了部分中介作用，再次检验假设 H9 – 6 成立，也验证了建筑业主的资源与意识在其中所起到中介作用的稳健性。

（7）对实行碳交易制度和绿色建筑技术采纳意愿的中介作用。

利用 SPSS Statistics 23 软件建立逐步多元线性回归模型，探讨建筑业主的资源与意识对实行碳交易制度和绿色建筑技术采纳意愿的中介作用。第一，建立含有两个控制变量、自变量实行碳交易制度和因变量绿色建筑技术采纳意愿的模型，即表 5 – 48 中模型 22，借此验证实行碳交易制度对绿色建筑技术采纳意愿的直接影响，从而获得直接效应回归系数 c 显著水平；第二，建立含有两个控制变量、自变量实行碳交易制度以及中介变量建筑业主的资源与意识的模型 23，以此来验证实行碳交易制度对建筑业主的资源与意识的作用，即检验回归系数 a 的显著水平；第三，在模型 22 的前提下加入中介变量建筑业主的资源与意识，建立一个含有两个控制变量、自变量实行碳交易制度、中介变量建筑业主的资源与意识以及因变量绿色建筑技术采纳意愿的模型，即表 5 – 48 中模型 24 所示，通过检验回归系数 b、c′的显著水平以及对回归系数 c、c′进行比较，以此来验证建筑业主的资源与意识在其中发挥的中介作用。模型 22～24 具体回归分析运算结果如表 5－48 所示。

表 5－48　建筑业主的资源与意识对实行碳交易制度和绿色建筑技术采纳意愿的中介作用

模型序号	回归方程		拟合指标		系数显著性			
	结果变量	控制变量	R^2	F	标准化回归系数	非标准化回归系数	t	P
22	绿色建筑技术采纳意愿 JC	所在单位主营业务收入	0.415	31.164	0.031	0.009	0.357	0.721
		所在单位的性质			−0.036	−0.032	−0.418	0.676
		实行碳交易制度 JL7			0.634	0.536	9.408	0.000
23	建筑业主的资源与意识 ZY	所在单位主营业务收入	0.257	15.202	0.034	0.010	0.343	0.732
		所在单位的性质			−0.115	−0.100	−1.176	0.242
		实行碳交易制度 JL7			0.475	0.395	6.252	0.000
24	绿色建筑技术采纳意愿 JC	所在单位主营业务收入	0.541	38.584	0.017	0.005	0.223	0.824
		所在单位的性质			0.011	0.010	0.143	0.887
		实行碳交易制度 JL7			0.438	0.371	6.426	0.000
		建筑业主的资源与意识			0.435	0.442	6.410	0.000

依据表 5－48 中对模型 22 的数据运算结果分析可得出，此模型的直接效应标准化回归系数为 0.634、非标准化回归系数为 0.536，其显著水平通过验

证；模型 23 验证了实行碳交易制度以及建筑业主的资源与意识之间的关系，从此模型验证结果（B = 0.395、β = 0.475，P = 0.000 < 0.001）可得，实行碳交易制度对建筑业主的资源与意识具备显著性水平较高的正向影响，即自变量实行碳交易制度对中介变量绿色建筑技术采纳意愿的影响作用回归系数 a 的显著性得到了验证；模型 24 在模型 22 的基础上加入了中介变量建筑业主的资源与意识，此时模型的标准化回归系数分别为 0.435、0.438，非标准化回归系数为 0.442、0.371，显著性水平 P 均为 0.000，即表示回归系数 b、c′都呈现出 1‰水平的显著度，说明建筑业主的资源与意识在实行碳交易制度和绿色建筑技术采纳意愿之间发挥着部分中介作用，验证了假设 H9 - 7。

依据上述回归分析结果可得，实行碳交易制度对绿色建筑技术采纳意愿的作用，不仅存在着实行碳交易制度对绿色建筑技术采纳意愿的直接影响，也存在着实行碳交易制度通过建筑业主的资源与意识对绿色建筑技术采纳意愿的间接作用。为了进一步探析中介变量在其中的直接效应和间接效应，同样在依次线性回归分析方法的基础上利用 Bootstrap 法进行验证的运算结果如表 5 - 49 所示。

表 5 - 49　建筑业主的资源与意识对实行碳交易制度和绿色建筑技术采纳意愿的中介作用的检验

中介变量	效应	Effect	BootSE	95% 置信区间		效应占比（%）
				LLCI	ULCI	
建筑业主的资源与意识	直接效应	0.371	0.058	0.257	0.485	69.12
	间接效应	0.165	0.049	0.083	0.275	30.86
	总效应	0.536	0.057	0.423	0.649	100

从表 5 - 49 可知，实行碳交易制度对绿色建筑技术采纳意愿的总影响效应值为 0.536，其置信区间为 0.423 ~ 0.649，不含有 0；实行碳交易制度对绿色建筑技术采纳意愿的直接影响效应值为 0.371，占总效应值（0.536）的 69.12%，其 95% 置信区间为 0.257 ~ 0.485，未包含 0；而实行碳交易制度通过建筑业主的资源与意识对绿色建筑技术采纳意愿的间接影响效应值为 0.165，占总效应值的 30.86%，其 95% 置信区间处于 0.083 ~ 0.275，也不

含有0，因此表明存在显著的中介效应，且为部分中介效应。即验证了在实行碳交易制度促进绿色建筑技术采纳意愿的过程中，建筑业主的资源与意识发挥了部分中介作用，再次检验假设 H9－7 成立，也验证了建筑业主的资源与意识在其中所起到中介作用的稳健性。

3. 对配套服务型政策和绿色建筑技术采纳意愿的中介作用

利用 SPSS Statistics 23 软件建立逐步多元线性回归模型，分析建筑业主的资源与意识对配套服务型政策和绿色建筑技术采纳意愿的中介作用。第一，建立含有两个控制变量、自变量配套服务型政策和因变量绿色建筑技术采纳意愿的模型，即表 5－50 中模型 1，借此验证配套服务型政策对绿色建筑技术采纳意愿的直接影响，从而获得直接效应回归系数 c 显著水平；第二，建立含有两个控制变量、自变量配套服务型政策以及中介变量建筑业主的资源与意识的模型 2，以此来验证配套服务型政策对建筑业主的资源与意识的作用，即检验回归系数 a 的显著水平；第三，在模型 1 的前提下加入中介变量建筑业主的资源与意识，建立一个含有两个控制变量、自变量配套服务型政策、中介变量建筑业主的资源与意识以及因变量绿色建筑技术采纳意愿的模型，即表 5－50 中模型 3 所示，通过检验回归系数 b、c′的显著水平以及对回归系数 c、c′进行比较，以此来验证建筑业主的资源与意识在其中发挥的中介作用。模型 1～3 的具体回归分析运算结果如表 5－50 所示。

表 5－50　建筑业主的资源与意识对配套服务型政策和绿色建筑技术采纳意愿的中介作用

模型序号	回归方程		拟合指标		系数显著性			
	结果变量	控制变量	R^2	F	标准化回归系数	非标准化回归系数	t	P
1	绿色建筑技术采纳意愿 JC	所在单位主营业务收入	0.428	32.956	0.061	0.018	9.683	0.480
		所在单位的性质			0.012	0.011	0.709	0.889
		配套服务型政策			0.645	0.670	0.139	0.000

续表

模型序号	回归方程		拟合指标		系数显著性			
	结果变量	控制变量	R^2	F	标准化回归系数	非标准化回归系数	t	P
2	建筑业主的资源与意识 ZY	所在单位主营业务收入	0.373	26.131	0.043	0.012	0.474	0.636
		所在单位的性质			−0.075	−0.066	−0.842	0.402
		配套服务型政策			0.586	0.600	8.407	0.000
3	绿色建筑技术采纳意愿 JC	所在单位主营业务收入	0.513	34.530	0.045	0.013	0.567	0.572
		所在单位的性质			0.040	0.035	0.499	0.618
		配套服务型政策			0.429	0.446	5.613	0.000
		建筑业主的资源与意识			0.368	0.374	4.782	0.000

依据表 5－50 中对模型 1 的数据运算结果分析可得出，此模型的直接效应标准化回归系数为 0.645、非标准化回归系数为 0.670，其显著水平通过验证；模型 2 验证了配套服务型政策以及建筑业主的资源与意识之间的关系，根据分析结果可知，F 值为 26.131，R^2 为 0.373，表明配套服务型政策对建筑业主的资源与意识影响的回归模型具有一定的统计意义。从此模型验证结果（B＝0.586、β＝0.600，P＝0.000＜0.001）可得，配套服务型政策对建筑业主的资源与意识具备显著性水平较高的正向影响，即自变量配套服务型政策对中介变量绿色建筑技术采纳意愿的影响作用回归系数 a 的显著性得到了验证；模型 3 在模型 1 的基础上加入了中介变量建筑业主的资源与意识，此时模型的标准化回归系数分别为 0.368、0.429，非标准化回归系数为 0.374、0.446，显著性水平 P 均为 0.000，即表示回归系数 b、c′都呈现

出1‰水平的显著度，说明建筑业主的资源与意识在配套服务型政策和绿色建筑技术采纳意愿之间发挥着部分中介作用，验证了假设H10。

依据上述回归分析结果可得，配套服务型政策对绿色建筑技术采纳意愿的作用，不仅存在着配套服务型政策对绿色建筑技术采纳意愿的直接影响，也存在着配套服务型政策通过建筑业主的资源与意识对绿色建筑技术采纳意愿的间接作用。为了进一步探析中介变量在其中的直接效应和间接效应，同样在依次线性回归分析方法的基础上利用Bootstrap法进行验证，采用的是Hayes所开发的Process插件在SPSS Statistics 23软件中实现的。Bootstrap方法样本选择量为5000，建立在95%水平上的置信区间来完成检验，当中介效应的置信区间范围不含有0时即可验证。运用Bootstrap方法进行检验的运算结果如表5-51所示。

表5-51　建筑业主的资源与意识对配套服务型政策和绿色建筑技术采纳意愿的中介作用的检验

中介变量	效应	Effect	BootSE	95%置信区间		效应占比（%）
				LLCI	ULCI	
建筑业主的资源与意识	直接效应	0.446	0.080	0.289	0.603	66.53
	间接效应	0.224	0.071	0.109	0.386	33.47
	总效应	0.670	0.069	0.534	0.807	100

从表5-51可知，配套服务型政策对绿色建筑技术采纳意愿的总影响效应值为0.670，其置信区间为0.534~0.807，不含有0；配套服务型政策对绿色建筑技术采纳意愿的直接影响效应值0.446，占总效应值（0.670）的66.53%，其95%置信区间为0.289~0.603，未包含0；而配套服务型政策通过建筑业主的资源与意识对绿色建筑技术采纳意愿的间接影响效应值为0.224，占总效应值的33.47%，其95%置信区间处于0.109~0.386，也不含有0，因此表明存在显著的中介效应，且为部分中介效应。即验证了在配套服务型政策促进绿色建筑技术采纳意愿的过程中，建筑业主的资源与意识发挥了部分中介作用，再次检验假设H10成立，也验证了建筑业主的资源与意识在其中所起到中介作用的稳健性。

5.6 研究结论

本章运用 SPSS Statistics 23 软件对问卷调查收集到的样本数据进行分析，主要采用相关性分析、线性回归分析以及 Bootstrap 等方法验证环境规制对绿色建筑技术采纳影响的理论模型的研究假设是否成立。经过对运算结果分析可知，研究假设 H1 ~ H10 均成立。具体验证结果汇总如表 5 - 52 所示。

表 5 - 52　　研究假设检验结果汇总

编号	研究假设内容	检验结果
H1	命令控制型环境规制对建筑业主的资源与意识有正向影响作用	成立
H1 - 1	现行法律法规对建筑业主的资源与意识有显著的正向影响作用	成立
H1 - 2	现行强制性规划、设计标准对建筑业主的资源与意识有显著的正向影响作用	成立
H1 - 3	不采纳绿色建筑技术进行惩罚对建筑业主的资源与意识有显著的正向影响作用	成立
H2	命令控制型环境规制对绿色建筑技术采纳意愿有显著的正向影响作用	成立
H2 - 1	现行法律法规对绿色建筑技术采纳意愿有显著的正向影响作用	成立
H2 - 2	现行强制性规划、设计标准对绿色建筑技术采纳意愿有显著的正向影响作用	成立
H2 - 3	不采纳绿色建筑技术进行惩罚对绿色建筑技术采纳意愿有显著的正向影响作用	成立
H3	市场激励型环境规制对建筑业主的资源与意识有显著的正向影响作用	成立
H3 - 1	现行财政补贴对建筑业主的资源与意识有显著的正向影响作用	成立
H3 - 2	现行税收优惠对建筑业主的资源与意识有显著的正向影响作用	成立
H3 - 3	现行信贷优惠对建筑业主的资源与意识有显著的正向影响作用	成立
H3 - 4	现行容积率奖励对建筑业主的资源与意识有显著的正向影响作用	成立
H3 - 5	现行返还城市配套费对建筑业主的资源与意识有显著的正向影响作用	成立
H3 - 6	征收碳税制度对建筑业主的资源与意识有显著的正向影响作用	成立
H3 - 7	实行碳交易制度对建筑业主的资源与意识有显著的正向影响作用	成立
H4	市场激励型环境规制对绿色建筑技术采纳意愿有显著的正向影响作用	成立

续表

编号	研究假设内容	检验结果
H4－1	现行财政补贴对绿色建筑技术采纳意愿有显著的正向影响作用	成立
H4－2	现行税收优惠对绿色建筑技术采纳意愿有显著的正向影响作用	成立
H4－3	现行信贷优惠对绿色建筑技术采纳意愿有显著的正向影响作用	成立
H4－4	现行容积率奖励对绿色建筑技术采纳意愿有显著的正向影响作用	成立
H4－5	现行返还城市配套费对绿色建筑技术采纳意愿有显著的正向影响作用	成立
H4－6	征收碳税制度对绿色建筑技术采纳意愿有显著的正向影响作用	成立
H4－7	实行碳交易制度对绿色建筑技术采纳意愿有显著的正向影响作用	成立
H5	配套服务型政策对建筑业主的资源与意识有显著的正向影响作用	成立
H5－1	制定绿色建筑发展规划对建筑业主的资源与意识有显著的正向影响作用	成立
H5－2	加大宣传力度对建筑业主的资源与意识有显著的正向影响作用	成立
H5－3	示范试点工程对建筑业主的资源与意识有显著的正向影响作用	成立
H5－4	加大绿色建筑技术人才培养对建筑业主资源与意识有显著的正向影响作用	成立
H6	配套服务型政策对绿色建筑技术采纳意愿有显著的正向影响作用	成立
H6－1	制定绿色建筑发展规划对绿色建筑技术采纳意愿有显著的正向影响作用	成立
H6－2	加大宣传力度对绿色建筑技术采纳意愿有显著的正向影响作用	成立
H6－3	示范试点工程对绿色建筑技术采纳意愿有显著的正向影响作用	成立
H6－4	加大绿色建筑技术人才培养对绿色建筑技术采纳意愿有显著的正向影响作用	成立
H7	建筑业主的资源与意识因素对绿色建筑技术采纳意愿有显著的正向影响作用	成立
H7－1	参与方（包括设计单位、供应商、施工单位等）能力与水平对绿色建筑技术采纳意愿有显著的正向影响作用	成立
H7－2	建筑业主资金资源对绿色建筑技术采纳意愿有显著的正向影响作用	成立
H7－3	建筑业主绿色环保意识对绿色建筑技术采纳意愿有显著的正向影响作用	成立
H8	建筑业主的资源与意识因素在命令控制型环境规制和绿色建筑技术采纳的意愿之间起到部分中介作用	成立
H9	建筑业主的资源与意识因素在市场激励型环境规制和绿色建筑技术采纳的意愿之间起到部分中介作用	成立
H9－1	建筑业主的资源与意识因素在现行财政补贴和绿色建筑技术采纳的意愿之间起到部分中介作用	成立

续表

编号	研究假设内容	检验结果
H9－2	建筑业主的资源与意识因素在现行税收优惠和绿色建筑技术采纳意愿之间起到部分中介作用	成立
H9－3	建筑业主的资源与意识因素在现行信贷优惠和绿色建筑技术采纳意愿之间起到部分中介作用	成立
H9－4	建筑业主的资源与意识因素在现行容积率奖励和绿色建筑技术采纳意愿之间起到部分中介作用	成立
H9－5	建筑业主的资源与意识因素在现行返还城市配套费和绿色建筑技术采纳意愿之间起到部分中介作用	成立
H9－6	建筑业主的资源与意识因素在征收碳税制度和绿色建筑技术采纳意愿之间起到部分中介作用	成立
H9－7	建筑业主的资源与意识因素在实行碳交易制度和绿色建筑技术采纳意愿之间起到部分中介作用	成立
H10	建筑业主的资源与意识因素在配套服务型政策和绿色建筑技术采纳意愿之间起到部分中介作用	成立

从上述分析结果可知，命令控制型环境规制、市场激励型环境规制、配套服务型政策这三大维度不仅能直接显著的正向影响绿色建筑技术采纳意愿，而且能通过建筑业主资源与意识因素间接显著的正向影响绿色建筑技术采纳意愿。

在中介作用检验过程可以发现，命令控制型环境规制、市场激励型环境规制、配套服务型政策三大维度的间接效应值占比均低于直接效应值。从总效应值和直接效应值来看，市场激励型环境规制相比于命令控制型环境规制和配套服务型政策对绿色建筑技术采纳意愿的正向影响作用更为显著。这在一定程度上反映出建筑业主对政策市场环境变化具有较高的敏感性，并且因为我国国情与绿色建筑技术推广的特殊性，亟须政府相关部门通过政策工具手段对此进行干预与助推。

在市场激励型环境规制的七个维度对绿色建筑技术采纳意愿的影响分析中，影响程度较大的因素分别是实行碳交易制度、现行财政补贴以及征收碳税制度，而现行财政补贴不一定能够完全弥补建筑业主支出的增量成本，且给当地政府带来了巨大的财政压力，无法全地区覆盖长期实行，在实践中也出现开发商主动放弃绿色建筑财政补贴现象。因此本书实证研究表明，实施碳交易制度、征收碳税制度的环境规制政策对绿色建筑技术采纳意愿具有重要影响，这也为本书后续碳交易和碳税等环境规制对绿色建筑技术采纳的影响研究提供了研究基础和实践依据。

本章基于绿色建筑技术采纳的影响因素分析理论基础上，运用实证研究方法对建立的模型与研究假设进行检验，探讨环境规制对绿色建筑技术采纳意愿的影响。第一，对问卷调查回收的样本数据进行分析，以保障调查参与人员的代表性；第二，对问卷数据进行信度和效度分析，以保障本研究所用样本数据具备良好的信度与效度；第三，利用相关性分析方法对研究变量之间的相关性进行研究，即命令控制型环境规制、市场激励型环境规制、配套服务型政策、建筑业主资源与意识、绿色建筑技术采纳意愿整体维度及其各个子维度之间的相关关系，通过运算结果可知，五大变量之间两两存在着正向相关性；第四，运用多元线性回归分析的研究方法，探讨了命令控制型环境规制、市场激励型环境规制、配套服务型政策分别与建筑业主的资源与意识、绿色建筑技术采纳的意愿之间存在的影响关系；第五，采用 Bootstrap 方法来验证建筑业主资源与意识在命令控制型环境规制、市场激励型环境规制、配套服务型政策与绿色建筑技术采纳意愿之间的中介作用。

第6章

静态环境规制下绿色建筑技术采纳行为分析

本章首先阐述了演化博弈理论，针对差异型碳税、碳排放权交易、统一型碳税、复合型环境规制等多种静态环境规制对绿色建筑技术采纳的影响研究，构建政府和建筑业主的演化博弈模型，探寻演化稳定策略，分析利益主体行为策略选择，并借助 Matlab 软件进行数值仿真，对比分析不同环境规制下建筑业主策略选择的演化路径，以期为政府如何选择实施环境规制促进绿色建筑技术采纳提供借鉴。

6.1 演化博弈理论

6.1.1 演化博弈理论概述

博弈论又称为对策论，最早在 1838 年由古诺（Cournot）提出。博弈论主要是指不同主体在特定公平竞争中如何根据对方的策略变化来选择自己策略进行决策以及决策的均衡问题①。传统博弈中常常假设参与博弈的主体为完全理性，且处在完全信息状态下进行选择决策。实际上，人们因为经济环境的复杂性和博弈本身的复杂性等多因素影响，很难能够处于完全信息条件下实现完全理性博弈，在这样的背景下演化博弈理论应运而生。

---

① Carlos P. Roca and José A. Cuesta and Angel Sánchez. Evolutionary game theory: Temporal and spatial effects beyond replicator dynamics [J]. Physics of Life Reviews, 2009, 6 (4): 208 -249.

演化博弈理论来源于达尔文的生物进化论和拉马克的遗传基因理论。演化博弈与传统博弈是不一样的，传统博弈要求参与群体是非常理性的博弈方，而演化博弈强调的是一种动态均衡，将参与方当作有限理性人，而非完全理性者，认为参与群体是无法一次性做出最优行为策略，应在双方或多方博弈过程中，受到自身利益以及某些因素影响，不断调整和改进自身策略才能达到演化博弈均衡状态。

演化博弈的发展分成三个阶段。第一阶段是生物学家尝试在动植物中运用博弈论分析它们的行为选择。第二阶段是根据之前生物演化规律来改造传统博弈论，在这期间生态学家梅纳德（Maynard）与普莱斯（Price）于20世纪70年代提出演化博弈理论的均衡概念—演化稳定策略ESS，这个概念的出现标志着演化博弈理论的正式诞生①；1978年，泰勒（Taylor）和朱克（Jonker）首次提出复制动态方程RD—演化博弈理论基本概念②。第三阶段是正式形成阶段，1992年，康奈尔大学演化博弈理论学术会议的举行正式确认了其学术地位，在之后经济学领域研究也经常运用演化博弈理论来分析解决研究中产生的问题。之后，演化博弈理论也被引入社会学、管理学、经济学等各个领域，并逐渐成为多个研究领域的重要分析方法。

演化博弈理论的特点主要包括：（1）研究对象是限定参与对象群体；（2）参与群体的演化既存在既定选择过程也会随时发生突变现象；（3）参与群体所做出的选择行为具备惯性特征，在将来的活动策略选择中会沿用之前最优策略③。演化博弈模型的建立一般包括选择和突变两个方面。选择是指能够获得较高支付的策略在将来会被更多参与人采用；突变是指部分个体随机做出与群体的策略不同的选择。其中突变是一个特殊的选择，是一个不断试错，选择最优策略的改进过程，也是不断学习模仿的过程。缺少任何一个方面都不能称作真正的演化博弈模型④。

6.1.2 演化博弈的重要概念

演化博弈理论中最核心的两个基本概念是复制动态方程RD和演化稳定

① Maynard Smith J, Price G R. The Logic of Animal Conflicts [J]. Nature, 1973 (246): 15 - 18.

② Taylor Peter D, Jonker Leo B. Evolutionary stable strategies and game dynamics [J]. Mathematical Biosciences, 1978, 40 (1 - 2): 145 - 156.

③ 康骁. 基于演化博弈的中国住宅产业化激励政策研究 [D]. 北京交通大学, 2018.

④ 易余胤. 基于演化博弈论的企业合作与背叛行为研究 [M]. 经济科学出版社, 2009: 12.

策略 ESS①，这两个分别表示了演化博弈稳定策略的动态收敛过程和演化博弈稳定状态。

1. 复制动态方程 RD

复制动态方程指参与群体采用某个选择策略的频率的动态微分方程。Taylor 对复制动态提出解释：采用某策略得到的效用与整体平均效用水平之差就是选择此策略人数的增长率。演化博弈模型主要是通过建立复制动态方程组并求解而进行分析，它是博弈参与方博弈的过程，强调的是选择。具体定义如下②：

$$F(x_i)=\frac{dx_i}{dt}=x_i(t)[w_i(t)-\bar{w}(t)] \tag{6.1}$$

其中，$\overline{w_i}(t)$ 表示参与群体平均效用，$w_i(t)$ 表示参与群体选择 i 策略的效用，$x_i(t)$ 表示参与群体选择采用 i 策略的概率。由上式方程可知，如果选择 i 策略能给参与群体带来的效用大于整体的平均效用水平，选择 i 策略的概率就会上升；如果选择 i 策略能给参与群体带来的效用低于整体的平均效用水平，选择 i 策略的概率就会下降；如果选择 i 策略能给参与群体带来的效用恰好等于整体的平均效用水平，选择 i 策略的概率会保持现状不变。

在实际应用过程中，会涉及多个群体间的博弈，需要使用复制动态方程组加以解决。基于本书研究所需建立两方的复制动态方程组，具体如下：

$$\begin{cases}F(x_i)=\frac{dx_i}{dt}=x_i(t)[w_i(t)-\overline{w_i}(t)]\\F(y_i)=\frac{dy_i}{dt}=y_i(t)[r_i(t)-\overline{r_i}(t)]\end{cases} \tag{6.2}$$

其中，$\overline{w_i}(t)$、$\overline{r_i}(t)$ 分别表示各个参与群体平均效用，$w_i(t)$、$r_i(t)$ 表示各个参与群体选择 i 策略的效用，$x_i(t)$、$y_i(t)$ 表示各个参与群体选择采用 i 策略的概率。

① 李高扬，刘明广．房地产项目质量监管的演化博弈分析［J］．项目管理技术，2013，11(09)：73－77.

② 乔根·W. 威布尔著．王永钦译．演化博弈论［M］．上海人民出版社，2015：65－71＋212.

2. 演化稳定策略 ESS

演化博弈理论中最基础的均衡概念，描述了演化博弈模型的稳定状态，并明确了该稳定状态的特定条件①。演化博弈策略的核心思想是若一个现有策略是演化稳定策略，那么有一个正的入侵障碍，使得变异策略的频率低于此障碍时，现有策略能够比变异策略得到更高的效益。这个概念是1973 年生态学家梅纳德（Maynard Smith）与普莱斯（Price）提出来的，具体数学定义是：若对博弈中任何策略，存在某个 $w_y \in (0, 1)$ 使得不等式 $u(x, w) > u(y, w)$ 对所有的 $w \in (0, \overline{w_y})$ 都成立，那么，$x \in A$ 是演化稳定策略 ESS②。

通过方程组（6.2）可求出复制动态方程的均衡点 x_i^*、y_i^*。如果 x_i^* 满足 $\frac{\partial F(x)}{\partial x} < 0$，则 x_i^* 就是演化稳定策略 ESS。同理可知，另一个复制动态方程均衡点 y_i^*。

通过建立雅克比（Jacobi）矩阵判断各均衡点的局部稳定性，Jacobi 矩阵表述如下：

$$J = \begin{bmatrix} \frac{\partial F(x)}{\partial x} & \frac{\partial F(x)}{\partial y} \\ \frac{\partial F(y)}{\partial x} & \frac{\partial F(y)}{\partial y} \end{bmatrix} \tag{6.3}$$

将各均衡点代入 Jacobi 矩阵中计算行列式 DetJ 和迹 trJ，判断各均衡点在特定条件下的正负情况来确定该点是否为稳定点，其中行列式 $DetJ = \frac{\partial F(x)}{\partial x} \times \frac{\partial F(y)}{\partial y} - \frac{\partial F(x)}{\partial y} \times \frac{\partial F(y)}{\partial x}$，$trJ = \frac{\partial F(x)}{\partial x} + \frac{\partial F(y)}{\partial x}$。如果得出的计算结果同时满足 $DetJ > 0$、$trJ < 0$，则该均衡点为演化稳定点 ESS。演化系统可能出现多个演化稳定策略点 ESS，演化的初始条件不同以及演化路径的差异都会使得系统的最终演化稳定点不同。

---

① 约翰·梅纳德·史密斯著．潘春阳译．演化与博弈论［M］．复旦大学出版社，2008：55－69＋213－214.

② Maynard Smith J，Price G R. The Logic of Animal Conflicts［J］. Nature，1973（246）：15－18.

6.2　差异型碳税环境规制的影响

假设1：本书考虑由有限理性的建筑业主和政府组成的动态系统。建筑业主有两个可供选择的策略——采纳绿色建筑技术和采纳传统建筑技术，政府也有两个可选择的策略——实行环境规制和不实行环境规制。博弈双方根据对方策略的选择以及自身环境适应性来选择策略，同时双方都只能以一定概率预测对方的预期收益值。

假设2：建筑业主采纳传统建筑技术获得的效益为D，建筑业主选择采纳绿色建筑技术所需支付的增量成本为ΔC，采纳绿色建筑技术会给建筑业主带来的增量效益为ΔD。建筑业主选择采纳绿色建筑技术时的碳排放量为T_1，建筑业主采纳传统建筑技术时的碳排放量为T_2，$T_1 < T_2$。

假设3：政府进行环境规制时所需付出的监管审查成本为H，建筑业主选择采纳绿色建筑技术时政府可获得的额外收益为P。建筑业主采纳传统建筑技术无法达到碳减排效果，会使政府公信力下降并造成环境损害，该损失为b。当建筑业主采纳传统建筑技术且政府进行环境规制时，政府能及时发现其超排情况对其开出罚金F。

假设4：政府实施差异型碳税政策时，绿色建筑业主需缴纳碳税税率为S_1，普通建筑业主的碳税税率为S_2，$S_1 < S_2$。

根据以上假设条件，建立政府与建筑业主的演化博弈模型，碳税环境规制下政府与建筑业主博弈收益矩阵如表6－1所示。假设政府实施环境规制的概率为x，不实施环境规制的概率为1－x；建筑业主选择采纳绿色建筑技术的概率为y，采纳传统建筑技术的概率为1－y。

表6－1　　差异型碳税环境规制下政府与建筑业主博弈收益矩阵

博弈主体及策略		建筑业主	
		采纳绿色建筑技术（y）	采纳传统建筑技术（1－y）
政府	实施环境规制（x）	$P+S_1T_1-H$, $D+\Delta D-\Delta C-S_1T_1$	$S_2T_2+F-H-b$, $D-S_2T_2-F$
	不实施环境规制（1－x）	P，$D+\Delta D-\Delta C$	－b，D

6.2.1 演化稳定策略求解

1. 政府收益期望函数

政府对建筑业主实施环境规制的收益函数：

$$E_{11}=y(P+S_1T_1-H)+(1-y)(S_2T_2+F-H-b)$$
$$=yS_1T_1-yS_2T_2-yF-H+S_2T_2+F+yP+yb-b$$

政府对建筑业主不实施环境规制的收益函数：

$$E_{12}=yP+(1-y)(-b)=yP+yb-b$$

政府的期望收益函数：

$$E_1=xE_{11}+(1-x)E_{12}$$
$$=x(yS_1T_1-yS_2T_2-yF-H+S_2T_2+F+yP+yb-b)+(1-x)(yP+yb-b)$$

2. 建筑业主收益期望函数

建筑业主选择采纳绿色建筑技术的收益函数：

$$E_{21}=x(D+\Delta D-\Delta C-S_1T_1)+(1-x)(D+\Delta D-\Delta C)=-xS_1T_1+D+\Delta D-\Delta C$$

建筑业主选择采纳传统建筑技术的收益函数：

$$E_{22}=x(D-S_2T_2-F)+(1-x)D=-xS_2T_2-xF+D$$

建筑业主的期望收益函数：

$$E_2=yE_{21}+(1-y)E_{22}=y(-xS_1T_1+D+\Delta D-\Delta C)+(1-y)(-xS_2T_2-xF+D)$$

6.2.2 构建复制动态方程

1. 构建政府的动态方程

$$F(x)=\frac{dx}{dt}=x(E_{11}-E_1)$$
$$=x(1-x)(yS_1T_1-yS_2T_2-yF-H+S_2T_2+F) \tag{6.4}$$

对 $F(x)$ 进行一阶求导，可得：

$$F'(x)=(1-2x)(y(S_1T_1-S_2T_2-F)+S_2T_2+F-H)$$

令 $F(x)=0$，解得：

$$x_1 = 0,\ x_2 = 1,\ y^* = \frac{S_2T_2 + F - H}{S_2T_2 + F - S_1T_1}$$

2. 构建建筑业主的动态方程

$$F(y) = \frac{dy}{dt} = x(E_{21} - E_2)$$
$$= y(1 - y)(x(-S_1T_1 + S_2T_2 + F) + \Delta D - \Delta C) \quad (6.5)$$

对 $F(y)$ 进行一阶求导，可得：

$$F'(y) = (1 - 2y)(x(-S_1T_1 + S_2T_2 + F) + \Delta D - \Delta C)$$

令 $F(y) = 0$，解得：

$$y_1 = 0,\ y_2 = 1,\ x^* = \frac{\Delta C - \Delta D}{S_2T_2 + F - S_1T_1}$$

6.2.3 不同主体选择策略的演化稳定分析

1. 政府选择策略的演化稳定分析

根据复制动态方程稳定性原理可知，政府选择的策略处于演化稳定状态时，应满足 $F(x) = 0$、$F'(x) < 0$，因此对 y 的取值进行分析：

（1）若 $y = y^* = \frac{S_2T_2 + F - H}{S_2T_2 + F - S_1T_1}$，则 $F(x) = 0$，$F'(x) = 0$。此时博弈处于均衡，其表示 x 在［0，1］上取任意值，系统都处于稳定状态，即政府无论是否实施环境规制，建筑业主选择采纳绿色建筑技术的概率达到 $\frac{S_2T_2 + F - H}{S_2T_2 + F - S_1T_1}$ 时，政府和建筑业主都会维持当前选择的策略。相应的复制动态图如图 6－1（a）所示。

（2）$y \neq y^*$ 时，因为 $S_2T_2 + F - S_1T_1 > 0$，所以只需分析 $S_2T_2 + F - H$ 的大小。

a）若 $S_2T_2 + F - H < 0$ 时，$y^* < 0$，恒有 $y > y^* = \frac{S_2T_2 + F - H}{S_2T_2 + F - S_1T_1}$，若 $x_1 = 0$ 则 $F'(x_1) < 0$，若 $x_2 = 1$ 则 $F'(x_2) > 0$，此时 $x = 0$ 是政府的演化稳定策略。

b）当 $0 < S_2T_2 + F - H < S_2T_2 + F - S_1T_1$ 时，$0 < y^* < 1$。

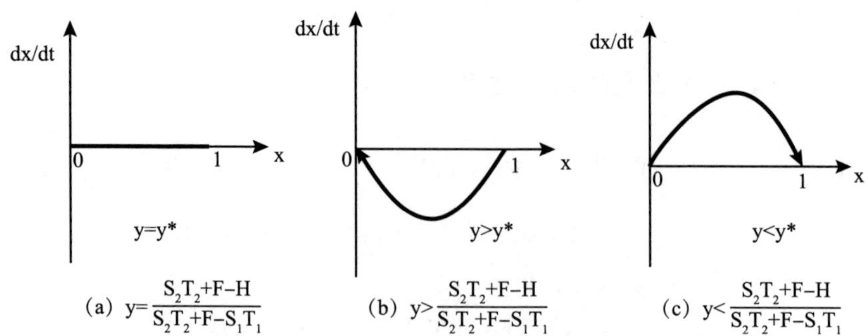

图 6-1　政府的复制动态演化示意

$y>y^*=\frac{S_2T_2+F-H}{S_2T_2+F-S_1T_1}$时，若 $x_1=0$ 则 $F'(x_1)<0$，若 $x_2=1$ 则 $F'(x_2)>0$，所以此时 $x=0$ 是政府的演化稳定策略。

$y<y^*=\frac{S_2T_2+F-H}{S_2T_2+F-S_1T_1}$时，若 $x_1=0$ 则 $F'(x_1)>0$，若 $x_2=1$ 则 $F'(x_2)<0$，所以此时 $x=1$ 是政府的演化稳定策略。

c）当 $S_2T_2+F-H>S_2T_2+F-S_1T_1>0$ 时，$y^*>1$，此时 $y<y^*=\frac{S_2T_2+F-H}{S_2T_2+F-S_1T_1}$恒成立，$x=1$ 是政府的演化稳定策略。

综上可知，$y>y^*=\frac{S_2T_2+F-H}{S_2T_2+F-S_1T_1}$时，$x=0$ 是政府的演化稳定策略，表示建筑业主选择采纳绿色建筑技术的概率高于$\frac{S_2T_2+F-H}{S_2T_2+F-S_1T_1}$时，对应的复制动态相位图如图 6-1（b）所示，政府进行环境规制的比例由 100% 逐渐变为 0，最终将趋向于“不实施环境规制”策略。$y<y^*=\frac{S_2T_2+F-H}{S_2T_2+F-S_1T_1}$时，$x=1$ 是政府的演化稳定策略，表示建筑业主选择采纳绿色建筑技术的概率低于$\frac{S_2T_2+F-H}{S_2T_2+F-S_1T_1}$时，对应的复制动态相位图如图 6-1（c）所示，政府进行环境规制的比例由 0 逐渐变为 100%，最终将趋向于“实施环境规制”策略。

2. 建筑业主选择策略的演化稳定分析

根据复制动态方程稳定性原理可知，建筑业主选择的策略处于演化稳定状态时，应满足 $F(y)=0$、$F'(y)<0$，因此对 x 的取值进行分析：

（1）若 $x=x^*=\frac{\Delta C-\Delta D}{S_2T_2+F-S_1T_1}$，则 $F(y)=0$，$F'(y)=0$。此时博弈处于均衡，其表示 y 在［0，1］上取任意值，系统都处于稳定状态，即建筑业主无论选择采纳绿色建筑技术还是传统建筑技术，政府进行环境规制的概率达到 $\frac{\Delta C-\Delta D}{S_2T_2+F-S_1T_1}$ 时，政府和建筑业主都将保持当前策略。相应的复制动态图如图 6－2（a）所示。

（2）$x\neq x^*$ 时，因为 $S_2T_2+F-S_1T_1>0$，所以只需分析 $\Delta C-\Delta D$ 的大小。

a）当 $\Delta C-\Delta D<0$ 时，$x^*<0$，此时 $x>x^*$ 恒成立，若 $y_1=0$ 则 $F'(y_1)>0$，若 $y_2=1$ 则 $F'(y_2)<0$，此时 $y=1$ 是建筑业主的演化稳定策略。

b）当 $0<\Delta C-\Delta D<S_2T_2+F-S_1T_1$ 时，$0<x^*<1$。

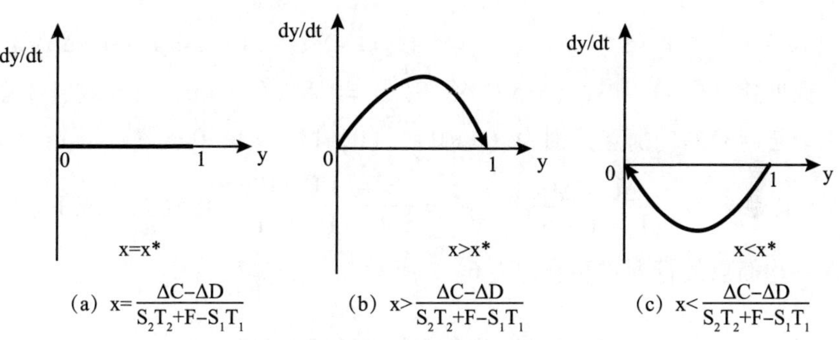

图 6－2　建筑业主的复制动态演化示意

若 $x<x^*=\frac{\Delta C-\Delta D}{S_2T_2+F-S_1T_1}$ 时，若 $y_1=0$ 则 $F'(y_1)>0$，若 $y_2=1$ 则 $F'(y_2)<0$，$y=0$ 是建筑业主的演化稳定策略。

c）当 $\Delta C-\Delta D>S_2T_2+F-S_1T_1$ 时，$x^*>1$，$x<x^*$ 恒成立，若 $y_1=0$ 则 $F'(y_1)<0$，若 $y_2=1$ 则 $F'(y_2)>0$，$y=0$ 是建筑业主的演化稳定策略。

综上可知，$x > x^* = \frac{\Delta C - \Delta D}{S_2T_2 + F - S_1T_1}$时，y = 1 是建筑业主的演化稳定策略，表示当政府实施环境规制的比例超过$\frac{\Delta C - \Delta D}{S_2T_2 + F - S_1T_1}$时，对应的复制动态相位图如图 6 - 2（b）所示，建筑业主采纳绿色建筑技术的比例由 0 逐渐变为 100%，最终趋向于采纳绿色建筑技术。$x < x^* = \frac{\Delta C - \Delta D}{S_2T_2 + F - S_1T_1}$时，y = 0 是建筑业主演化稳定策略，表示当政府进行环境规制的比例低于$\frac{\Delta C - \Delta D}{S_2T_2 + F - S_1T_1}$时，对应的复制动态相位图如图 6 - 2（c）所示，建筑业主采纳绿色建筑技术的比例由 100% 逐渐变为 0，最终趋向于采纳传统建筑技术。

6.2.4 政府与建筑业主的动态演化稳定分析

政府与建筑业主构成的动态演化稳定性，一般通过 Jacobi 矩阵的局部稳定性判定，均衡点为稳定点的要求为系统的 Jacobi 矩阵的行列式 DetJ 为正，且迹 TrJ 为负，若这两者均为正则是不稳定点。

综合上述计算式可得 Jacobi 矩阵 J_1 如下：

$$J_1 = \begin{bmatrix} (1-2x)(yS_1T_1 - yS_2T_2 - yF - H + S_2T_2 + F) & x(1-x)(S_1T_1 - S_2T_2 - F) \\ y(1-y)(-S_1T_1 + S_2T_2 + F) & (1-2y)(-xS_1T_1 + xS_2T_2 + xF + \Delta D - \Delta C) \end{bmatrix}$$

根据式（6.4）和式（6.5），令 F(x) = 0 和 F(y) = 0，可知政府和建筑业主动态博弈的均衡点分别为（0，0），（0，1），（1，0），（1，1），(x^*, y^*)，其中 $x^* = \frac{\Delta C - \Delta D}{S_2T_2 + F - S_1T_1}$，$y^* = \frac{S_2T_2 + F - H}{S_2T_2 + F - S_1T_1}$，该动态系统 Jacobi 矩阵在各均衡点的行列式和迹如表 6 - 2 所示。

表 6 - 2　Jacobi 矩阵在各均衡点的行列式和迹

均衡点	DetJ	TrJ
(0, 0)	$(-H + S_2T_2 + F)(\Delta D - \Delta C)$	$-H + S_2T_2 + F + \Delta D - \Delta C$
(0, 1)	$(S_1T_1 - H)(\Delta C - \Delta D)$	$S_1T_1 - H + \Delta C - \Delta D$
(1, 0)	$(-(-H + S_2T_2 + F))(-S_1T_1 + S_2T_2 + F + \Delta D - \Delta C)$	$H - S_1T_1 + \Delta D - \Delta C$
(1, 1)	$(S_1T_1 - H)(-S_1T_1 + S_2T_2 + F + \Delta D - \Delta C)$	$H - S_2T_2 - F - \Delta D + \Delta C$
(x^*, y^*)	-	0

通过对 Jacobi 矩阵分析结果可知：

当 $\Delta D-\Delta C<0$ 且 $-H+S_2T_2+F<0$ 时，(0，0) 是系统的演化均衡稳定策略，这说明如果采纳绿色建筑技术产生的增量效益小于增量成本时，建筑业主会采纳传统建筑技术。政府进行环境规制获得的罚金及碳税税额之和不足以抵扣政府的监管审查成本，政府会放弃环境规制。

当 $\Delta C-\Delta D<0$ 且 $S_1T_1-H<0$ 时，(0，1) 是系统的演化均衡稳定策略，表明此时政府不用监管，建筑业主也会自主采纳绿色建筑技术。建筑业主采纳绿色建筑技术所获得增量收益大于增量成本，会自发采纳绿色建筑技术，而政府获得碳税税额小于监管审查成本，将不实施环境规制。这是最为理想的状态。

当 $-S_1T_1+S_2T_2+F+\Delta D-\Delta C<0$ 且 $-H+S_2T_2+F>0$ 时，(1，0) 是系统的演化均衡稳定策略，这说明政府进行环境规制，对传统建筑业主征收的罚金及碳税税额之和大于监管审查成本，而建筑业主在环境规制下采纳绿色建筑技术获得的收益小于采纳传统建筑技术获得的收益，最终会趋向于选择采纳传统建筑技术。政府采取的环境规制政策并没有起到相应作用，没有促进绿色建筑技术采纳。这是最为不理想的情况。

当 $-S_1T_1+S_2T_2+F+\Delta D-\Delta C>0$ 且 $S_1T_1-H>0$ 时，(1，1) 是系统的演化均衡稳定策略，这表明此时政府对绿色建筑业主征收的碳税税额大于监管审查成本，政府会选择实施环境规制。建筑业主采纳绿色建筑技术获得的收益大于采纳传统建筑技术获得的收益，建筑业主自主选择采纳绿色建筑技术。这是最为符合现实情况的。

6.3 碳排放权交易环境规制的影响

假设5：政府实施碳排放权交易环境规制时，政府分配给建筑业主的免费碳配额为 T ($T_1<T<T_2$)。碳排放权配额市场交易价格为 R，建筑业主碳排放量少于或者超过初始碳配额时，可将其多余碳配额通过碳交易市场进行出售而获得收益，或者从碳交易市场上购买碳排放权。本书只考虑建筑行业内部的碳配额交易，暂不考虑与其他行业领域的碳配额交易，此时绿色建筑业主卖出的碳配额与普通建筑业主买入的碳配额总数相等，即 $T-T_1=T_2-T$。

根据《财政部　国家税务总局关于全面推开营业税改征增值税试点的通知》，建筑业主在碳排放权交易市场进行碳配额交易需向政府缴纳一定的交易税额，交易税额 = α × 碳排放权交易量 × R，α 为碳排放权交易税率。其余假设跟前文一致。

根据以上假设条件建立政府与建筑业主的演化博弈模型，碳排放权交易环境规制下政府与建筑业主博弈的收益矩阵如表 6-3 所示。

表 6-3　碳排放权交易环境规制下政府与建筑业主博弈的收益矩阵

博弈主体及策略		建筑业主	
		采纳绿色建筑技术（y）	采纳传统建筑技术（1-y）
政府	实施环境规制（x）	$P-H+\alpha(T-T_1)R$，$D+\Delta D-\Delta C+(T-T_1)R(1-\alpha)$	$F-H-b+\alpha(T_2-T)R$，$D-(T_2-T)R-F$
	不实施环境规制（1-x）	P，$D+\Delta D-\Delta C$	$-b$，D

6.3.1　演化稳定策略求解

1. 政府收益期望函数

政府对建筑业主实施环境规制的收益函数：

$$
\begin{aligned}
E_{11} &= y(P-H+\alpha(T-T_1)R)+(1-y)(F-H-b+\alpha(T_2-T)R) \\
&= y(P-F+b)+F-H-b+\alpha(T_2-T)R
\end{aligned}
$$

政府对建筑业主不实施环境规制的收益函数：

$$E_{12} = yP+(1-y)(-b) = yP+yb-b$$

政府的收益期望函数：

$$
\begin{aligned}
E_1 &= xE_{11}+(1-x)E_{12} \\
&= x(y(P-F+b)+F-H-b+\alpha(T_2-T)R)+(1-x)(yP+yb-b)
\end{aligned}
$$

2. 建筑业主收益期望函数

建筑业主选择采纳绿色建筑技术的收益函数：

$$
\begin{aligned}
E_{21} &= x(D+\Delta D-\Delta C+(T-T_1)R(1-\alpha))+(1-x)(D+\Delta D-\Delta C) \\
&= x(T-T_1)R(1-\alpha)+D+\Delta D-\Delta C
\end{aligned}
$$

建筑业主选择采纳传统建筑技术的收益函数：

$$E_{22}=x(D-(T_2-T)R-F)+(1-x)D=-x(T_2-T)R-xF+D$$

建筑业主的收益期望函数：

$$\begin{aligned}E_2&=yE_{21}+(1-y)E_{22}\\&=y(x(T-T_1)R(1-\alpha)+D+\Delta D-\Delta C)+(1-y)(-x(T_2-T)R-xF+D)\end{aligned}$$

6.3.2　构建复制动态方程

1. 构建政府的动态方程

$$\begin{aligned}F(x)&=\frac{dx}{dt}=x(E_{11}-E_1)\\&=x(1-x)(-yF+F-H+\alpha(T_2-T)R)\end{aligned}\tag{6.6}$$

对 $F(x)$ 进行一阶求导，可得：

$$F'(x)=(1-2x)(-yF+F-H+\alpha(T_2-T)R)$$

令 $F(x)=0$，解得：

$$x_1=0,\ x_2=1,\ y^*=\frac{F-H+\alpha(T_2-T)R}{F}$$

2. 构建建筑业主的动态方程

$$\begin{aligned}F(y)&=\frac{dy}{dt}=y(E_{21}-E_2)\\&=y(1-y)(x((T_2-T_1)R-\alpha(T-T_1)R+F)+\Delta D-\Delta C)\end{aligned}\tag{6.7}$$

对 $F(y)$ 进行一阶求导，可得：

$$F'(x)=(1-2y)(x((T_2-T_1)R-\alpha(T-T_1)R+F)+\Delta D-\Delta C)$$

令 $F(y)=0$，解得：

$$y_1=0,\ y_2=1,\ x^*=\frac{\Delta C-\Delta D}{(T_2-T_1)R-\alpha(T-T_1)R+F}$$

6.3.3　不同主体选择策略的演化稳定分析

1. 政府选择策略的演化稳定分析

根据复制动态方程稳定性原理可知，政府选择的策略处于演化稳定状态时，应满足 $F(x)=0$、$F'(x)<0$，因此对 y 的取值进行分析：

（1）若 $y=y^*=\frac{F-H+\alpha(T_2-T)R}{F}$，则 $F(x)=0$，$F'(x)=0$。此时博弈处于均衡，其表示 x 在［0，1］上取任意值，系统都处于稳定状态，即政府无论是否进行环境规制，建筑业主选择采纳绿色建筑技术的概率达到 $\frac{F-H+\alpha(T_2-T)R}{F}$ 时，政府和建筑业主都会维持当前选择的策略。此时对应的复制动态相位图如图 6－3（a）所示。

（2）$y\neq y^*$ 时，因 $F>0$，所以只需分析 $F-H+\alpha(T_2-T)R$ 的大小。

a）若 $F-H+\alpha(T_2-T)R<0$ 时，$y^*<0$，恒有 $y>y^*=\frac{F-H+\alpha(T_2-T)R}{F}$，$x_1=0$ 则 $F'(x_1)<0$，$x_2=1$ 则 $F'(x_2)>0$，所以此时 $x=0$ 是政府的演化稳定策略。

b）当 $0<F-H+\alpha(T_2-T)R<F$ 时，$0<y^*<1$。

$y>y^*=\frac{F-H+\alpha(T_2-T)R}{F}$ 时，若 $x_1=0$ 则 $F'(x_1)<0$，若 $x_2=1$ 则 $F'(x_2)>0$，所以此时 $x=0$ 是政府的演化稳定策略。

$y<y^*=\frac{F-H+\alpha(T_2-T)R}{F}$ 时，若 $x_1=0$ 则 $F'(x_1)>0$，若 $x_2=1$ 则 $F'(x_2)<0$，此时 $x=1$ 是政府的演化稳定策略。

综上可知，$y>y^*=\frac{F-H+\alpha(T_2-T)R}{F}$ 时，$x=0$ 是政府的演化稳定策略，表示建筑业主选择采纳绿色建筑技术的概率高于 $\frac{F-H+\alpha(T_2-T)R}{F}$ 时，对应的复制动态相位图如图 6－3（b）所示，政府进行环境规制的比例由 100% 逐渐变为 0，最终将趋向于“不实施环境规制”策略。$y<y^*=\frac{F-H+\alpha(T_2-T)R}{F}$ 时，$x=1$ 是政府的演化稳定策略，表示建筑业主选择采纳绿色建筑技术的概率低于 $\frac{F-H+\alpha(T_2-T)R}{F}$ 时，对应的复制动态相位图如图 6－3（c）所示，政府进行环境规制的比例由 0 逐渐变为 100%，最终将趋向于“实施环境规制”策略。

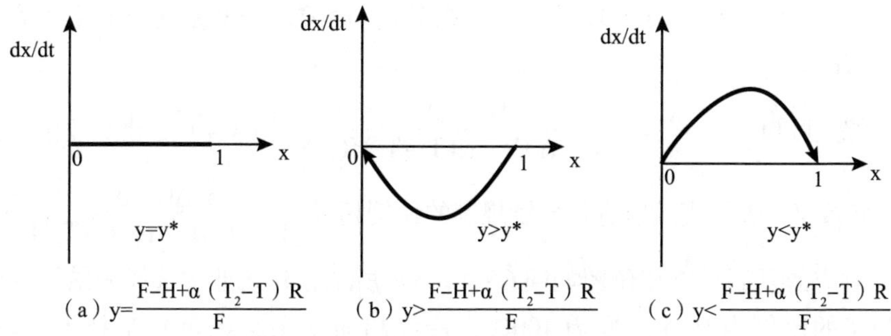

图6-3　政府的复制动态演化示意

2. 建筑业主选择策略的演化稳定分析

根据复制动态方程稳定性原理可知，建筑业主选择的策略处于演化稳定状态时，应满足 $F(y)=0$、$F'(y)<0$，因此对 x 的取值进行分析：

(1) 若 $x=x^*=\frac{\Delta C-\Delta D}{(T_2-T_1)R-\alpha(T-T_1)R+F}$，则 $F(y)=0$，$F'(y)=0$。此时博弈处于均衡，其表示 y 在［0，1］上取任意值，系统都处于稳定状态，即建筑业主无论选择采纳绿色建筑技术还是传统建筑技术，政府进行环境规制的概率达到$\frac{\Delta C-\Delta D}{(T_2-T_1)R-\alpha(T-T_1)R+F}$时，政府和建筑业主都将保持当前策略。此时对应的复制动态相位图如图6-4（a）所示。

(2) $x\neq x^*$ 时，因为 $(T_2-T_1)R-\alpha(T-T_1)R+F>0$，所以只需分析 $\Delta C-\Delta D$ 的大小。

a) 当 $\Delta C-\Delta D<0$ 时，$x^*<0$，此时 $x>x^*$ 恒成立，若 $y_1=0$ 则 $F'(y_1)>0$，若 $y_2=1$ 则 $F'(y_2)<0$，此时 $y=1$ 是建筑业主的演化稳定策略。

b) 当 $0<\Delta C-\Delta D<(T_2-T_1)R-\alpha(T-T_1)R+F$ 时，$0<x^*<1$。

若 $x>x^*=\frac{\Delta C-\Delta D}{(T_2-T_1)R-\alpha(T-T_1)R+F}$时，若 $y_1=0$ 则 $F'(y_1)>0$，若 $y_2=1$ 则 $F'(y_2)<0$，$y=1$ 是建筑业主的演化稳定策略。

若 $x<x^*=\frac{\Delta C-\Delta D}{(T_2-T_1)R-\alpha(T-T_1)R+F}$时，若 $y_1=0$ 则 $F'(y_1)<0$，若 $y_2=1$ 则 $F'(y_2)>0$，$y=0$ 是建筑业主的演化稳定策略。

c) 当 $\Delta C-\Delta D>(T_2-T_1)R-\alpha(T-T_1)R+F$ 时，$x^*>1$，$x<x^*$ 恒成

立，若 $y_1=0$ 则 $F'(y_1)<0$，若 $y_2=1$ 则 $F'(y_2)>0$，$y=0$ 是建筑业主的演化稳定策略。

综上可知，$x>x^*=\dfrac{\Delta C-\Delta D}{(T_2-T_1)R-\alpha(T-T_1)R+F}$时，$y=1$ 是建筑业主的演化稳定策略，表示当政府进行环境规制的比例超过$\dfrac{\Delta C-\Delta D}{(T_2-T_1)R-\alpha(T-T_1)R+F}$时，对应的复制动态相位图如图 6－4（b）所示，建筑业主选择采纳绿色建筑技术的比例由 0 逐渐变为 100%，最终趋向于采纳绿色建筑技术。$x<x^*=\dfrac{\Delta C-\Delta D}{(T_2-T_1)R-\alpha(T-T_1)R+F}$时，$y=0$ 是建筑业主的演化稳定策略，表示当政府进行环境规制的比例低于$\dfrac{\Delta C-\Delta D}{(T_2-T_1)R-\alpha(T-T_1)R+F}$时，对应的复制动态相位图如图 6－4（c）所示，建筑业主选择采纳绿色建筑技术的比例由 100% 逐渐变为 0，最终趋向于采纳传统建筑技术。

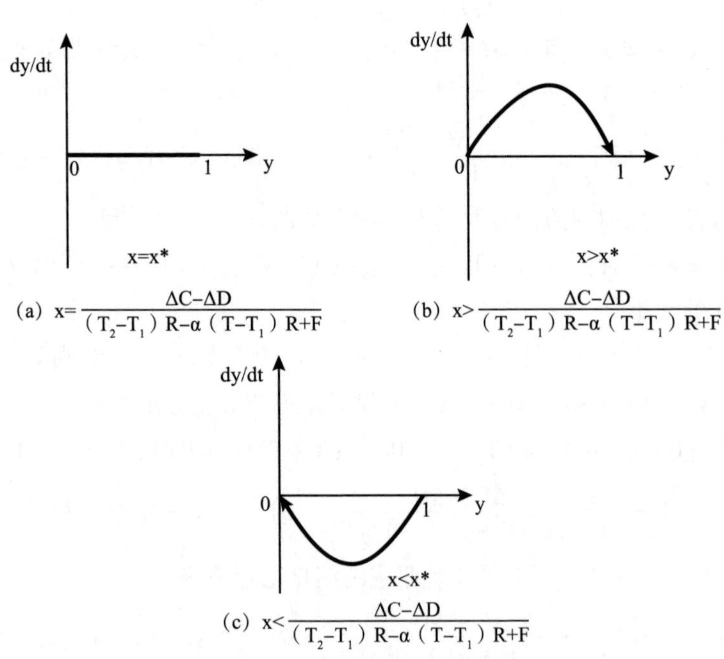

图 6－4　建筑业主的复制动态演化示意

6.3.4　政府与建筑业主的动态演化稳定分析

政府与建筑业主的动态演化稳定性一般通过 Jacobi 矩阵的局部稳定性判定，策略点为稳定点的要求为系统的 Jacobi 矩阵的行列式 DetJ 为正，且迹 TrJ 为负，若这两者均为正则是不稳定点。

该动态系统的 Jacobi 矩阵 J_2 如下：

$$J_2 = \begin{bmatrix} (1-2x)(-yF-H+F+\alpha(T_2-T)R) & x(1-x)(-F) \\ y(1-y)((T_2-T_1)R-\alpha(T-T_1)R+F) & (1-2y)(x(T_2-T_1)R-\alpha(T-T_1)R+xF+\Delta D-\Delta C) \end{bmatrix}$$

根据式（6.6）和式（6.7），令 $F(x)=0$ 和 $F(y)=0$，可知政府和建筑业主动态博弈的均衡点分别为（0，0），（0，1），（1，0），（1，1），(x^*, y^*)，其中 $x^* = \dfrac{\Delta C - \Delta D}{(T_2-T_1)R-\alpha(T-T_1)R+F}$，$y^* = \dfrac{F-H+\alpha(T_2-T)R}{F}$，该动态系统 Jacobi 矩阵在各均衡点的行列式和迹如表 6－4 所示。

表 6－4　　Jacobi 矩阵在各均衡点的行列式和迹

均衡点	DetJ	TrJ
(0，0)	$(-H+F+\alpha(T_2-T)R)(\Delta D-\Delta C)$	$-H+F+\alpha(T_2-T)R+\Delta D-\Delta C$
(0，1)	$(\alpha(T-T_1)R-H)(\Delta C-\Delta D)$	$\alpha(T-T_1)R-H+\Delta C-\Delta D$
(1，0)	$(-(-H+F+\alpha(T_2-T)R))((T_2-T_1)R-\alpha(T-T_1)R+F+\Delta D-\Delta C)$	$H+(T_2-T_1)R(1\ \alpha)+\Delta D-\Delta C$
(1，1)	$(-H+\alpha(T-T_1)R)((T_2-T_1)R-\alpha(T-T_1)R+F+\Delta D-\Delta C)$	$H-(T_2-T_1)R-F-\Delta D+\Delta C$
(x^*, y^*)	－	0

通过对 Jacobi 矩阵分析结果可知：

当 $-H+F+\alpha(T_2-T)R<0$、$\Delta C<\Delta D<(T_2-T_1)R+F+\Delta D$ 时，（0，1）为稳定点，这表明此时政府不用监管，建筑业主也会自主采纳绿色建筑技术。建筑业主采纳绿色建筑技术所获得增量收益大于增量成本，会自发采纳绿色建筑技术，而政府获得罚款及碳配额交易税之和小于监管审查成本，将不进行环境规制。即政府不进行环境规制，建筑业主自发选择采纳绿色建筑技术，这是最为理想的状态。

当 $-H+F+\alpha(T_2-T)R<0$、$\Delta C>(T_2-T_1)R+F+\Delta D>\Delta D$ 时，(0，0）为稳定点，这说明如果采纳绿色建筑技术产生的增量效益小于增量成本时，建筑业主会采纳传统建筑技术。政府进行环境规制获得的罚金及碳配额交易税之和不足以抵扣政府的监管审查成本，政府会放弃环境规制。

当 $-H+F+\alpha(T_2-T)R>0$、$\Delta C>(T_2-T_1)R+F+\Delta D>\Delta D$ 时，(1，0）为稳定点，这说明政府进行环境规制，获得的碳税、罚金及碳配额交易税之和大于监管审查成本，而建筑业主在环境规制下采纳绿色建筑技术获得的收益小于采纳传统建筑技术获得的收益，最终会趋向于选择采纳传统建筑技术。政府采取的环境规制政策并没有起到相应作用，没有促进绿色建筑技术采纳。这是最不理想状态。

当 $-H+F+\alpha(T_2-T)R>0$、$\Delta D<\Delta C<(T_2-T_1)R+F+\Delta D$ 时，四个均衡点的行列式均为负值，此时系统不存在稳定点，是周期行为。

6.4 复合型环境规制的影响

在复合型环境规制下，建筑业主需要向政府缴纳相应碳税额，同时也会参与碳排放权交易市场。本书在构建模型时仅考虑碳交易、碳税的叠加，暂不考虑这两者间的交叉情况。根据以上假设条件，建立政府与建筑业主的演化博弈模型，复合型环境规制下政府与建筑业主博弈的收益矩阵如表 6－5 所示。

表 6－5　复合型环境规制下政府与建筑业主博弈的收益矩阵

博弈主体及策略		建筑业主	
		采纳绿色建筑技术（y）	采纳传统建筑技术（1－y）
政府	实施环境规制（x）	$P+S_1T_1-H+\alpha(T-T_1)R$， $D+\Delta D-\Delta C+(T-T_1)R(1-\alpha)-S_1T_1$	$S_2T_2+F-H-b+\alpha(T_2-T)R$， $D-(T_2-T)R-S_2T_2-F$
	不实施环境规制（1－x）	P，$D+\Delta D-\Delta C$	－b，D

6.4.1 演化稳定策略求解

1. 政府收益期望函数

政府对建筑业主实施环境规制的收益函数为：

$$E_{11}=y(P+S_1T_1-H+\alpha(T-T_1)R)+(1-y)(S_2T_2+F-H-b+\alpha(T_2-T)R)$$
$$=yP-yF+yb+yS_1T_1-yS_2T_2-H+S_2T_2+F-b+\alpha(T_2-T)R$$

政府对建筑业主不实施环境规制的收益函数：

$$E_{12}=yP+(1-y)(-b)=yP+yb-b$$

政府的期望函数：

$$E_1=xE_{11}+(1-x)E_{12}$$
$$=x(yP-yF+yb+yS_1T_1-yS_2T_2-H+S_2T_2+F-b+\alpha(T_2-T)R)+(1-x)(yP+yb-b)$$

2. 建筑业主收益期望函数

建筑业主选择采纳绿色建筑技术的收益函数：

$$E_{21}=x(D+\Delta D-\Delta C+(T-T_1)R(1-\alpha)-S_1T_1)+(1-x)(D+\Delta D-\Delta C)$$
$$=x(T-T_1)R(1-\alpha)-xS_1T_1+D+\Delta D-\Delta C$$

建筑业主选择采纳传统建筑技术的收益函数：

$$E_{22}=x(D-(T_2-T)R-S_2T_2-F)+(1-x)D=-x(T_2-T)R-xS_2T_2-xF+D$$

建筑业主的期望函数：

$$E_2=yE_{21}+(1-y)E_{22}=y(x(T-T_1)R(1-\alpha)-xS_1T_1+D+\Delta D-\Delta C)+(1-y)(-x(T_2-T)R-xS_2T_2-xF+D)$$

6.4.2 构建复制动态方程

1. 构建政府的动态方程

$$F(x)=\frac{dx}{dt}=x(E_{11}-E_1)$$
$$=x(1-x)(y(S_1T_1-S_2T_2-F)+S_2T_2+F-H+\alpha(T_2-T)R) \quad (6.8)$$

对F（x）进行一阶求导，可得：

$F'(x)=(1-2x)(y(S_1T_1-S_2T_2-F)+S_2T_2+F-H+\alpha(T_2-T)R)$

令 $F(x)=0$，解得：

$$x_1=0,\ x_2=1,\ y^*=\frac{S_2T_2+F-H+\alpha(T_2-T)R}{S_2T_2+F-S_1T_1}$$

2. 构建建筑业主的动态方程

$$F(y)=\frac{dy}{dt}=y(E_{21}-E_2)$$
$$=y(1-y)(x((T_2-T_1)R-\alpha(T-T_1)R-S_1T_1+S_2T_2+F)+\Delta D-\Delta C) \tag{6.9}$$

对 $F(y)$ 进行一阶求导，可得：

$F'(y)=(1-2y)(x((T_2-T_1)R-\alpha(T-T_1)R-S_1T_1+S_2T_2+F)+\Delta D-\Delta C)$

令 $F(y)=0$，解得：

$$y_1=0,\ y_2=1,\ x^*=\frac{\Delta C-\Delta D}{S_2T_2+(T_2-T_1)R-\alpha(T-T_1)R+F-S_1T_1}$$

6.4.3 不同主体选择策略的演化稳定分析

1. 政府选择策略的演化稳定分析

根据复制动态方程稳定性原理可知，政府选择的策略处于演化稳定状态时，应满足 $F(x)=0$、$F'(x)<0$，因此对 y 的取值进行分析：

（1）若 $y=y^*=\frac{S_2T_2+F-H+\alpha(T_2-T)R}{S_2T_2+F-S_1T_1}$，则 $F(x)=0$，$F'(x)=0$。此时博弈处于均衡，其表示对在［0，1］范围内任意 x 的取值都是稳定状态，即政府无论是否进行环境规制，建筑业主选择采纳绿色建筑技术的概率达到$\frac{S_2T_2+F-H+\alpha(T_2-T)R}{S_2T_2+F-S_1T_1}$时，政府和建筑业主都会维持当前选择的策略。相应的复制动态图如图 6－5 所示。

（2）$y\neq y^*$ 时，因为 $S_2T_2+F-S_1T_1>0$，所以只需探讨 $S_2T_2+F-H+\alpha(T_2-T)R$ 的大小。

a）当 $S_2T_2+F-H+\alpha(T_2-T)R<0$ 时，$y^*<0$，恒有 $y>y^*=\frac{S_2T_2+F-H+\alpha(T_2-T)R}{S_2T_2+F-S_1T_1}$，若 $x_1=0$ 则 $F'(x_1)<0$，若 $x_2=1$ 则 $F'(x_2)>0$，

此时 $x=0$ 是政府的演化稳定策略。

b）当 $0<S_2T_2+F-H+\alpha(T_2-T)R<S_2T_2+F-S_1T_1$ 时，$0<y^*<1$。

$y>y^*=\dfrac{S_2T_2+F-H+\alpha(T_2-T)R}{S_2T_2+F-S_1T_1}$时，若 $x_1=0$ 则 $F'(x_1)<0$，若 $x_2=1$ 则 $F'(x_2)>0$，此时 $x=0$ 是政府的演化稳定策略。

$y<y^*=\dfrac{S_2T_2+F-H+\alpha(T_2-T)R}{S_2T_2+F-S_1T_1}$时，若 $x_1=0$ 则 $F'(x_1)>0$，若 $x_2=1$ 则 $F'(x_2)<0$，此时 $x=1$ 是政府的演化稳定策略。

c）当 $S_2T_2+F-H+\alpha(T_2-T)R>S_2T_2+F-S_1T_1>0$ 时，$y^*>1$，此时 $y<y^*$ 恒成立，$x=1$ 是政府的演化稳定策略。

综上可知，$y>y^*=\dfrac{S_2T_2+F-H+\alpha(T_2-T)R}{S_2T_2+F-S_1T_1}$时，$x=0$ 是政府的演化稳定策略，表示建筑业主选择采纳绿色建筑技术的概率高于$\dfrac{S_2T_2+F-H+\alpha(T_2-T)R}{S_2T_2+F-S_1T_1}$时，对应的复制动态相位图如图 6－5 所示，政府进行环境规制的比例由 100%逐渐变为 0，最终将趋向于“不实施环境规制”策略。$y<y^*=\dfrac{S_2T_2+F-H+\alpha(T_2-T)R}{S_2T_2+F-S_1T_1}$时，$x=1$ 是政府的演化稳定策略，表示建筑业主选择采纳绿色建筑技术的概率低于$\dfrac{S_2T_2+F-H+\alpha(T_2-T)R}{S_2T_2+F-S_1T_1}$时，对应的复制动态相位图如图 6－5 所示，政府进行环境规制的比例由 0 逐渐变为 100%，最终将趋向于“实施环境规制”策略。

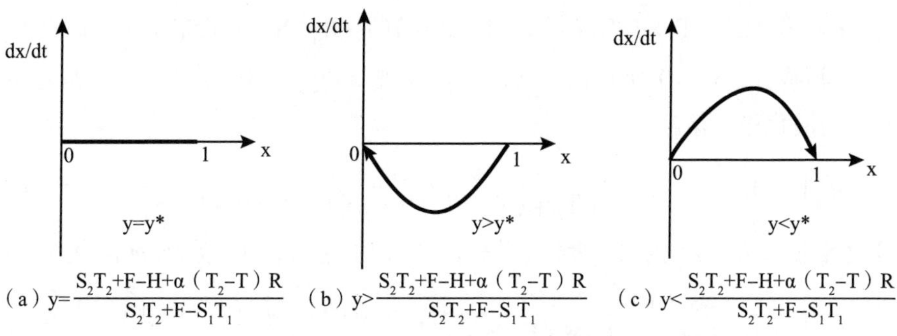

图 6－5　政府的复制动态演化示意

2. 建筑业主选择策略的演化稳定分析

根据复制动态方程稳定性原理可知，建筑业主选择的策略处于演化稳定状态时，应满足 $F(y)=0$、$F'(y)<0$，因此需对 x 的取值进行探讨：

（1）若 $x=x^*=\frac{\Delta C-\Delta D}{S_2T_2+(T_2-T_1)R-\alpha(T-T_1)R+F-S_1T_1}$，则 $F(y)=0$，$F'(y)=0$。此时博弈处于均衡，其表示 y 在 [0，1] 上取任意值，系统都处于稳定状态，即建筑业主无论采纳绿色建筑技术还是传统建筑技术，政府进行环境规制的概率为 $\frac{\Delta C-\Delta D}{S_2T_2+(T_2-T_1)R-\alpha(T-T_1)R+F-S_1T_1}$ 时，建筑业主都将保持当前策略。相应的复制动态图如图 6-6（a）所示。

（2）若 $x\neq x^*$ 时，因为 $S_2T_2+(T_2-T_1)R-\alpha(T-T_1)R+F-S_1T_1>0$，所以只需探讨 $\Delta C-\Delta D$ 的大小。

a）当 $\Delta C-\Delta D<0$ 时，$x^*<0$，此时 $x>x^*$ 恒成立，若 $y_1=0$ 则 $F'(y_1)>0$，若 $y_2=1$ 则 $F'(y_2)<0$，此时 $y=1$ 是建筑业主的演化稳定策略。

b）当 $0<\Delta C-\Delta D<S_2T_2+(T_2-T_1)R-\alpha(T-T_1)R+F-S_1T_1$ 时，$0<x^*<1$。

若 $x>x^*=\frac{\Delta C-\Delta D}{S_2T_2+(T_2-T_1)R-\alpha(T-T_1)R+F-S_1T_1}$ 时，若 $y_1=0$ 则 $F'(y_1)>0$，若 $y_2=1$ 则 $F'(y_2)<0$，$y=1$ 是建筑业主的演化稳定策略。

若 $x<x^*=\frac{\Delta C-\Delta D}{S_2T_2+(T_2-T_1)R-\alpha(T-T_1)R+F-S_1T_1}$ 时，$y_1=0$ 则 $F'(y_1)<0$，$y_2=1$ 则 $F'(y_2)>0$，所以 $y=0$ 是建筑业主的演化稳定策略。

c）当 $\Delta C-\Delta D>S_2T_2+(T_2-T_1)R-\alpha(T-T_1)R+F-S_1T_1$ 时，$x^*>1$，$x<x^*$ 恒成立，$y_1=0$ 则 $F'(y_1)<0$，$y_2=1$ 则 $F'(y_2)>0$，所以 $y=0$ 是建筑业主的演化稳定策略。

综上可知，$x>x^*=\frac{\Delta C-\Delta D}{S_2T_2+(T_2-T_1)R-\alpha(T-T_1)R+F-S_1T_1}$ 时，$y=1$ 是建筑业主的演化稳定策略，表示当政府进行环境规制的比例超过 $\frac{\Delta C-\Delta D}{S_2T_2+(T_2-T_1)R-\alpha(T-T_1)R+F-S_1T_1}$ 时，对应的复制动态相位图如图 6-6（b）所示，建筑业主选择采纳绿色建筑技术的比例由 0 逐渐变为 100%，最终

趋向于采纳绿色建筑技术。$x < x^* = \dfrac{\Delta C - \Delta D}{S_2T_2 + (T_2 - T_1)R - \alpha(T - T_1)R + F - S_1T_1}$时，y=0是建筑业主的演化稳定策略，表示当政府进行环境规制的比例低于$\dfrac{\Delta C - \Delta D}{S_2T_2 + (T_2 - T_1)R - \alpha(T - T_1)R + F - S_1T_1}$时，对应的复制动态相位图如图6-6（c）所示，建筑业主采纳绿色建筑技术的概率由100%逐渐变为0，最终趋向于采纳传统建筑技术。

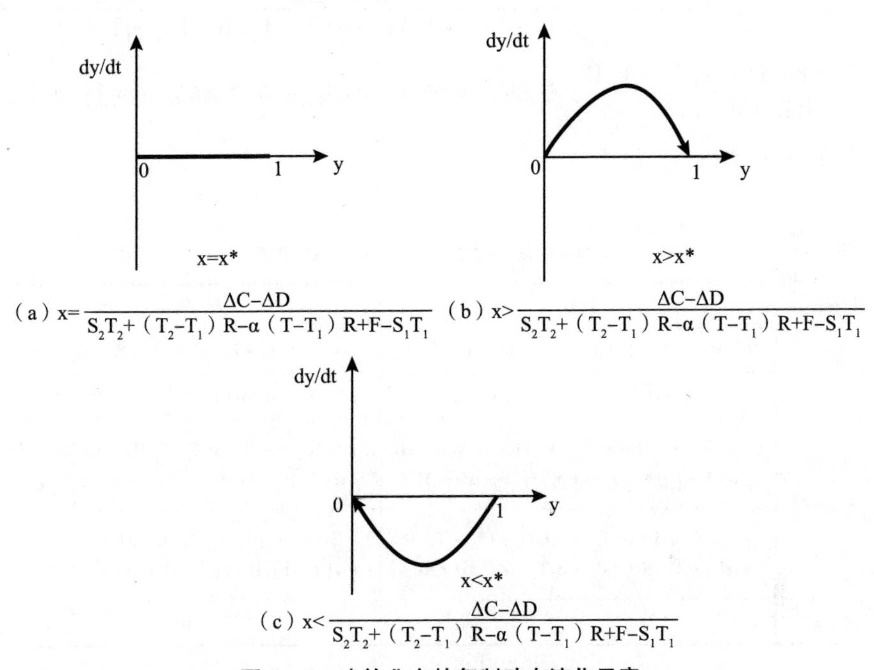

图6-6　建筑业主的复制动态演化示意

6.4.4　政府与建筑业主的动态演化稳定分析

政府与建筑业主的动态演化稳定性，一般通过Jacobi矩阵的局部稳定性判定，策略点为稳定点的要求为系统的Jacobi矩阵的行列式DetJ为正，且迹TrJ为负，若这两者均为正则是不稳定点。

该动态系统的Jacobi矩阵J_3如下：

$$J_3=\begin{bmatrix}(1-2x)(yS_1T_1-yS_2T_2-yF-H+S_2T_2+F+\alpha(T_2-T)R) & x(1-x)(S_1T_1-S_2T_2-F) \\ y(1-y)((T_2-T_1)R-\alpha(T-T_1)R-S_1T_1+S_2T_2+F) & (1-2y)(x(T_2-T_1)R-x\alpha(T-T_1)R-xS_1T_1+xS_2T_2+xF+\Delta D-\Delta C)\end{bmatrix}$$

根据式（6.8）和式（6.9），令 $F(x)=0$ 和 $F(y)=0$，可知政府和建筑业主动态博弈的均衡点分别为（0，0），（0，1），（1，0），（1，1），(x^*, y^*)，其中 $x^*=\dfrac{\Delta C-\Delta D}{S_2T_2+(T_2-T_1)R-\alpha(T-T_1)R+F-S_1T_1}$，$y^*=\dfrac{S_2T_2+F-H+\alpha(T_2-T)R}{S_2T_2+F-S_1T_1}$，该动态系统 Jacobi 矩阵在各均衡点的行列式和迹如表 6－6 所示。

表 6－6　Jacobi 矩阵在各均衡点的行列式和迹

均衡点	DetJ	TrJ
(0, 0)	$(-H+S_2T_2+F+\alpha(T_2-T)R)(\Delta D-\Delta C)$	$-H+S_2T_2+F+\alpha(T_2-T)R+\Delta D-\Delta C$
(0, 1)	$(S_1T_1-H+\alpha(T-T_1)R)(\Delta C-\Delta D)$	$(S_1T_1-H+\alpha(T-T_1)R)+(\Delta C-\Delta D)$
(1, 0)	$(-S_2T_2-F+H-\alpha(T_2-T)R)\times((T_2-T_1)R-\alpha(T-T_1)R-S_1T_1+S_2T_2+F+\Delta D-\Delta C)$	$(-S_2T_2-F+H-\alpha(T_2-T)R)+((T_2-T_1)R-\alpha(T-T_1)R-S_1T_1+S_2T_2+F+\Delta D-\Delta C)$
(1, 1)	$(-S_1T_1+H-\alpha(T-T_1)R)(-(T_2-T_1)R+\alpha(T-T_1)R+S_1T_1-S_2T_2-F-\Delta D+\Delta C)$	$(-S_1T_1+H-\alpha(T-T_1)R)+(-(T_2-T_1)R+\alpha(T-T_1)R+S_1T_1-S_2T_2-F-\Delta D+\Delta C)$
(x^*, y^*)	+	0

通过对 Jacobi 矩阵分析结果可知：

当 $\Delta D-\Delta C<0$ 且 $-H+S_2T_2+F+\alpha(T_2-T)R<0$ 时，（0，0）是系统的演化均衡稳定策略，此时行列式值为正、迹为负，这说明如果采纳绿色建筑技术产生的增量效益小于增量成本时，建筑业主会采纳传统建筑技术。政府进行环境规制获得的碳税、罚金及碳配额交易税之和不足以抵扣政府的监管审查成本，政府会放弃环境规制。

当 $\alpha(T-T_1)R+S_1T_1-H<0$ 且 $\Delta C-\Delta D<0$ 时，（0，1）是系统的演化均衡稳定策略；这表明此时政府不用监管，建筑业主也会自主采纳绿色建筑

技术。建筑业主采纳绿色建筑技术所获得增量收益大于增量成本，会自发采纳绿色建筑技术，而政府获得碳税及碳配额交易税之和小于监管审查成本，将不进行环境规制。

当 $-H+S_2T_2+F+\alpha(T_2-T)R>0$ 且 $(T_2-T_1)R-\alpha(T-T_1)R-S_1T_1+S_2T_2+F+\Delta D-\Delta C<0$ 时，（1，0）是系统的演化均衡稳定策略。这说明政府进行环境规制，获得的碳税、罚金及碳配额交易税之和大于监管审查成本，而建筑业主在环境规制下采纳绿色建筑技术获得的收益小于采纳传统建筑技术获得的收益，最终会趋向于选择采纳传统建筑技术。政府采取的环境规制政策并没有起到相应作用，没有促进绿色建筑技术采纳，是最差的稳定策略，也是政府最不希望见到的情况。

当 $\alpha(T-T_1)R+S_1T_1-H>0$ 且 $(T_2-T_1)R-\alpha(T-T_1)R-S_1T_1+S_2T_2+F+\Delta D-\Delta C>0$ 时，（1，1）是系统的演化均衡稳定策略。这表明此时政府征收的碳税及碳配额交易税之和大于监管审查成本，政府会选择进行环境规制。建筑业主采纳绿色建筑技术获得的收益大于采纳传统建筑技术获得的收益，建筑业主自主选择采纳绿色建筑技术。政府进行环境规制建筑业主选择采纳绿色建筑技术这样的情况，较为符合现实状态。

6.5　数值仿真分析

为了进一步探讨碳税、碳排放权交易、碳税和碳排放权交易构成的复合型环境规制政策对绿色建筑技术采纳的影响，利用 Matlab 2019a 软件对博弈演化动态进行模拟仿真，展现环境规制下建筑业主策略选择的演化轨迹。考虑我国对绿色建筑的探索尚处于起步阶段，建筑业主采纳绿色建筑技术在短期内的增量收益较小。根据基本假设，对系统参数进行赋值，取 $T_1=3$，$T_2=6$，$F=1$，$H=1.2$，$\Delta D=5$，$\Delta C=9$，$T=4.5$，$\alpha=0.06$，以此为基础探讨多种环境规制措施对绿色建筑技术采纳的影响。

6.5.1　统一型碳税环境规制的影响的仿真分析

根据图 6－7 的演化轨迹发现，在政府对所有建筑业主征收统一型碳税（$S_1=S_2$）的情形下，当统一碳税税率较小时，系统的演化稳定策略为（实施环境规制，采纳传统建筑技术）。随着统一型碳税税率的提高，提高到一定数值后，系统的演化稳定策略转变为（实施环境规制，采纳绿色建筑技术）。因此，实施统一型碳税可以促进建筑业主采纳绿色建筑技术。

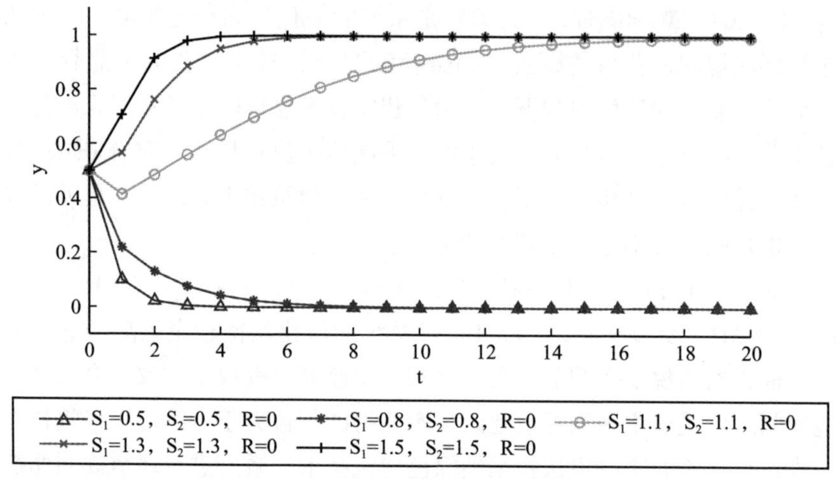

图 6-7 统一型碳税的影响效果

6.5.2 碳排放权交易环境规制的影响的仿真分析

在政府仅实行碳排放权交易环境规制的情况下，碳排放权交易价格的变化会影响建筑业主最终策略的选择。当 R 的取值较小时，分别为 0.5、0.8、1.1、1.3 和 1.5 时，建筑业主随着时间的演进最终仍趋于选择采纳传统建筑技术，如图 6-8（a）所示。当碳排放权交易价格 R 继续增大到一定程度时，取值分别为 5、10 时，在系统演化的开始阶段，建筑业主会选择采纳绿色建筑技术，但是随着时间的推移，系统演化策略处于不稳定的波动状态，可能演化至（实施环境规制，采纳传统建筑技术）策略，也有可能演化至（实施环境规制，采纳绿色建筑技术）策略。当碳排放权交易价格 R 提升到较高水平时，比如 R=15、20、25，系统会演化至（实施环境规制，采纳绿色建筑技术）稳定策略，如图 6-8（b）所示。因此，政府仅实行碳排放权交易环境规制且交易价格不够高时，虽然对绿色建筑技术的采纳起到一定的推动作用，但是这个推动效果是不稳定；只有碳排放交易价格足够高，才能驱动建筑业主采纳绿色建筑技术。

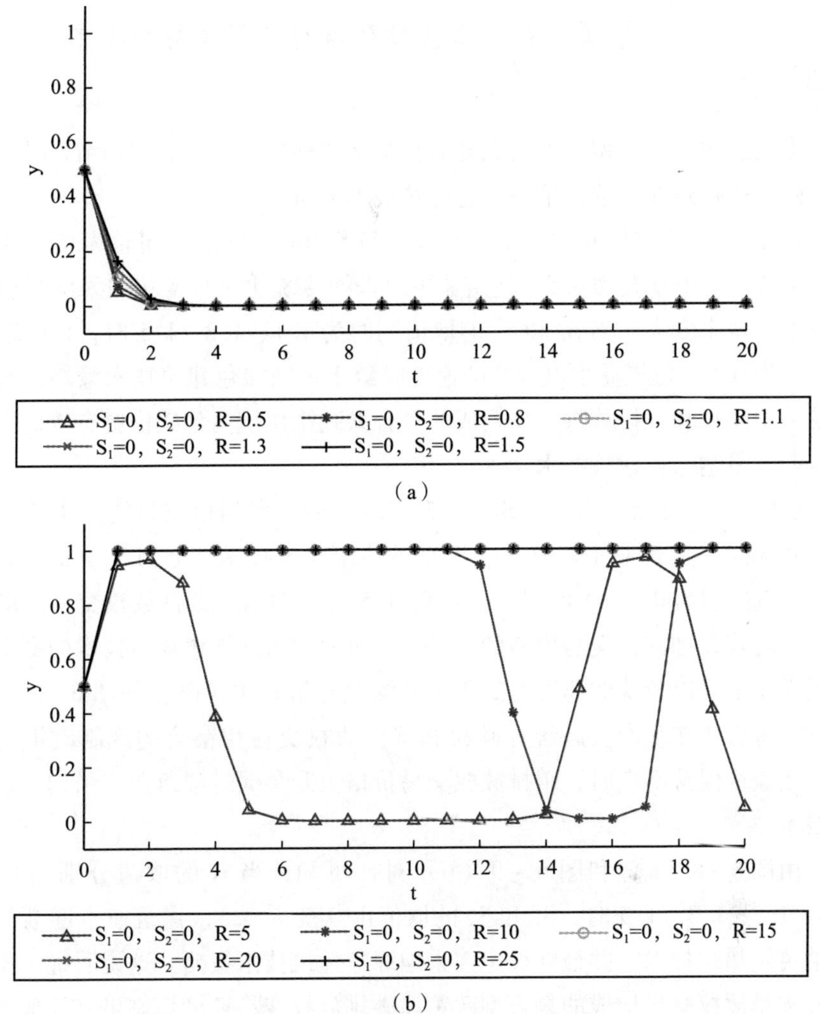

图 6－8　碳排放权交易的影响效果

根据 6. 5. 1、6. 5. 2 两种环境规制对绿色建筑技术采纳的影响来看，单独采用碳排放权交易这种环境规制措施从长远看，无法稳定于采纳绿色建筑技术策略从而推动绿色建筑发展的效果，而单独实行统一型碳税环境规制可促使建筑业主采纳绿色建筑技术，因此，当政府选择实施单一环境规制措施时，统一型碳税环境规制的采用是促进绿色建筑技术采纳和推动绿色建筑发展较为有效的方法。

6.5.3 统一型碳税和碳排放权交易复合型环境规制的影响的仿真分析

当政府选择统一型碳税与碳排放权交易两种环境规制措施相结合时，可以有效促进建筑业主选择采纳绿色建筑技术策略。

对比图6－7和图6－9（a）发现，当 S_1 和 S_2 的取值同时为0.5、0.8时，R的取值由0变为0.5，建筑业主由采纳传统建筑技术转向采纳绿色建筑技术的概率变大。当 S_1 和 S_2 的取值同时为1.1、1.3、1.5时，R的取值由0变为0.5，建筑业主以较快的速度收敛于采纳绿色建筑技术策略。这说明统一型碳税和碳排放权交易构成的复合型政策比统一型碳税更有效地推动建筑业主采纳绿色建筑技术。

由图6－7可知，当 $S_1=S_2=0.5$，$R=0$ 时，即当仅实行统一碳税且税率为0.5时，建筑业主最终趋向于采纳传统建筑技术。但当 $S_1=S_2=0.5$，R的取值分别为0.5、0.8、1.1、1.3、1.5时，即结合碳排放权交易环境规制后，随着碳排放权交易价格的上升，建筑业主采纳绿色建筑技术的概率逐渐提高，最终以较快的速度稳定于采纳绿色建筑技术策略，如图6－9（b）所示。这表明在政府实施统一碳税和碳排放权交易相结合的规制政策情形下，当碳税保持不变时，碳排放权交易价格上升会促进建筑业主采纳绿色建筑技术。

由图6－8（a）和图6－9（b）对比可知，当R的取值分别为0.5、0.8、1.1、1.3、1.5时，S_1 和 S_2 的取值由0变为0.5，建筑业主逐渐放弃采纳传统建筑技术，并最终稳定在采纳绿色建筑技术策略。这说明统一型碳税和碳排放权交易构成的复合型政策比碳排放权交易环境规制更有效地推动建筑业主采纳绿色建筑技术。

如图6－8（a）所示，当 $R=0.5$，$S_1=S_2=0$ 时，建筑业主的最终选择为采纳传统建筑技术。但当 $R=0.5$，S_1 和 S_2 的取值同时为0.5、0.8、1.1、1.3、1.5时，如图6－9（a）所示，建筑业主逐渐放弃采纳传统建筑技术，并最终稳定在采纳绿色建筑技术策略。因此，在政府选择实施统一型碳税和碳排放权交易相结合的复合型政策情形下，当碳排放权交易价格保持不变时，统一碳税税率提高至一定数值时，建筑业主终将采纳绿色建筑技术。

根据6.5.1～6.5.3分析结果可知，将统一型碳税与碳排放权交易两者相结合实施，相比单独实行统一型碳税或者碳排放权交易而言，对推动绿色建筑长远发展能够起到更为良好、显著的效果。

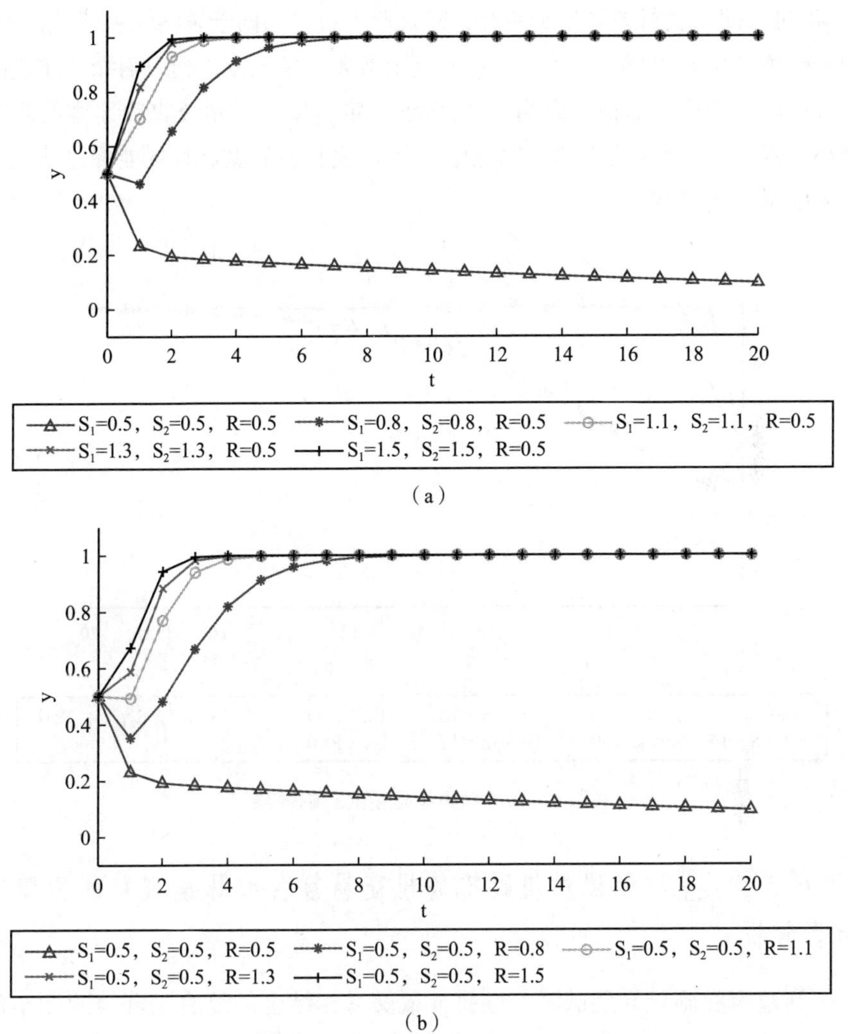

图 6-9 统一型碳税和碳排放权交易构成的复合型政策的影响效果

6.5.4 差异型碳税环境规制的影响的仿真分析

当政府对传统建筑的建筑业主和绿色建筑的建筑业主实行差异型碳税税

率时，可以显著促进建筑业主趋向选择采纳绿色建筑技术策略。由图6－7和图6－10可知，当$S_1=S_2=0.5$，$R=0$时，即当仅实行统一碳税且税率为0.5时，建筑业主最终趋向于采纳传统建筑技术。当$S_1=0.5$，$S_2=0.8$，$R=0$时，即当实行差异型碳税时，建筑业主最终趋向于采纳绿色建筑技术。随着碳税税率S_2的提高，S_1和S_2的差距增大，建筑业主朝采纳绿色建筑技术方向收敛的速度加快。但当S_2增大到一定程度，对系统收敛速度的影响变小。因此，与实施统一型碳税相比，政府实行差异型碳税更能促进建筑业主采纳绿色建筑技术。

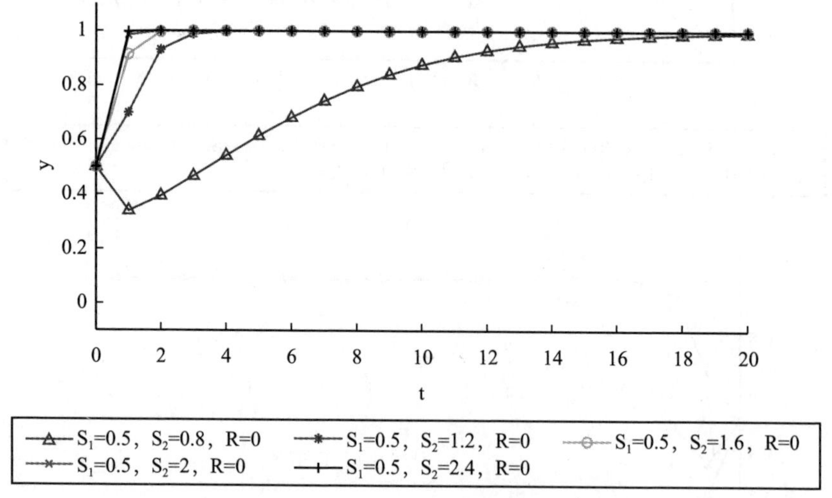

图6－10　差异型碳税的影响效果

6.5.5　差异型碳税和碳排放权交易复合型环境规制的影响的仿真分析

当政府实施差异型碳税与碳排放权交易相结合的复合型环境规制措施时，可以为建筑业主选择采纳绿色建筑技术策略起到更为有效显著的效果。

对比图6－9和图6－11（a）发现，当$S_1=0.5$，S_2的取值分别为0.8，1.2，1.6，2，2.4，R的取值由0变为0.5，建筑业主以较快的速度收敛于采纳绿色建筑技术策略。这说明由差异型碳税和碳排放权交易构成的复合型政策比差异型碳税更快推动系统达到（实施环境规制，采纳绿色建筑技术）的稳定策略。

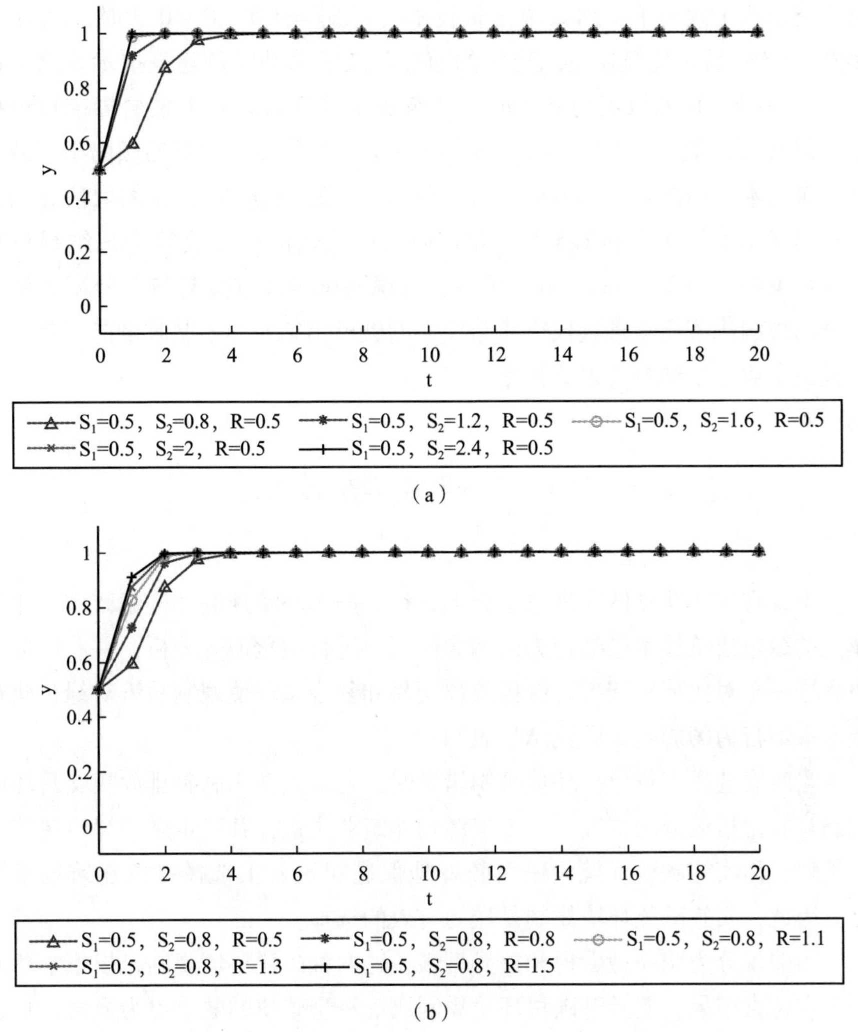

图6-11 差异型碳税和碳排放权交易构成的复合型政策的影响效果

对比图6-8（a）和图6-11（b）发现，当R的取值分别为0.5、0.8、1.1、1.3、1.5，S_1和S_2的取值由同时为0变为$S_1=0.5$，$S_2=0.8$，建筑业主由采纳传统建筑技术转变为采纳绿色建筑技术。这说明差异型碳税和碳排放权交易构成的复合型政策比碳排放权交易能更有效地促进建筑业主采纳绿色建筑技术。

对比分析图6－9（a）和图6－11（a）可知，当$S_1=S_2=0.5$，$R=0.5$时，建筑业主倾向于采纳传统建筑技术，若$S_1=0.5$，$R=0.5$时，随着S_2逐渐大于S_1后，建筑业主以更快的速度收敛于采纳绿色建筑技术策略。在$S_1=S_2=0.5$，R的取值为0.5时，建筑业主的策略倾向于采纳传统建筑技术，但R的取值为0.8、1.1、1.3和1.5时，建筑业主的策略倾向于采纳绿色建筑技术，如图6－9（b）所示。在$S_1=0.5$，$S_2=0.8$，R的取值分别为0.5、0.8、1.1、1.3和1.5时，建筑业主以较快的速度收敛于采纳绿色建筑技术策略，如图6－11（b）所示。这说明碳排放权交易与差异型碳税相结合的规制政策比碳排放权交易与统一型碳税相结合的规制政策能更有效地促进建筑业主采纳绿色建筑技术。

6.6 研究结论

本章在阐述演化博弈理论基础上，针对静态环境规制，构建政府与建筑业主的绿色建筑技术采纳行为的博弈模型，进行演化博弈分析，并利用数值仿真进一步对比分析碳税、碳排放权交易和复合型环境规制政策对绿色建筑技术采纳行为的影响。研究结果表明：

当政府选择实行单一环境规制措施时，尤其是在实施碳排放权交易环境规制且碳价格偏低的情况下，不能激励建筑业主选择并稳定采纳绿色建筑技术策略，而实施碳税环境规制可较好地促进建筑业主选择绿色建筑技术策略。因此，实施碳税环境规制是较为有效的选择。

当碳税分为统一型碳税和差异型碳税这两种碳税环境规制，根据本章的分析和仿真结果，差异型碳税环境规制比统一型碳税的效果更为显著，且建筑业主更快趋于稳定在绿色建筑技术采纳的策略中。

与政府选择实行单一环境规制相比，将碳税与碳排放权交易两者相结合的复合型环境规制能更好地促进建筑业主采纳绿色建筑技术。在此基础上进一步分析表明，差异型碳税与碳排放权交易的复合型环境规制比统一型碳税与碳排放权交易的复合型环境规制对建筑业主选择采纳绿色建筑技术的激励更显著。因此，政府选择实施差异型碳税与碳排放权交易的复合型环境规制推动作用优于统一型碳税与碳排放权交易的复合型环境规制，更优于单一碳税（其中差异型碳税优于统一型碳税）环境规制措施的推动效果，单一的碳排放权交易环境规制的推动效果最为不稳定且作用不显著。

第7章

动态环境规制下绿色建筑技术采纳行为分析

基于上章构建的政府与建筑业主双方群体之间的静态博弈模型，并根据多个不同静态环境规制下演化轨迹分析对比，表明差异型碳税和碳排放权交易的复合型环境规制在促进绿色建筑技术采纳的效果上优于其他碳减排环境规制措施。在此基础上，进一步引入政府动态差异型碳税和动态碳交易环境规制，即政府实行动态复合型环境规制，包括动态差异型碳税和静态碳交易复合型、静态差异型碳税和动态碳交易复合型环境规制、动态差异型碳税和动态碳交易复合型环境规制，分析政府和建筑业主双方选择策略的互动机制，进行系统模型局部稳定性分析，并运用Matlab软件数值仿真，研究多种动态复合型环境规制对绿色建筑技术采纳行为的影响。

7.1 复合型环境规制情形

在碳排放权交易、碳税两类环境规制政策中，可能出现的复合型环境规制情形，如表7－1所示。

表 7－1　　复合型环境规制情形

环境规制	静态碳交易	动态碳交易
静态差异型碳税	静态差异型碳税和静态碳交易的复合型（情形 1）	静态差异型碳税和动态碳交易的复合型（情形 3）
动态差异型碳税	动态差异型碳税和静态碳交易的复合型（情形 2）	动态差异型碳税和动态碳交易的复合型（情形 4）

根据第 6 章演化稳定分析可知，差异型碳税和碳交易的复合型环境规制在四种条件下，系统都存在演化均衡稳定策略。

当满足 $0<\alpha(T-T_1)R+S_1T_1<H<S_2T_2+F+\alpha(T_2-T)R$ 且 $(T_2-T_1)R-\alpha(T-T_1)R-S_1T_1+S_2T_2+F+\Delta D>\Delta C>\Delta D$ 条件，即建筑业主选择采纳绿色建筑技术的增量成本小于增量效益，但实施复合型环境规制后采纳绿色建筑技术的建筑业主获得的收益大于未采纳绿色建筑技术，政府监管成本介于对不同选择策略的建筑业主征收碳税及碳配额交易税收入总和之间时，也存在着政府和建筑业主动态博弈的均衡点分别为（0，0），（0，1），（1，0），（1，1），(x^*, y^*)，根据上章节分析结果可知，此模型的 $x^*=\dfrac{\Delta C-\Delta D}{S_2T_2+(T_2-T_1)R-\alpha(T-T_1)R+F-S_1T_1}$，$y^*=\dfrac{S_2T_2+F-H+\alpha(T_2-T)R}{S_2T_2+F-S_1T_1}$ 以及系统 Jacobi 矩阵 J_3：

$$J_3=\begin{bmatrix}(1-2x)(yS_1T_1-yS_2T_2-yF-H+S_2T_2+F+\alpha(T_2-T)R) & x(1-x)(S_1T_1-S_2T_2-F)\\ y(1-y)((T_2-T_1)R-\alpha(T-T_1)R-S_1T_1+S_2T_2+F) & (1-2y)(x(T_2-T_1)R-x\alpha(T-T_1)R-xS_1T_1+xS_2T_2+xF+\Delta D-\Delta C)\end{bmatrix}$$

根据 Jacobi 矩阵局部稳定性分析，对 5 个均衡点进行稳定性分析，结果如表 7－2 所示。

表 7-2　　各均衡点处 Jacobi 矩阵结果分析

均衡点	DetJ	TrJ	结果
(0, 0)	-	不确定	鞍点
(0, 1)	-	不确定	鞍点
(1, 0)	-	不确定	鞍点
(1, 1)	+	0	中心点

以上分析得知该模型（0，0）、（0，1）、（1，0）和（1，1）不具有稳定性，此时将（x^*，y^*）代入矩阵 J_3 对应的特征值为一对纯虚根。根据 Taylor[①] 相关文献研究结果可知，（x^*，y^*）此时不具有渐进稳定性，政府和建筑业主的选择策略轨迹是一条围绕（x^*，y^*）的闭环曲线，接近中心点但无法自动稳定到该点，即在此条件下实施静态差异型碳税和静态碳交易复合型环境规制（情形 1）时政府和建筑业主之间不存在演化稳定策略。

7.2　动态环境规制下的演化博弈模型分析

7.2.1　动态差异型碳税和静态碳交易环境规制的影响

假设政府实施碳税环境规制与建筑业主选择策略概率相关，即政府对绿色建筑供给方征收的碳税由常数 S_1 变为 $S_1(y)=yS_1$，对传统建筑供给方征收的碳税由常数 S_2 变为 $S_2(y)=(1-y)S_2$，S_1、S_2 表示征收单位碳税的上限值，碳排放权配额市场交易价格仍为常数 R。这表明当建筑业主选择采纳传统建筑技术策略的概率越大，政府对此类建筑业主征收的碳税值越高。调整后的动态收益矩阵，如表 7-3 所示。

① Taylor Peter D, Jonker Leo B. Evolutionary stable strategies and game dynamics [J]. Mathematical Biosciences, 1978, 40 (1-2): 145-156.

表 7－3　　　　情形 2 下政府与建筑业主博弈的动态收益矩阵

博弈主体及策略		建筑业主	
		采纳绿色建筑技术（y）	采纳传统建筑技术（1－y）
政府	实施环境规制（x）	$P+S_1(y)T_1-H+\alpha(T-T_2)R$，$D+\Delta D-\Delta C+(T-T_1)R(1-\alpha)-S_1(y)T_1$	$S_2(y)T_2+F-H-b+\alpha(T_2-T)R$，$D-(T_2-T)R-S_2(y)T_2-F$
	不实施环境规制（1－x）	P，$D+\Delta D-\Delta C$	－b，D

此时政府和建筑业主的复制动态方程如下：

$$F(x)=\frac{dx}{dt}=x(E_{11}-E_1)$$
$$=x(1-x)(y(S_1(y)T_1-S_2(y)T_2-F)+S_2(y)T_2+F-H+\alpha(T_2-T)R) \tag{7.1}$$

$$F(y)=\frac{dy}{dt}=y(E_{21}-E_2)$$
$$=y(1-y)(x((T_2-T_1)R-\alpha(T-T_1)R-S_1(y)T_1+S_2(y)T_2+F)+\Delta D-\Delta C) \tag{7.2}$$

对式（7.1）进行一阶求导，可得：

$$F'(x)=(1-2x)(y(S_1(y)T_1-S_2(y)T_2-F)+S_2(y)T_2+F-H+\alpha(T_2-T)R)$$

令 $F(x)=0$，解得：

$$x_1=0,\ x_2=1,\ y_1^*=\frac{(1-y)S_2T_2+F-H+\alpha(T_2-T)R}{(1-y)S_2T_2+F-yS_1T_1}$$

对式（7.2）进行一阶求导，可得：

$$F'(y)=(1-2y)(x((T_2-T_1)R-\alpha(T-T_1)R-S_1(y)T_1+S_2(y)T_2+F)+\Delta D-\Delta C)$$

令 $F(y)=0$，解得：

$$y_1=0,\ y_2=1,\ x_1^*=\frac{\Delta C-\Delta D}{(1-y)S_2T_2+(T_2-T_1)R-\alpha(T-T_1)R+F-yS_1T_1}$$

当 $0<\alpha(T-T_1)R+S_1(y)T_1<H<S_2(y)T_2+F+\alpha(T_2-T)R$ 且 $(T_2-T_1)R-\alpha(T-T_1)R-S_1(y)T_1+S_2(y)T_2+F+\Delta D>\Delta C>\Delta D$ 时，此系统存在五个均衡点，分别为（0，0），（0，1），（1，0），（1，1），$(x_1^*,\ y_1^*)$，0＜

$x_1^* < 1$、$0 < y_1^* < 1$。其中 x_1^*、y_1^* 的值如下：

$$x_1^* = \frac{\Delta C - \Delta D}{(1-y)S_2T_2 + (T_2 - T_1)R - \alpha(T - T_1)R + F - yS_1T_1}$$

$$= \frac{2(\Delta C - \Delta D)}{2(T_2 - T_1)R - 2\alpha(T - T_1)R + F + \sqrt{\begin{array}{c}F^2 + 4S_1T_1H + 4S_2T_2H - 4S_1T_1F - 4S_1T_1S_2T_2 - 4S_2T_2\alpha(T_2 - T)R \\ -4S_1T_1\alpha(T_2 - T)R\end{array}}}$$

$$y_1^* = \frac{(1-y)S_2T_2 + F - H + \alpha(T_2 - T)R}{(1-y)S_2T_2 + F - yS_1T_1}$$

$$= \frac{2S_2T_2 + F - \sqrt{\begin{array}{c}F^2 + 4S_1T_1H + 4S_2T_2H - 4S_1T_1F - 4S_1T_1S_2T_2 \\ -4S_2T_2\alpha(T_2 - T)R - 4S_1T_1\alpha(T_2 - T)R\end{array}}}{2(S_1T_1 + S_2T_2)}$$

同时系统 Jacobi 矩阵 J_4 如下：

$$J_4 = \begin{bmatrix} \frac{\partial F(x)}{\partial x} & \frac{\partial F(x)}{\partial y} \\ \frac{\partial F(y)}{\partial x} & \frac{\partial F(y)}{\partial y} \end{bmatrix} = \begin{bmatrix} a_1 & b_1 \\ c_1 & d_1 \end{bmatrix}$$

其中：$a_1 = (1-2x)(y^2S_1T_1 + y^2S_2T_2 - 2yS_2T_2 - yF + S_2T_2 + F - H + \alpha(T_2 - T)R)$；

$b_1 = x(1-x)(2yS_1T_1 + 2yS_2T_2 - 2S_2T_2 - F)$；

$c_1 = y(1-y)((T_2 - T_1)R - \alpha(T - T_1)R - yS_1T_1 - yS_2T_2 + S_2T_2 + F)$；

$d_1 = (1-2y)((T_2 - T_1)Rx - \alpha(T - T_1)Rx - xyS_1T_1 + xS_2T_2 - xyS_2T_2 + xF + \Delta D - \Delta C) + y(1-y)(-xS_1T_1 - xS_2T_2)$

根据 Jacobi 矩阵 J_4 对各局部均衡点稳定性分析结果如表 7－4 所示。

表 7－4　　　　各均衡点处 Jacobi 矩阵结果分析

均衡点	DetJ	TrJ	结果
(0, 0)	－	不确定	鞍点
(0, 1)	－	不确定	鞍点
(1, 0)	－	不确定	鞍点
(1, 1)	－	不确定	鞍点
(x_1^*, y_1^*)	+	－	稳定点

以上分析得知该模型有四个鞍点和一个稳定点，且将（x_1^*，y_1^*）代入矩阵 J_4 得出对应的特征根为一对具有负实部的特征负根。根据 Taylor 相关文献研究结果可知，此时系统具有渐进稳定性，（x_1^*，y_1^*）是此系统模型的演化稳定焦点，政府和建筑业主的选择策略演化轨迹是趋于（x_1^*，y_1^*）的螺旋曲线。表明在此条件下实行动态差异型碳税与静态碳交易复合型环境规制（情形 2）时政府与建筑业主之间存在着演化稳定策略。

7.2.2　静态差异型碳税与动态碳交易环境规制的影响

假设政府实施碳交易环境规制与建筑业主选择策略概率相关，即设建筑业主在碳交易市场上进行碳配额交易价格由原来固定的常数 R 变为 $R(y) = (1-y)R$，R 表示单位碳配额市场交易价格的上限值，不同建筑业主需缴纳的差异型碳税税额仍分别为常数 S_1、S_2。表明当建筑业主选择采纳传统建筑技术策略的概率越大，所需支付的碳配额交易市场价格越高。调整后的双方收益矩阵，如表 7－5 所示。

表 7－5　　情形 3 下政府与建筑业主博弈的动态收益矩阵

博弈主体及策略		建筑业主	
		采纳绿色建筑技术（y）	采纳传统建筑技术（1－y）
政府	实施环境规制（x）	$P+S_1T_1-H+\alpha(T-T_2)R(y)$，$D+\Delta D-\Delta C+(T-T_1)R(y)(1-\alpha)-S_1T_1$	$S_2T_2+F-H-b+\alpha(T_2-T)R(y)$，$D-(T_2-T)R(y)-S_2T_2-F$
	不实施环境规制（1－x）	P，$D+\Delta D-\Delta C$	－b，D

此时政府和建筑业主的复制动态方程如下：

$$F(x)=\frac{dx}{dt}=x(E_{11}-E_1)$$
$$=x(1-x)(y(S_1T_1-S_2T_2-F)+S_2T_2+F-H+\alpha(T_2-T)R(y)) \tag{7.3}$$

$$F(y)=\frac{dy}{dt}=y(E_{21}-E_2)$$
$$=y(1-y)(x((T_2-T_1)R(y)-\alpha(T-T_1)R(y)-S_1T_1+S_2T_2+F)+\Delta D-\Delta C) \tag{7.4}$$

对式（7.3）进行一阶求导，可得：

$$F'(x)=(1-2x)(y(S_1T_1-S_2T_2-F)+S_2T_2+F-H+\alpha(T_2-T)R(y))$$

令 F(x) =0，解得：

$$x_1=0,\ x_2=1,\ y_2^*=\frac{S_2T_2+F-H+\alpha(T_2-T)(1-y)R}{S_2T_2+F-S_1T_1}$$

对式（7.4）进行一阶求导，可得：

$$F'(y)=(1-2y)(x((T_2-T_1)R(y)-\alpha(T-T_1)R(y)-S_1T_1+S_2T_2+F)+\Delta D-\Delta C)$$

令 F(y) =0，解得：

$$y_1=0,\ y_2=1,\ x_2^*=\frac{\Delta C-\Delta D}{S_2T_2+(1-y)(T_2-T_1)R-\alpha(T-T_1)R(y)+F-S_1T_1}$$

当满足 $\Delta D-\Delta C<0$、$0<\alpha(T-T_1)R(y)+S_1T_1<H<S_2T_2+F+\alpha(T_2-T)R(y)$ 且 $(T_2-T_1)R(y)-\alpha(T-T_1)R(y)-S_1T_1+S_2T_2+F+\Delta D>\Delta C>\Delta D$ 时，此时系统存在着五个均衡点，分别为（0，0），（0，1），（1，0），（1，1），$(x_2^*,\ y_2^*)$，$0<x_2^*<1$、$0<y_2^*<1$。其中 x_2^*、y_2^* 的值如下：

$$x_2^*=\frac{\Delta C-\Delta D}{S_2T_2+(1-y)(T_2-T_1)R-(1-y)\alpha(T-T_1)R+F-S_1T_1}$$
$$=\frac{(\Delta C-\Delta D)(S_2T_2-S_1T_1+F+\alpha(T_2-T)R)}{(S_2T_2)^2+(S_1T_1)^2+F^2-2S_1T_1S_2T_2+2S_2T_2F-2S_1T_1F+(S_2T_2+F)\alpha(T_2-T)R-H\alpha(T-T_1)R+(H-S_1T_1)(T_2-T_1)R}$$

$$y_2^*=\frac{S_2T_2+F-H+\alpha(T_2-T)(1-y)R}{S_2T_2+F-S_1T_1}$$
$$=\frac{S_2T_2+F-H+\alpha(T_2-T)R}{S_2T_2-S_1T_1+F+\alpha(T_2-T)R}$$

同时系统 Jacobi 矩阵 J_5 如下：

$$J_5=\begin{bmatrix}\frac{\partial F(x)}{\partial x} & \frac{\partial F(x)}{\partial y}\\ \frac{\partial F(y)}{\partial x} & \frac{\partial F(y)}{\partial y}\end{bmatrix}=\begin{bmatrix}a_2 & b_2\\ c_2 & d_2\end{bmatrix}$$

其中：$a_2=(1-2x)(yS_1T_1-yS_2T_2-yF-\alpha y(T_2-T)R+S_2T_2+F-H+\alpha(T_2-T)R)$；

$b_2=x(1-x)(S_1T_1-S_2T_2-F-\alpha(T_2-T)R)$；

$c_2=y(1-y)((1-y)(T_2-T_1)R-(1-y)\alpha(T-T_1)R-S_1T_1+S_2T_2+F)$；

$d_2=(1-2y)((1-y)(T_2-T_1)Rx-(1-y)\alpha(T-T_1)Rx-xS_1T_1+xS_2T_2+xF+\Delta D-\Delta C)+y(1-y)(-x(T_2-T_1)R+\alpha(T-T_1)Rx)$。

根据 Jacobi 矩阵 J_5 对各局部均衡点稳定性分析结果如表 7－6 所示。

表 7－6　　各均衡点处 Jacobi 矩阵结果分析

均衡点	DetJ	TrJ	结果
(0, 0)	-	不确定	鞍点
(0, 1)	-	不确定	鞍点
(1, 0)	-	不确定	鞍点
(1, 1)	-	不确定	鞍点
(x_2^*, y_2^*)	+	-	稳定点

以上分析得知该模型有四个鞍点和一个稳定点，且将 (x_2^*, y_2^*) 代入矩阵 J_5 得出对应的特征根为一对具有负实部的特征负根。此时系统具有渐进稳定性，(x_2^*, y_2^*) 是此系统模型的演化稳定焦点，政府和建筑业主的选择策略演化轨迹是趋于 (x_2^*, y_2^*) 的螺旋曲线。表明在此条件下实施静态差异型碳税与动态碳交易复合型环境规制（情形 3）时政府与建筑业主之间存在着演化稳定策略。

7.2.3　动态差异型碳税与动态碳交易环境规制的影响

假设政府实施差异型碳税环境规制、碳交易环境规制策略均与建筑业主选择策略概率相关，即政府对绿色建筑供给方征收的碳税由常数 S_1 变为 $S_1(y)=yS_1$，对普通建筑供给方征收的碳税由常数 S_2 变为 $S_2(y)=(1-y)S_2$，S_1、S_2 表示单位碳税的上限值；建筑业主在碳交易市场上进行碳配额交易价格由原来固定的常数 R 变为 $R(y)=(1-y)R$，R 表示单位碳配额市场交易价格的上限值。表明当建筑业主选择采纳传统建筑技术策略的概率越大，政府对此类建筑业主征收的碳税值越高，所需支付的碳配额交易市场价格越高。调整后的双方收益矩阵，如表 7 – 7 所示。

表 7 – 7　　情形 4 下政府与建筑业主博弈的动态收益矩阵

博弈主体及策略		建筑业主	
		采纳绿色建筑技术（y）	采纳传统建筑技术（1 – y）
政府	实施环境规制（x）	$P+S_1(y)T_1-H+\alpha(T-T_2)R(y)$, $D+\Delta D-\Delta C+(T-T_1)R(y)(1-\alpha)-S_1(y)T_1$	$S_2(y)T_2+F-H-b+\alpha(T_2-T)R(y)$, $D-(T_2-T)R(y)-S_2(y)T_2-F$
	不实施环境规制（1 – x）	P，$D+\Delta D-\Delta C$	– b，D

此时政府和建筑业主的复制动态方程如下：

$$F(x)=\frac{dx}{dt}=x(E_{11}-E_1)$$
$$=x(1-x)(y(S_1(y)T_1-S_2(y)T_2-F)+S_2(y)T_2+F-H+\alpha(T_2-T)R(y)) \quad (7.5)$$

$$F(y)=\frac{dy}{dt}=y(E_{21}-E_2)$$
$$=y(1-y)(x((T_2-T_1)R(y)-\alpha(T-T_1)R(y)-S_1(y)T_1+S_2(y)T_2+F)+\Delta D-\Delta C)$$

对式（7.5）进行一阶求导，可得：

$$F'(x)=(1-2x)(y(S_1(y)T_1-S_2(y)T_2-F)+S_2(y)T_2+F-H+\alpha(T_2-T)R(y)) \quad (7.6)$$

令 $F(x)=0$，解得：

$$x_1=0,\ x_2=1,\ y_3^*=\frac{(1-y)S_2T_2+F-H+\alpha(T_2-T)(1-y)R}{(1-y)S_2T_2+F-yS_1T_1}$$

对式（7.6）进行一阶求导，可得：

$$F'(y)=(1-2y)(x((T_2-T_1)R(y)-\alpha(T-T_1)R(y)-S_1(y)T_1+S_2(y)T_2+F)+\Delta D-\Delta C)$$

令 $F(y)=0$，解得：

$y_1=0$，$y_2=1$，

$$x_3^*=\frac{\Delta C-\Delta D}{(1-y)S_2T_2+(1-y)(T_2-T_1)R-\alpha(1-y)(T-T_1)R+F-yS_1T_1}$$

当满足 $\Delta D-\Delta C<0$、$0<\alpha(T-T_1)R(y)+S_1(y)T_1<H<S_2(y)T_2+F+\alpha(T_2-T)R(y)$ 且 $(T_2-T_1)R(y)-\alpha(T-T_1)R(y)-S_1(y)T_1+S_2(y)T_2+F+\Delta D>\Delta C>\Delta D$ 条件时，此系统存在五个均衡点，分别为 (0，0)，(0，1)，(1，0)，(1，1)，(x_3^*，y_3^*)，$0<x_3^*<1$、$0<y_3^*<1$。其中 x_3^*、y_3^* 的值如下：

$$\begin{aligned}x_3^*&=\frac{\Delta C-\Delta D}{(1-y)S_2T_2+(1-y)(T_2-T_1)R-\alpha(1-y)(T-T_1)R+F-yS_1T_1}\\&=\frac{2(\Delta C-\Delta D)(S_1T_1+S_2T_2)}{\begin{gathered}(2S_1T_1-F-\alpha(T_2-T)R+W)((T_2-T_1)R-\alpha(T-T_1)R+S_2T_2)\\-S_1T_1(2S_2T_2+F+\alpha(T_2-T)R-W)+2F(S_1T_1+S_2T_2)\end{gathered}}\end{aligned}$$

上式中 $W=\sqrt{\begin{gathered}(F+\alpha(T_2-T)R)^2+4S_1T_1H+4S_2T_2H-4S_1T_1S_2T_2\\-4S_1T_1F-4S_1T_1\alpha(T_2-T)R\end{gathered}}$

$$\begin{aligned}y_3^*&=\frac{(1-y)S_2T_2+F-H+\alpha(T_2-T)(1-y)R}{(1-y)S_2T_2+F-yS_1T_1}\\&=\frac{2S_2T_2+F+\alpha(T_2-T)R-\sqrt{\begin{gathered}(F+\alpha(T_2-T)R)^2+4S_1T_1H+4S_2T_2H\\-4S_1T_1S_2T_2-4S_1T_1F-4S_1T_1\alpha(T_2-T)R\end{gathered}}}{2(S_1T_1+S_2T_2)}\end{aligned}$$

同时系统 Jacobi 矩阵 J_6 如下：

$$J_6=\begin{bmatrix}\frac{\partial F(x)}{\partial x}&\frac{\partial F(x)}{\partial y}\\\frac{\partial F(y)}{\partial x}&\frac{\partial F(y)}{\partial y}\end{bmatrix}=\begin{bmatrix}a_3&b_3\\c_3&d_3\end{bmatrix}$$

其中：$a_3=(1-2x)(y^2S_1T_1+y^2S_2T_2-2yS_2T_2-yF+S_2T_2+F-H+\alpha(T_2-T)R-\alpha y(T_2-T)R)$；

$b_3=x(1-x)(2yS_2T_2+2yS_1T_1-2S_2T_2-F-\alpha(T_2-T)R)$；

$c_3=y(1-y)((T_2-T_1)R-y(T_2-T_1)R-\alpha(T-T_1)R+\alpha y(T-T_1)R-yS_1T_1+S_2T_2-yS_2T_2+F)$；

$d_3=(1-2y)(x(1-y)(T_2-T_1)R-x(1-y)\alpha(T-T_1)R-xyS_1T_1+x(1-$

$y)S_2T_2+xF+\Delta D-\Delta C)+y(1-y)(-xS_1T_1-xS_2T_2-x(T_2-T_1)R+\alpha x(T-T_1)R)$

根据 Jacobi 矩阵 J_6 对各局部均衡点稳定性分析结果如表 7-8 所示。

表 7-8　　各均衡点处 Jacobi 矩阵结果分析

均衡点	DetJ	TrJ	结果
(0, 0)	-	不确定	鞍点
(0, 1)	-	不确定	鞍点
(1, 0)	-	不确定	鞍点
(1, 1)	+	+	不稳定点
(x_3^*, y_3^*)	+	-	稳定点

以上稳定性分析得知该模型有三个鞍点、一个不稳定点和一个稳定点，且将（x_3^*，y_3^*）代入矩阵 J_6 得出对应的特征根为一对具有负实部的特征负根。此时系统具有渐进稳定性，（x_3^*，y_3^*）是此系统模型的演化稳定焦点，政府和建筑业主的选择策略演化轨迹是趋于（x_3^*，y_3^*）的螺旋曲线。表明在此条件下实行动态差异型碳税与动态碳交易复合型环境规制（情形 4）时政府与建筑业主之间存在演化稳定策略。

7.3　数值仿真分析

为了进一步探讨政府实施静态复合型环境规制（静态差异型碳税和静态碳交易）、动态复合型环境规制（动态差异型碳税和静态碳交易、静态差异型碳税和动态碳交易、动态差异型碳税和动态碳交易）对绿色建筑稳定长远发展的影响，本书利用 Matlab 2019a 软件进行数值仿真，其中参数设定满足 $0<\alpha(T-T_1)R+S_1T_1<H<S_2T_2+F+\alpha(T_2-T)R$ 且 $(T_2-T_1)R-\alpha(T-T_1)R-S_1T_1+S_2T_2+F+\Delta D>\Delta C>\Delta D$ 条件下并结合实际情况进行取值，以便更为直观生动地显现不同环境规制下政府与建筑业主之间双方主体系统的演化轨迹。根据文献①②③④仿真参数取值的设定，参阅关于碳配额交易过程中所需交纳税额等相关政策，并根据基本假设对系统参数进行赋值，取 $T_1=3$，$T_2=6$，$F=1$，$S_1=0.5$，$S_2=1.2$，$R=1.2$，$H=4$，$\Delta D=5$，$\Delta C=9$，$\alpha=0.06$，$T=4.5$，探讨动态环境规制下系统演化轨迹变化。改变参数的取值进行数值仿真的敏感性分析，发现仿真结果虽然在数值上略有差异，但在趋势和规律上是一致的。

7.3.1　静态复合型环境规制的影响的仿真分析

当政府实施静态差异型碳税及静态碳排放权交易构成的复合型环境规制（情形 1）时，建筑业主博弈策略的演化结果如图 7－1（a）和图 7－1（b）所示。

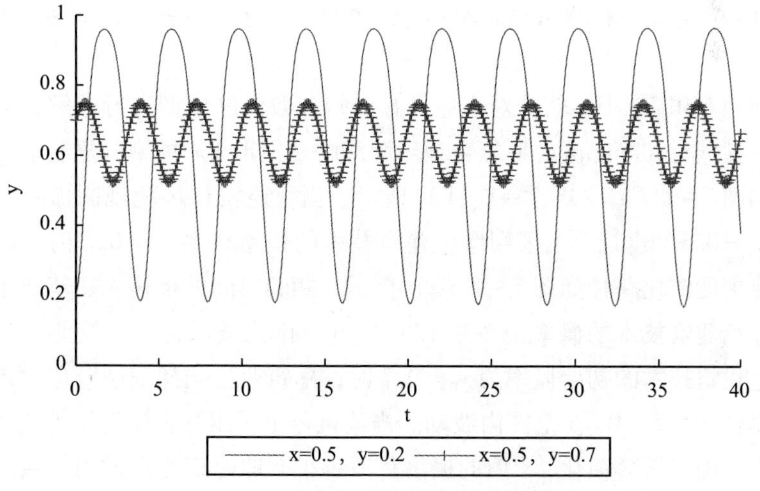

（a）建筑业主行为策略选择的演化路径

① 孟凡生，韩冰．政府环境规制对企业低碳技术创新行为的影响机制研究［J］．预测，2017，36（01）：74－80.

② 梁喜，付阳．政府动态奖惩机制下绿色建筑供给侧演化博弈研究［J］．中国管理科学，2021，29（02）：184－194.

③ 黄定轩，陈梦娇，黎昌贵．绿色建筑项目供给侧主体行为演化博弈分析［J］．桂林理工大学学报，2019，39（02）：482－491.

④ 焦建玲，陈洁，李兰兰，李方一．碳减排奖惩机制下地方政府和企业行为演化博弈分析［J］．中国管理科学，2017，25（10）：140－150.

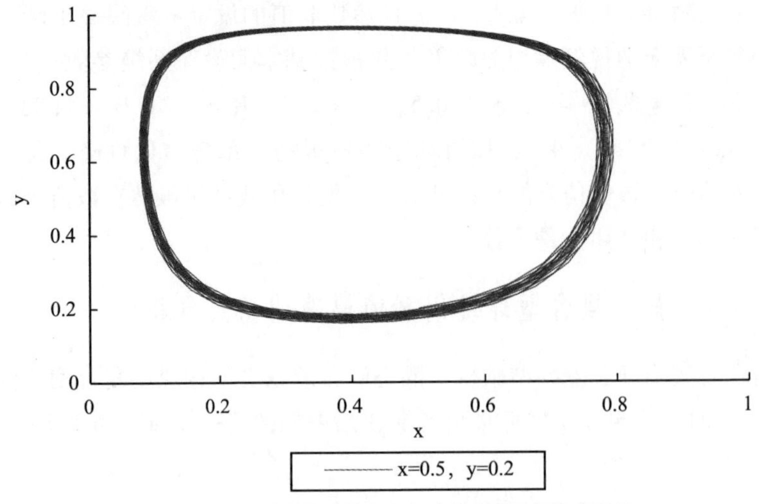

（b）政府与建筑业主行为策略选择的演化路径

图 7 - 1　静态差异型碳税和静态碳交易（情形 1）构成的复合型政策的影响效果

利用 Matlab2019a 软件对上述具有初始参数值的模型进行求解，分析静态差异型碳税和静态碳交易复合型环境规制（情形 1）模型的复制动态方程组，如图 7 - 1（a）、图 7 - 1（b）所示。当政府实行环境规制措施的初始概率 $x_0 = 0.5$，建筑业主采用绿色建筑技术的初始概率 $y_0 = 0.2$ 时，政府和建筑业主的演化路径如图 7 - 1（a）所示，随着时间的推移，建筑业主选择采纳绿色建筑技术的概率会在 0.17 ~ 0.96 范围内波动；当建筑业主选择采纳绿色建筑技术的初始概率为 $y_0 = 0.7$ 时，建筑业主选择采纳绿色建筑技术的概率将在 0.5 ~ 0.76 范围内波动。当建筑业主采用绿色建筑技术的初始概率越大，随着博弈演化，y 值的振荡范围越小，即建筑业主采用绿色建筑技术的概率波动范围越小。

从图 7 - 1（b）可见，政府和建筑业主之间的选择策略演化轨迹形成了一种周期运动的闭环路径。这一演化示意图证实了在静态差异型碳税和静态碳交易复合型环境规制下，此系统稳定性分析中（x^*，y^*）为中心点，不具有渐进稳定性，双方博弈过程表现了一种周期行为模式。因此，该系统不存在稳定均衡点。

7.3.2　动态差异型碳税和静态碳交易环境规制的影响的仿真分析

政府实施由动态差异型碳税和静态碳排放权交易构成的复合型政策（情形 2）时，建筑业主博弈策略的演化结果如图 7－2（a）和图 7－2（b）所示。

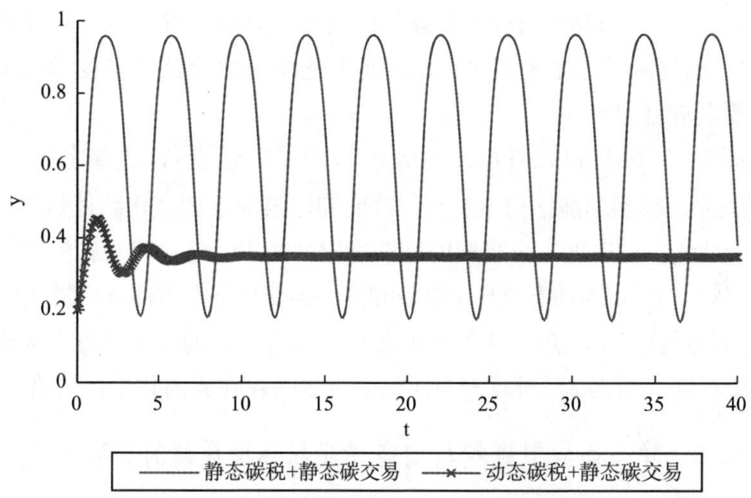

（a）建筑业主行为策略选择的演化路径

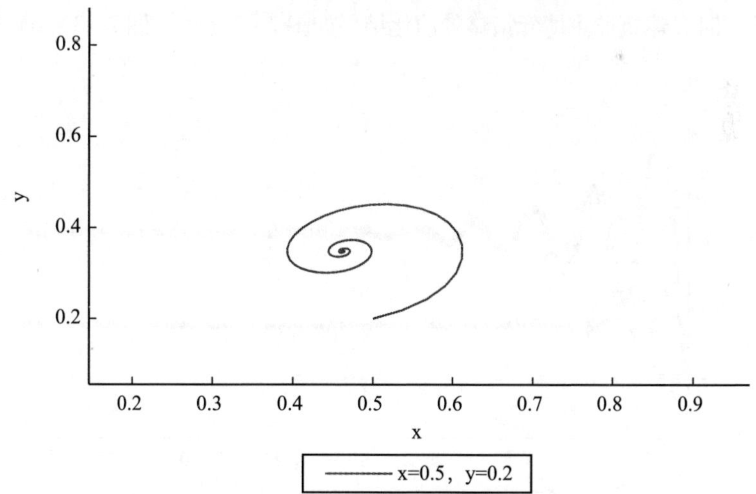

（b）政府与建筑业主行为策略选择的演化路径

图 7－2　动态差异型碳税和静态碳交易构成的复合型政策（情形 2）的影响效果

在动态差异型碳税和静态碳交易的复合型环境规制（情形2）模型的复制动态系统中，假设政府实施环境规制的初始概率为 $x_0=0.5$，建筑业主选择采纳绿色建筑技术的初始概率为 $y_0=0.2$，与静态差异型碳税和静态碳交易复合型环境规制（情形1）的复制动态系统在相同条件 $x_0=0.5$、$y_0=0.2$ 下，政府和建筑业主的演化路径对比如图7－2（a）所示。在情形2中，建筑业主选择采纳绿色建筑技术策略的概率经过短时间的振荡后将处于稳定的概率状态：$y_1^*=0.348$。与静态差异型碳税和静态碳交易的复合型环境规制（情形1）的复制动态系统相比，建筑业主选择采纳绿色建筑技术的可能性更大、更具有稳定性。

从图7－2（b）可以看出，在情形2中，系统具有渐进稳定性，（x_1^*，y_1^*）是此系统模型的演化稳定焦点。政府和建筑业主的进化路径是趋近稳定点的螺旋曲线，呈现出一个周期的逐渐稳定的焦点。这一发现证实了稳定性分析中（x_1^*，y_1^*）为动态差异型碳税和静态碳交易复合型环境规制（情形2）下系统的渐近稳定中心点。这表明了在实行动态差异型碳税与静态碳交易复合型环境规制（情形2）时政府与建筑业主之间存在着演化稳定策略。

7.3.3 静态差异型碳税与动态碳交易环境规制的影响的仿真分析

当政府实施由静态差异型碳税和动态碳排放权交易构成的复合型政策（情形3）时，建筑业主博弈策略的演化结果如图7－3（a）、图7－3（b）所示。

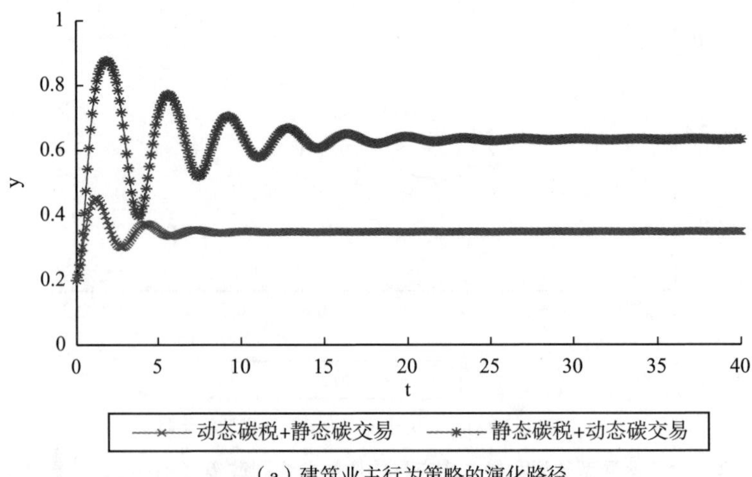

（a）建筑业主行为策略的演化路径

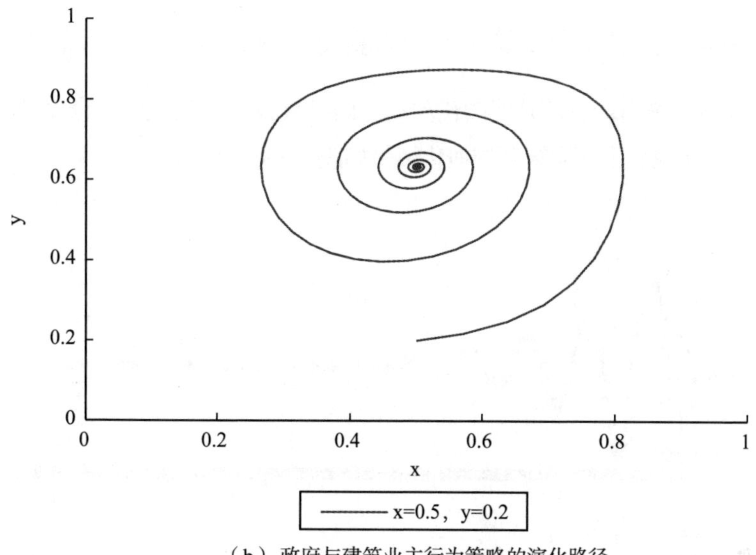

（b）政府与建筑业主行为策略的演化路径

图7-3　静态差异型碳税和动态碳交易构成的复合型政策（情形3）的影响效果

在静态差异型碳税和动态碳交易复合型环境规制（情形3）的复制动态系统中，假设政府实施环境规制措施的初始概率为 $x_0=0.5$，建筑业主选择采纳绿色建筑技术策略的初始概率为 $y_0=0.2$，与动态差异型碳税和静态碳交易的复合型环境规制（情形2）模型在相同条件下 $x_0=0.5$、$y_0=0.2$ 时，政府与建筑业主演化路径对比如图7-3（a）所示。经过短时间的振荡后，在情形3中，建筑业主选择采纳绿色建筑技术策略的概率y将处于稳定状态 $y_2^*=0.633$。与动态差异型碳税和静态碳交易复合型环境规制（情形2）的复制动态系统相比，静态差异型碳税和动态碳交易环境规制系统（情形3）为建筑业主提供了更好的机会选择采纳绿色建筑技术策略。

从图7-3（b）可以看出，在情形3中，系统具有渐进稳定性。政府和建筑业主之间的行为策略演化路径呈现旋式收敛轨迹，表现了系统一个周期的渐进稳定性。该结果验证了（x_2^*，y_2^*）为静态差异型碳税和动态碳交易复合型环境规制（情形3）下复制动态系统的渐近稳定点。这表明了在实施静态差异型碳税与动态碳交易复合型环境规制（情形3）时政府与建筑业主之间存在着演化稳定策略。

7.3.4 动态差异型碳税与动态碳交易环境规制的影响的仿真分析

当政府实施由动态差异型碳税和动态碳排放权交易构成的复合型政策（情形4）时，建筑业主博弈策略的演化结果如图7-4（a）和图7-4（b）所示。

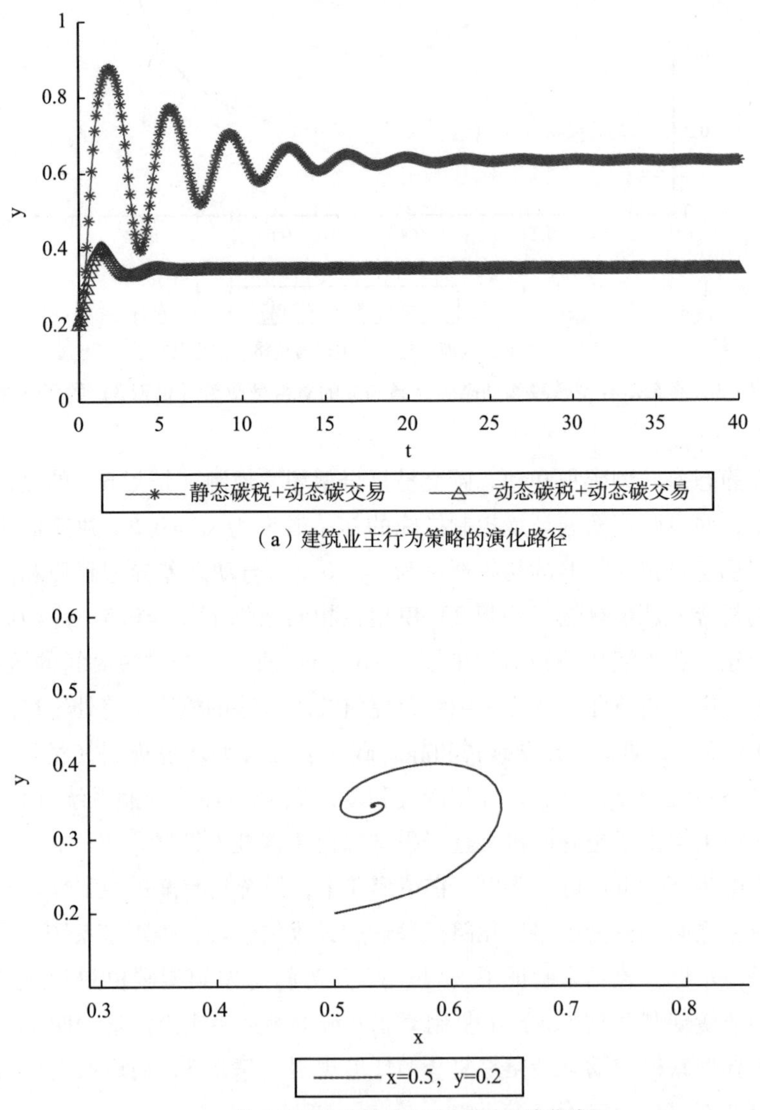

（a）建筑业主行为策略的演化路径

（b）政府与建筑业主行为策略的演化路径

图7-4 动态差异型碳税和动态碳交易构成的复合型政策（情形4）的影响效果

基于动态差异型碳税和动态碳交易复合型环境规制（情形4）模型的复制动态系统中，假设政府实行环境规制的初始概率为 $x_0 = 0.5$，建筑业主选择采纳绿色建筑技术的初始概率为 $y_0 = 0.2$，在相同条件下，静态差异型碳税和动态碳交易复合型环境规制（情形3）下的复制动态系统 $x_0 = 0.5$、$y_0 = 0.2$ 时，政府和建筑业主之间演化路径的对比如图7－4（a）所示。短时间振荡后，在情形4中，建筑业主选择采纳绿色建筑技术策略的概率y将处于稳定的概率状态：$y_3^* = 0.344$。相比于静态差异型碳税和动态碳交易复合型环境规制（情形3）的复制动态系统，动态差异型碳税和动态碳交易复合型环境规制（情形4）系统并不能为建筑业主提供更好地选择采纳绿色建筑技术的机会。

从图7－4（b）可以看出，在情形4中，政府和建筑业主之间的行为策略的演化路径可迅速达到渐进稳定的焦点，此时系统具有渐进稳定性。这一发现验证了前文稳定性分析中（x_3^*，y_3^*）为动态差异型碳税和动态碳交易复合型环境规制（情形4）下复制动态系统的渐近稳定性，表明了在实行动态差异型碳税与动态碳交易复合型环境规制（情形4）时政府与建筑业主之间存在演化稳定策略。

7.4　复合型环境规制对绿色建筑技术采纳影响的对比分析

7.4.1　复合型环境规制下系统演化轨迹的对比分析

从上面的仿真分析可见，不同差异型碳税和碳交易相结合的复合型环境规制（情形1～情形4）下建筑业主选择采纳绿色建筑技术策略的概率不同。将4种复合型环境规制下系统演化轨迹绘制在同一张演化示意图中，如图7－5（a）和图7－5（b）所示。

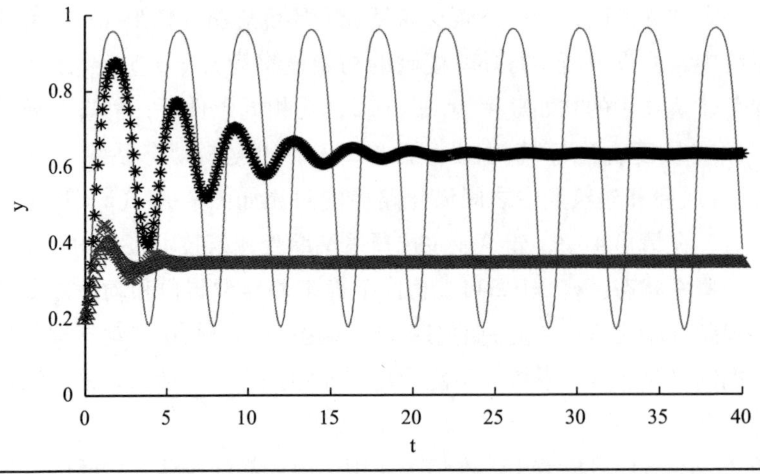

（a）建筑业主行为策略的演化路径

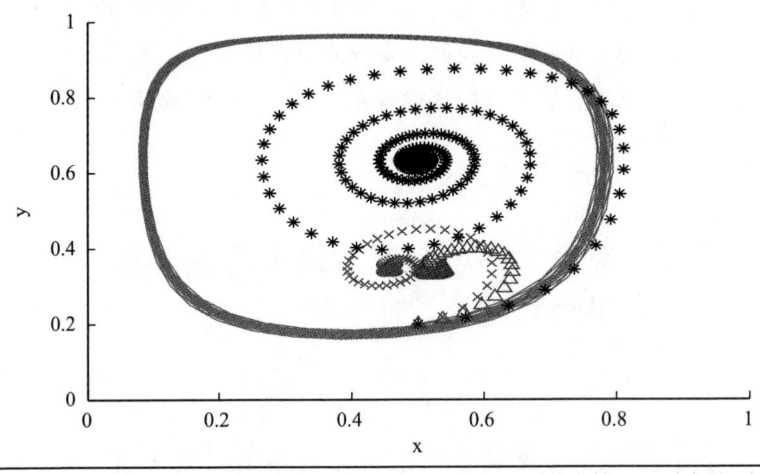

（b）政府与建筑业主行为策略的演化路径

图7－5　四种碳税与碳排放权交易构成的复合型政策（情形1～情形4）的影响效果对比

基于这四个模型的演化结果，静态差异型碳税和静态碳交易复合型环境规制（情形1）下系统无法达到渐进稳定，而是形成一个闭环轨迹，且过程难以控制，此环境规制不存在演化稳定策略。动态差异型碳税和静态碳交易复合型规制（情形2）以及动态差异型碳税和动态碳交易复合型规制（情形4）下建筑业主选择采纳绿色建筑技术的概率随着时间的推移而趋于稳定，两种规制均存在演化稳定策略，分别可以达到34.8%、34.4%的概率。静态差异型碳税和动态碳交易复合型环境规制（情形3），此时建筑业主选择采纳绿色建筑技术策略的概率也会逐渐趋于稳定性，其稳定概率可以达到63.3%，此情形可达到演化稳定均衡点，稳定点概率高于其余两种情形。

综上可知，政府若采用静态差异型碳税和静态碳交易复合型环境规制时，建筑业主选择采纳绿色建筑技术策略的概率存在较大波动，无法趋于稳定。若差异型碳税税额、碳配额交易市场价格可根据建筑业主选择策略行为进行变动，采用动态差异型碳税和静态碳交易复合型环境规制、静态差异型碳税和动态碳交易复合型环境规制、动态差异型碳税和动态碳交易复合型环境规制三种动态复合型环境规制组合时，建筑业主选择采纳绿色建筑技术策略的概率会演化到稳定均衡点，双方博弈系统存在演化稳定策略。这三种动态复合型环境规制的实施结果均优于静态复合型碳减排环境规制，此时系统最终都会随着时间推移而趋于稳定；在动态复合型环境规制中，政府如果实行静态差异型碳税和动态碳交易复合型环境规制可以更好地促进建筑业主选择采纳绿色建筑技术策略，从而激发绿色建筑市场活力、推动绿色建筑的稳定发展，其达到的效果优于其他两种动态复合型环境规制。

7.4.2　参数变化对系统演化轨迹的影响分析

根据上述动态复合型环境规制的分析对比，可知在静态差异型碳税和动态碳交易复合型环境规制（情形3）下，系统存在演化稳定策略，且该复合型环境规制具有最优的影响效果。因此，接下来将利用数值仿真进一步分析在情形3下参数变化对系统演化轨迹的影响。

1. 碳税税率变化的影响分析

在其他参数保持不变的情况下，建筑业主所需缴纳的碳税税率上限值 S_2 由1.2提高到1.8时，建筑业主选择采纳绿色建筑技术的概率均会逐渐趋于稳定，稳定概率随着碳税税率的提高而上升，政府实施环境规制的概率也均会逐渐趋于稳定，但随着碳税税率的提高而降低，如图7－6（a）和图7－6（b）所示。由图7－6可知，系统达到稳定均衡点时，建筑业主需

缴纳的碳税税率 $S_2 = 1.8$ 时，建筑业主选择采纳绿色建筑技术的概率高于建筑业主需缴纳碳税税率 $S_2 = 1.2$ 时建筑业主选择采纳绿色建筑技术的概率，而政府实施环境规制的概率则下降。

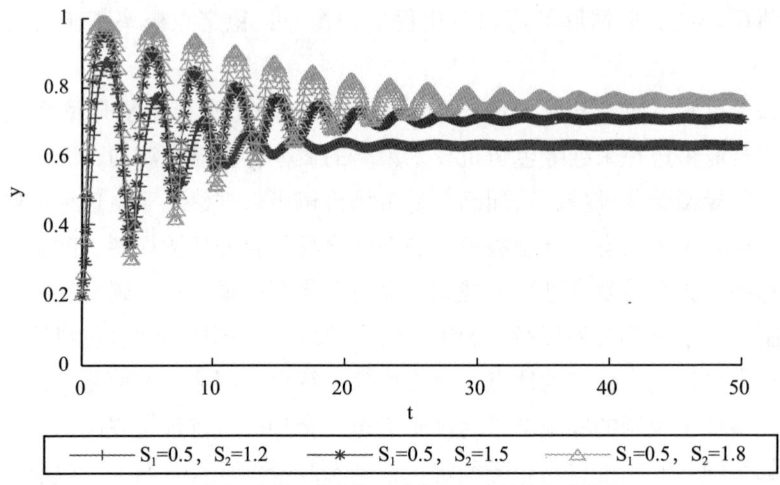

（a）碳税税率变化对建筑业主选择策略的影响

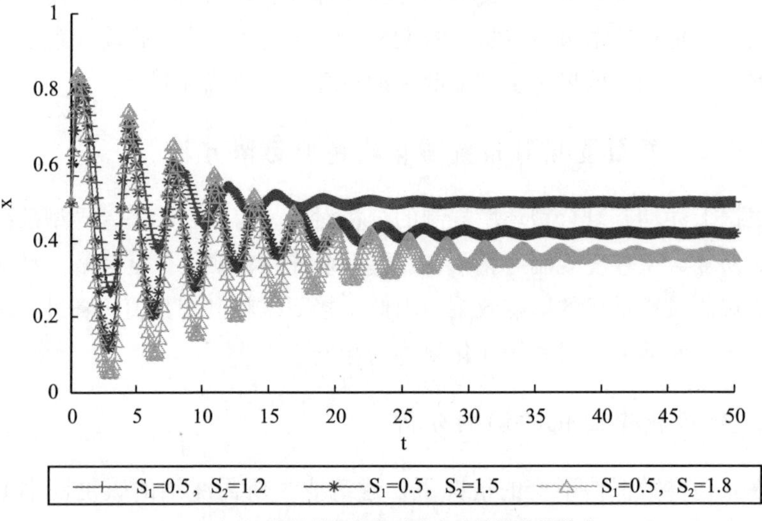

（b）碳税税率变化对政府选择策略的影响

图 7-6　碳税税率变化对建筑业主和政府策略的影响

2. 碳排放权交易价格变化的影响分析

在其他参数保持不变的情况下，碳排放权交易价格上限值 R 由 1.2 提高到 45 时，建筑业主选择采纳绿色建筑技术的概率随之上升，政府实施环境规制的概率随着碳税税额的提高而降低，如图 7－7（a）、图 7－7（b）、图 7－7（c）、图 7－7（d）所示。由图 7－7（c）、图 7－7（d）可知，系统达到稳定均衡点时，碳排放权交易价格 R 由 1.2 上升到 3.2 时，建筑业主选择采纳绿色建筑技术的概率上升，但涨幅很小；当碳排放权交易价格 R 较高且不断增长时，如图 7－7（a）所示，R＝25 和 R＝45 时，建筑业主选择采纳绿色建筑技术的概率明显高于碳排放权交易价格 R＝5 时建筑业主选择采纳绿色建筑技术的概率。如图 7－7（b）可知，当碳排放权交易价格上涨，政府实施环境规制的概率呈现为下降趋势，并且变化幅度大于建筑业主。可见政府选择策略的概率变动对碳排放权交易价格的变化比建筑业主选择采纳绿色建筑技术概率更加敏感。

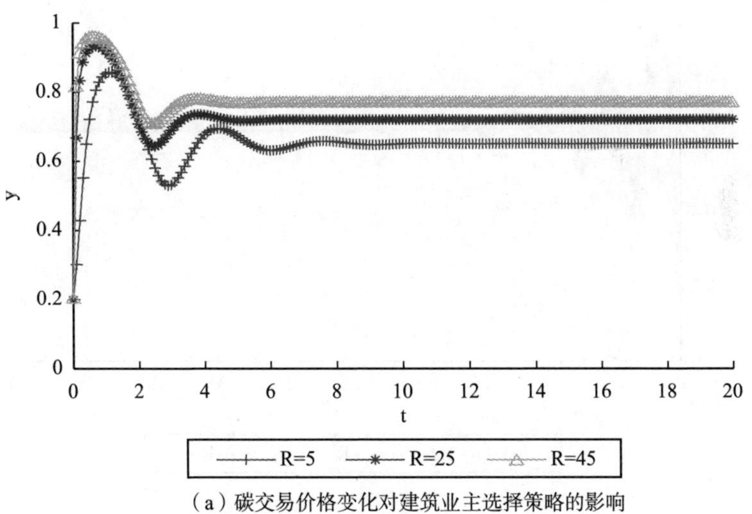

（a）碳交易价格变化对建筑业主选择策略的影响

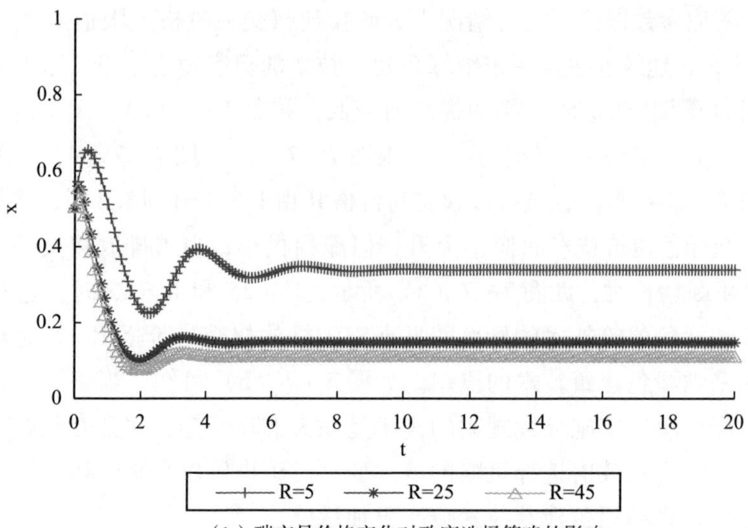

（b）碳交易价格变化对政府选择策略的影响

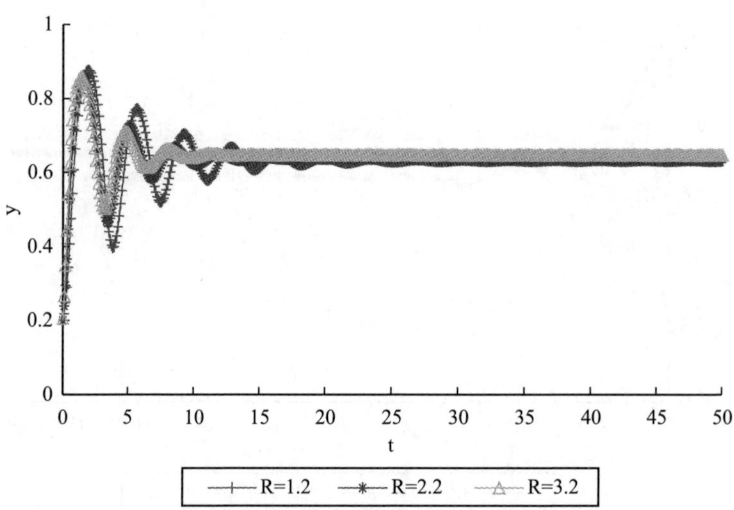

（c）碳交易价格变化对建筑业主选择策略的影响

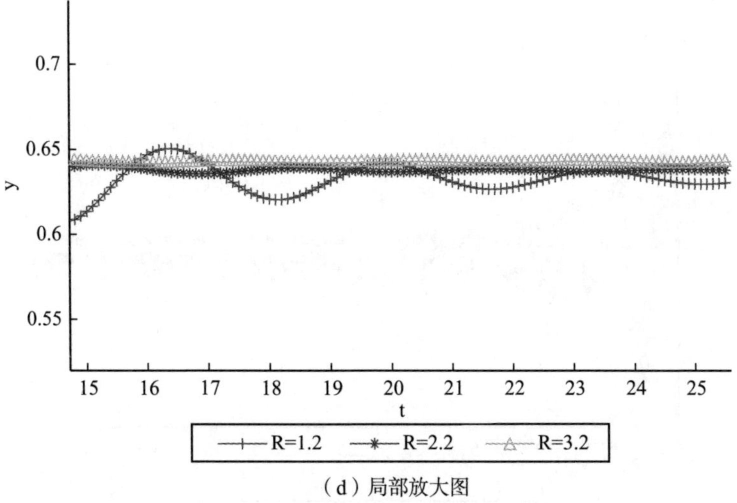

（d）局部放大图

图 7－7　碳交易价格变化对建筑业主和政府策略的影响

3. 罚金变化的影响分析

在其他参数保持不变的情况下，建筑业主选择采纳传统建筑技术时，政府对其开出罚金 F 由 1 提高到 3 时，建筑业主选择采纳绿色建筑技术的概率随之上升，政府实施环境规制的概率随着罚金的提高而降低，如图 7－8（a）、图 7－8（b）所示。由图 7－8 可知，系统达到稳定均衡点时，选择传统建

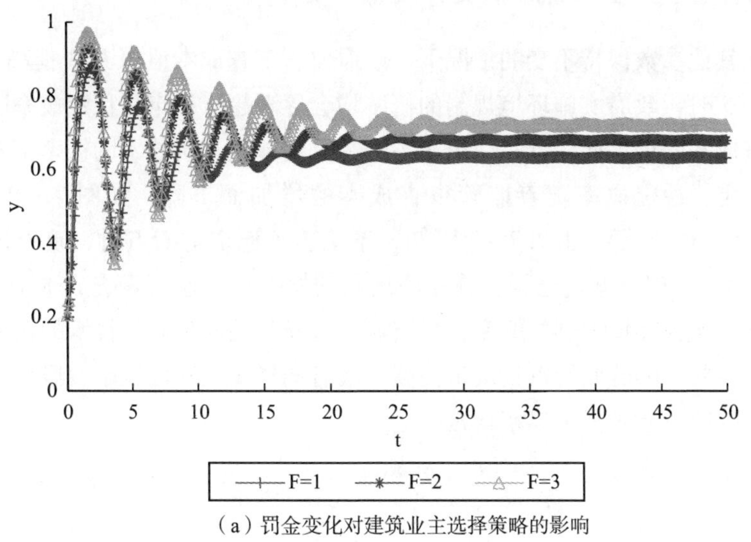

（a）罚金变化对建筑业主选择策略的影响

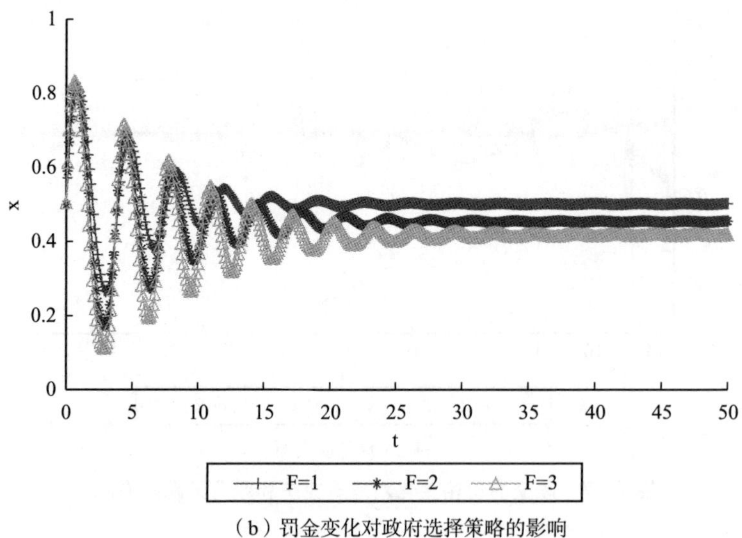

（b）罚金变化对政府选择策略的影响

图7-8　罚金变化对建筑业主和政府策略的影响

筑的建筑业主需缴纳罚金 F 为 3 时，建筑业主选择采纳绿色建筑技术的概率高于罚金 F 为 1 时建筑业主选择采纳绿色建筑技术的概率，而政府实施环境规制的概率随着罚金 F 的提高而降低。

4. 政府监管审查成本变化的影响分析

在其他参数保持不变的情况下，政府监管审查成本值 H 从 3 提高 4，再提高到 5 时，政府实施环境规制的概率均会逐渐趋于稳定，稳定概率随着监管审查成本的增加而降低；建筑业主选择采纳绿色建筑技术的概率都会逐渐趋于稳定，稳定概率随着监管审查成本的增加而下降，如图 7-9（a）、图 7-9（b）所示。由图 7-9 可知，系统达到稳定均衡点时，政府监管审查成本 H=5 时，政府选择实施环境规制的概率低于监管审查成本 H=3 时政府选择实施环境规制的概率，建筑业主选择采纳绿色建筑技术的概率变化趋势也相同。随着监管审查成本提高，政府选择实施环境规制的概率和建筑业主采纳绿色建筑技术概率均减少。

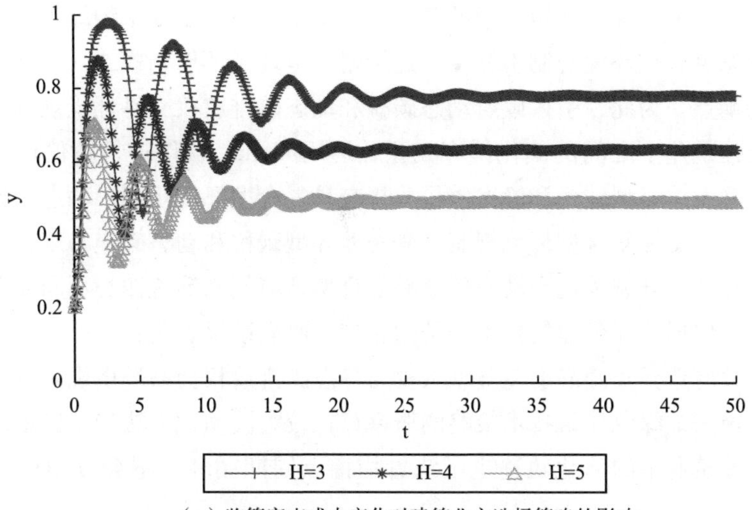

（a）监管审查成本变化对建筑业主选择策略的影响

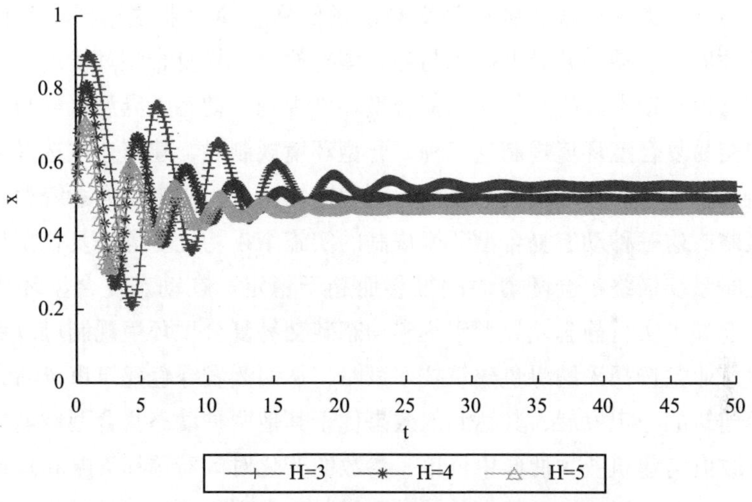

（b）监管审查成本变化对政府选择策略的影响

图 7－9　监管审查成本变化对建筑业主和政府策略的影响

7.5　研究结论

在第 6 章静态环境规制下绿色建筑技术采纳的演化博弈与仿真研究基础上，当政府监管审查成本介于不同建筑业主所需缴纳税收之间、实施复合型环境规制后采纳绿色建筑技术的建筑业主增量收益大于未采纳绿色建筑技术时，静态复合型环境规制不存在稳定策略，呈现循环周期模式，不会自动稳定到均衡点。为此，引入政府动态碳税和动态碳排放权交易环境规制，构建政府与建筑业主之间的演化博弈模型，运用Matlab软件进行数值仿真，对比分析静态差异型碳税和静态碳排放权交易复合型环境规制、动态差异型碳税和静态碳交易复合型环境规制、静态差异型碳税和动态碳交易复合型环境规制、动态差异型碳税和动态碳交易复合型环境规制等这四类不同复合型环境规制的情形对绿色建筑技术采纳的影响。研究结果表明：

当政府选择实施静态差异型碳税与静态碳排放权交易环境规制时，建筑业主选择采纳绿色建筑技术策略的概率存在较大波动，无法趋于稳定，此时政府与建筑业主的演化轨迹也围绕着均衡点周期循环，不会自动稳定到均衡点。

在差异型碳税税额、碳配额交易市场价格与建筑业主选择策略行为有关，即政府实施动态差异型碳税与静态碳排放权交易复合型环境规制、静态差异型碳税与动态碳排放权交易复合型环境规制、动态差异型碳税与动态碳排放权交易复合型环境规制这三种复合型环境规制时，建筑业主选择采纳绿色建筑技术策略的概率最终都会演化到稳定均衡点，双方博弈系统存在演化稳定策略。这三种动态复合型环境规制的实施结果均优于静态复合型环境规制，此时系统最终都会随着时间推移而趋于稳定。在动态复合型环境规制中，政府如果实行静态差异型碳税和动态碳交易复合型环境规制可以更好的促进建筑业主选择采纳绿色建筑技术策略，从而激发绿色建筑市场活力、推动绿色建筑的稳定发展，其达到的效果优于其他两种动态复合型环境规制。

在政府与建筑业主博弈中，单一参数的变化对政府选择策略和建筑业主选择策略会产生影响。在静态差异型碳税与动态碳排放权交易的复合型环境规制（情形3）下，建筑业主采纳绿色建筑技术的概率与碳税税率上限值、碳排放权交易价格及罚金数额正相关，与政府监管审查成本负相关。政府选择实施环境规制概率与碳税税率 S_2、碳排放权交易价格 R、罚金数额 F 以及监管审查成本 H 均呈负相关。表明当建筑业主选择采纳传统建筑技术策略向政府交纳碳税税率 S_2 提高时，与 S_1 之间的差距增大，传统建筑的建筑业主感知碳税压力增大，承担的传统建筑成本就会提高，会转而采纳绿色建筑技术，因此，建筑业主选择采纳绿色建筑技术概率会明显提高，政府选择实施环境规制策略概率就会降低；当碳配额市场交易价格 R 处于较低水平但上升阶段时，选择绿色建筑的建筑业主获得的碳减排收益增加，选择传统建筑的建筑业主会因需支付的碳排放权交易金额提高，从而转向选择采纳绿色建筑技术策略，概率增长幅度较小，然而当碳配额市场交易价格 R 增长至较高程度时，建筑业主选择绿色建筑的概率明显提高，此时建筑业主因绿色建筑收益较高明显转而倾向稳定于采纳绿色建筑技术策略，政府实施环境规制的概率随之提高而下降；当采纳传统建筑技术缴纳的罚金金额 F 越高时，建筑业主会因多支出的这部分成本转而选择采纳绿色建筑技术，政府实施环境规制的概率会随之提高而降低；当政府监管审查成本 H 越高时，政府会因成本较高而放弃监管，选择实施环境规制的概率会越低，则建筑业主选择采纳绿色建筑技术的概率会越低。

综上所述，政府实施差异型碳税和碳排放权交易的复合型环境规制达到的效果最优，尤其是静态差异型碳税和动态碳排放权交易的复合型环境规制系统最能长远稳定有效地推动建筑业主采纳绿色建筑技术。在此系统中，适当提高碳税税额、碳排放权交易价格和罚金数额以及降低政府监管审查成本，能增加建筑业主选择采纳绿色建筑技术的概率；而降低碳税税率、碳排放权交易价格、罚金数额和监管审查成本，会促使政府选择实施环境规制。

第8章

环境规制下绿色建筑技术采纳应用的经济性分析

在前文研究基础上，本章运用工程经济分析理论，以某绿色住宅小区和绿色公共建筑两个工程项目为例，收集实践工程项目数据资料，选取动态增量投资回收期、增量净现值及增量成本效益比三个经济评价指标进行计算分析，对比分析环境规制下绿色建筑经济性。

8.1 工程经济分析理论

8.1.1 工程经济分析原则

工程经济学是将工程技术和经济核算相结合的一门应用科学，主要运用于工程项目活动的经济效果分析评价。工程经济分析评价主要对工程方案盈利性做出评估，即需要确定项目在所处特定环境下的投资收益等基本数据，为决策提供依据。其评价内容包括了财务评价、经济费用效益评价、宏观经济分析等，并应遵循以下原则①。

技术结合经济原则。经济的稳步发展离不开技术的创新，技术的创新促进了经济发展，所以在进行工程项目经济可行性分析的同时一定要考虑技术的可行性，将这两者结合起来进行分析评价。

① 许沛．绿色建筑节能经济性评价及其敏感性分析研究［D］．上海交通大学，2017.

定量分析应结合定性分析原则。这两个分析都是经济性评价的手段，其中定量分析是通过计算项目中不同指标的具体数值来判断项目未来发展状况，比如项目价值、项目风险、财务评价等，而定性分析是以相关政策文件和企业发展为基础，主要是针对一些难以量化的项目指标为对象，预测项目将来的发展情况。因此定量分析与定性分析要相辅相成，以定量分析为主导，加以定性分析，才能得到工程项目的全面评价。

静态分析应结合动态分析原则。在项目经济评价过程中，动态分析考虑了资金时间价值以及项目外部环境变化因素，所以在项目经济指标评价中采用动态分析，得到的分析评价结果会更贴近现实。

系统分析原则。绿色建筑是一个完整的系统，不是孤立的，工程项目都具有一定整体关联性，所以在进行工程经济评价时要充分考虑技术的变革对其的影响，不能将技术和工程分割开，用系统的思维对项目经济进行整体分析评价。

8.1.2　绿色建筑经济评价指标

工程经济分析评价的主要方法为运用计算方案的经济效果指标对其盈利性进行判断。从经济学角度来看，经济学评价指标一般包括两大类：绝对经济效果指标（收益与投入之差）、相对经济效果指标（收益与投入之比）。在工程项目评价中常用的经济指标有：净现值、净年值、外部收益率、内部收益率、动态投资回收期、静态投资回收期、成本效益比等①。

本书从建筑业主角度出发，对绿色建筑的技术增量成本与增量收益的经济效果进行预估，考虑资金时间价值，以使经济指标分析评价结果更贴近实际情况。在评价绿色建筑经济效果可行性时，主要选择净现值、动态投资回收期、成本效益比这三项经济评价指标。

1. 净现值

项目净现值（NPV - Net Present Value）是评价项目方案未来盈利性的重要指标，指将项目方案未来净现值流量按一定的折现率统一折算至项目初

---

① 王恩茂．工程经济学［M］．科学出版社，2010：61 - 95.

期与项目初期投资的代数和。这个指标属于绝对效果指标。该指标利用项目净现金效益量的总现值与净现金投资额算出净现值，根据净现值大小判断工程方案的经济可行性。如果 NPV =0 表示此方案的实施可在寿命周期内恰好回收投资额；如果 NPV >0 表示此方案是可行的，不仅可收回初期投资，且能获得更多超额收益；如果 NPV <0 表示此方案是不可接受的，不能收回初期投资额，也不能达到既定收益率。当然净现值 NPV 越大，表明工程投资方案更好。净现值指标是一种可考察项目盈利能力的简捷计算的科学经济评价指标。NPV 计算公式如下：

$$NPV = \sum_{t=1}^{n} \frac{C_t}{(1+r)^t} - C_0 \tag{8.1}$$

式中：NPV——净现值；

C_t——t 年净现金流量；

C_0——初期投资额；

r——折现率；

t——项目计算周期。

2. 动态投资回收期

项目投资回收期（P_t - Payback Time of Investment）指项目方案未来产生的净现金收益回收初期投资额所需的时间。按照是否需要考虑资金时间价值分为静态投资回收期 P_t 和动态投资回收期 P'_t。本书在进行经济效果评价时考虑了资金时间价值，采用动态投资回收期。动态投资回收期是以现值现金流量计算初始投资回收速度，即工程从初始投资开始到累计折现现金流等于0 时所需全部时间。它与静态投资回收期的经济含义一样，但弥补了静态投资回收期未考虑资金时间价值的缺陷。对于投资者来说，初始投资回收时间是一个很重要的评价指标，为了避免更多的不确定的投资风险出现，投资能够越快收回越好，即动态投资回收期越短，工程方案越好。其计算公式如下：

$$P'_t = \text{累计净现金流量现值出现正值的年份数} - 1 + \frac{\text{上一年累计净现金流量现值的绝对值}}{\text{当年净现金流量现值}} \tag{8.2}$$

3. 增量成本效益比

增量成本效益比是项目初始增加投资额与未来增量收益额的比率，用以评价工程方案收益大小的一种经济性评价指标。若该指标大于 1，表示该项目方案在经济层面上不可行；若该指标小于 1，表示该项目方案将来增量收益值大于项目增量投资额，方案是可以接受的。增量成本效益比是指每多获得一个单位增量效益所投入的增量成本值，一般比值越低，选择此方案的概率越大，投入产出效果越好。其计算公式如下：

$$\text{增量成本效益比} = \frac{\text{总增量成本值}}{\text{总增量收益额}} \tag{8.3}$$

8.2 某绿色住宅小区 S 项目案例分析

8.2.1 工程概况及绿色建筑技术应用概述

S 项目是某市绿色建筑住宅小区，位于夏热冬暖地区，此小区基地南面与东面均为城市道路防护绿地，西、北两侧道路基本平整，结构形式为现浇钢筋混凝土剪力墙结构，剪力墙抗震等级为二级，建筑结构的设计基准期为 50 年，项目总建筑面积为 14 余万平方米，包括 8 栋高层住宅楼（部分高层住宅楼的底层设有公共服务设施）和一栋幼儿园，各楼栋均设有地下室以满足住宅及配套停车需求，所有楼栋均为南北向，且在南侧保证最大楼间距，在朝向上实现各户均好。本项目中建筑屋面设计结合现代当地建筑特色风格，并结合广场节点、多中庭布置，形成多个景观组团，延续、节奏明快的景致，打造令人轻松愉悦的归家体验，同时设计注重以人为本，突出自然与人文相结合的生态健康环境，体现绿色健康社区的特点。本案例住宅建筑倡导“绿色、环保、节能”的生态友好型设计理念，最大限度节约资源、保护环境。根据《绿色建筑评价标准 GB/T 50378－2014》有关规定，该建筑已获得绿色建筑二星级评价标识证书。

通过查阅 S 小区设计文件、绿色建筑申报文件等资料，对本小区优化方案简述如下：

1. 节地与室外环境

在土地利用方面，根据本项目地块土壤氡浓度检测报告，运用环境测氡仪 FD－216 测得项目土壤氡浓度平均值为 5577.2Bq/m^3，小于 20000Bq/m^3，符合《民用建筑工程室内环境污染控制规范》规定，可不采用防氡工程措施。同时充分开发利用地下空间，地下车库地面面积约为 31721m^2，布局合理，能够为小区提供 934 个机动车停车位和 916 个非机动车停车位，并保证每幢楼均可以通过电梯、楼梯到达地下车库。

在公共服务方面，本小区范围 500m 内设有 1 个公交站点，有 4 条以上日常公交路线，项目的主要出入口到此公交站点的步行距离约为 324m，确保日常交通便利。项目场地内设有配套幼儿园、商业服务设施、居家养老服务站和健身活动室，住宅场地 1000m 范围内设置学校、老年专科医院、体育中心、超市、派出所等等公共设施场所。

在室外环境方面，在进行建筑朝向设计时，结合当地典型气象资料建立室外风环境模拟模型，得知本项目离地 1.5m 高度风速分布情况为：冬季主导风向时，最大风速可达 4.7m/s；本小区为第一排建筑，无须考虑建筑迎风面和背风面的风压差情况；过渡季、夏季的主导风向情况时，最大风速达到 4.7m/s，室外人行地段和活动区域风速均小于 5m/s，自然通风情况好，符合行人舒适要求。此外，本项目为非玻璃幕墙建筑，室外景观照明无直射光入射空中，不会造成光污染。项目用地范围内临近交通干线一侧区域的环境噪声较大，但保证夜间昼间最大值均符合 4a 类声功能区的限值要求。

在场地生态设计方面，本项目设置下凹式绿地面积的比例约达到 32%，透水铺装比例略大于 50%，室外停车位采用镂空率较高的植草砖，其余区域采用透水混凝土、透水地砖等材料，这些材料的使用可以减少地表径流，促进雨水下渗，在一定程度上能改善地面排水状态，全小区场地年径流总量控制率超过了 70%，获得了很好的生态效益。此外，小区景观绿化结合当地气候及植物特性大量运用乡土树种，绿地沿着楼间空地延伸连接形成绿岛中心，以求各栋楼可共享绿化景观。

2. 节能与能源利用

本项目结合自然条件及气候特征对建筑体型、朝向、窗墙比进行优化设计，朝向设为南向，体型系数达到 0.43，达到在夏季避免过多日照并在冬季争取较多日照的目的，同时有效利用夏季主导风向，提高自然通风效率，住宅内部窗地比为 27.93% ~38.78%，可开启通风面积均大于 10%，能有效减少空调的使用，经室内通风模拟结果可知住宅楼标准层中每个户型至少有 1 个功能房间由可开启外窗进风时，能够从户内或户外共用空间（走道、楼梯间等）的通风开口或洞口处风，形成房间通风路径，通风路径满足自然通风条件。同时本项目采用了热工性能良好的围护结构，外窗采用铝合金 Low - E 中空玻璃（6 透光单银 Low - E +12 空气 +6 透明玻璃，气密性为 6 级）、屋顶增加挤塑聚苯板保温层、外墙采用加气混凝土砌块 B07 级及无机轻集料保温砂浆等，符合现行国家节能设计标准。此外，本工程配置 I 类高效节能灯具，采用 T8 系列三基色光源的荧光灯，并配置 L 级电子镇流器，该类灯具发热量小、光效性好，且公共走道和梯间内公共照明部分 LED 均采用节能感应自熄开关控制，室内公共场所和路灯设置声光控、时控或人体感应等控制装置。同时采用节能型电梯设备（内设灯具采用 LED 节能灯）并采用电梯群控等节能控制措施。

3. 节水与水资源利用

本项目所在地雨水充沛，可通过回收雨水来达到节约小区自来用水的目的。在雨水收集利用方面，本小区收集屋面及场地雨水，通过雨水管道汇至地下雨水处理机房，经过弃流之后进入蓄水池（设置蓄水池 $100m^3$、清水池），最后进入一体化净水器装置，并在清水池进行消毒后最终用于室外绿化浇洒、道路广场冲洗、地下车库冲洗及洗车，同时绿化灌溉采用节水喷灌系统，每月的雨水收集量能够满足当月以上用途。此外居民生活用卫生器具、水嘴等采用节水型生活用水器具，节水器具的推广使用率达到 100%，符合其产品技术性能中用水效率 2 级的要求，严格按照国家相关标准，例如双档坐便器用水量大档≤4.0L、小档≤3.0L，水嘴用水流量≤0.100L/s；用水采用分别分级水表计量，分别设置消防、住宅、商业、绿化水表，以便有效达到节水效果，并采用全变频供水设备，通过合理分区及设置支管减压阀控制给水入户支管供水压力不大于 0.2MPa，户内每个用水点给水压力不小于 0.08MPa。

4. 节材与材料资源利用

本项目采用简约的设计风格，小区无纯装饰性构件，屋面也未设置单纯追求标志性效果的异型构件。此外，在建设阶段本项目混凝土全部使用预拌混凝土，且采用 HRB400 级钢筋作为主筋的重量为 11577. 077kg，其比例大于 85%，可再循环材料使用重量占所有建筑材料总重量为 35881. 08t，占所有建筑材料总重量比例为 10. 47%。

5. 室内环境质量

室内环境一般考察室内的隔声、日照、采光、通风、温度、空气质量等方面。隔声：本项目隔墙的空气声隔声量大于 42db，楼板的空气声隔声量大于 46db，外窗空气声隔声量达 32db，外墙的空气声隔声量稍大于 42db，分户门的隔声性能达到 30 ~ 40db，楼板的撞击声声压级小于 79db，满足国家标准的规定；日照：运用 SUNLIGHT 日照软件得出的场地日照分析报告，住宅满足大寒日三小时的最低日照时数标准；在采光上各建筑各户型卧室、起居室、厨房等设有直接采光措施，且满足卧室、起居室的窗地比面积达到 1/5；通风：合理设置建筑平面和通风开窗位置，室内主要功能用房气流平均速度在 0 ~ 1. 5m/s 之间，可通过通风口的开启对室内风环境进行调节，符合非空调情况下室内舒适风速要求，能形成良好的穿堂风、自然通风情况良好、换气效果好；温度：在房间自然通风情况下屋顶内表面最高温度 34. 83℃，外墙内表面温度最高 35. 96℃。同时本项目地下车库采用 CO 浓度传感器及 CO 控制器（可自动及手动控制），并联动控制送排风机（当车库 CO 浓度大于 30mg/m^3 时自动启动该防烟分区送排风机，当 CO 浓度低于等于 10mg/m^3 时关闭送、排风机）以达到节能效果。

8. 2. 2 项目绿色建筑技术应用的增量成本效益测算

1. 项目增量成本测算

S 项目充分考虑当地夏热冬暖特点，在项目初步设计阶段就致力于小区朝向设计、整体布局、户型设计等方面，力求在达到绿色建筑二星级标准的同时尽可能降低增量投资，项目最终仅在高性能的围护结构、高效照明系统、雨水回收系统及一些节水器具节能灯具等选用上增加了投资费用。

土壤氡浓度检测：单价为 11 元/点，共 374 点，传统住宅没有应用此项技术，绿色建筑相对于传统住宅增量成本为 374 × 11 = 4114 元。

绿色建筑采用透水地面铺设措施单价为 84 元/m^2，工程量为 6851m^2，与传统建筑采用普通硬质铺装单价约为 68 元/m^2 相比，此项增量成本为 109616 元。

高效照明系统包括住宅照明系统和地下车库照明系统两部分，相对于传统住宅的增量成本为 140284 元；节能型电梯共 16 台，比选用普通电梯增量成本为 400000 元；高效围护结构在屋顶材料、外窗玻璃材质选用相对于基准传统住宅增加成本 709864 元。

本项目设置一套雨水回收系统，传统住宅未采用此技术，其增量成本为 300000 元/套；采用节水喷灌系统取代传统住宅的漫水喷灌系统，增加成本大约 179616 元；住宅内部采用的节水型卫生器具相对传统建筑采用的普通卫生器具增加了成本 168412 元。

本项目在地下车库设置 CO 浓度监测点，基准方案中传统建筑未设置，则这部分技术措施增量成本为 1000 元/个 × 10 个 = 10000 元。

综上所述，本绿色住宅小区相对传统住宅的技术增量成本为 2021906 元。

2. 项目增量效益测算

绿色建筑在进行全寿命周期碳排放效益计算时应包括 5 个阶段：建材生产、建材运输、施工建造、建筑运营与拆除废弃，但因为绿色建筑与传统建筑在建材生产和建材运输阶段中建材数据库不够完善、施工建造阶段数据不易获得、绿色建筑还未到拆除废弃阶段而缺少数据，且运营阶段产生的碳排放量约占全寿命周期的 80%，为主要碳排放来源。所以在两个案例分析中只考虑建筑运营阶段的碳排放计算。同时，建筑运营阶段增量效益分为直接经济增量效益和非直接经济增量效益，其中直接经济效益一般包括节约用水带来的水费降低和节约用电的电费减少，此外还包括绿色建筑因采用节能措施而减少碳排放，建筑运营阶段一般包含暖通空调系统、居民用水、照明及电梯系统等部分。因此本节案例中实施不同环境规制时采用绿色建筑技术包含节能节水等方面。

高效照明系统：住宅照明功率密度和地下车库照明功率密度分别按照目

标值 5W/m^2、1.8W/m^2 进行设计，传统住宅分别采取现行值 6W/m^2、2W/m^2，则传统住宅的每年耗电量为 1260432.8kWh，绿色建筑小区照明每年耗电量 1058833.94kWh，每年照明大约能节省电量为 201598.86kWh；节能电梯：传统建筑每部电梯每年大约耗电量 8980kWh，本小区采用节能电梯后每年总共能够节约用电量 79104kWh。若电费为 0.5233 元/kWh，则这两项节约用电费为：

$$(201598.86+79104)\text{kWh/年}\times 0.5233\text{元/kWh}=146891.81\text{元/年}$$

此外，根据《中国电力年鉴》及《2016 年政府间气候变化专门委员会国家温室气体清单指南》（2016 IPCC Guidelines for National Greenhouse Gas Inventories）相关数据得出华东电网 2013～2015 年三年平均每度电的 CO_2 排放因子为 0.8102kgCO_2/kWh，则传统住宅小区在照明系统和电梯用电两项技术措施上每年碳排放量为：

$$(1260432.8+143680)\text{kWh/a}\times 0.8102\text{kgCO}_2\text{/kWh}\div 1000=1137.61\text{t/a}$$

同理可得，绿色建筑每年碳排放量为 909.98t/a，则每年碳减排量为 1137.61t/a－909.98t/a＝227.43t/a。

建筑能耗的主要影响因素有建筑物的体型系数、围护结构热工性能、朝向设计以及周边自然环境、气候环境等。本项目处于夏热冬暖地区无须考虑全年采暖负荷，能源耗用主要考虑夏天的空调负荷，根据设计方案运用计算机软件对建筑物空调系统的能耗进行仿真模拟，传统住宅的全年空调负荷为 1099828kWh/a、碳排放量为 891.08t，小区每年空调负荷减少 188348kWh/a，每年节省电费 98562.51 元，碳减排量为 188348kWh/a×0.8102kgCO_2/kWh÷1000＝152.6t/a。

假设本小区可以容纳住户 3059 人，在节水方面采取雨水收集回收、节水灌溉、节水器具等措施后绿色建筑小区在居民用水、绿化灌溉、道路清洗等每年耗水量为 133984.2m^3，每年总共能节约用水量 30886.7m^3，若自来水水费按 3.2 元/吨计，节水产生的直接经济效益为 30886.7m^3/年×3.2 元/吨＝98837.44 元/年。

根据给排水、雨水回收系统碳排放量计算公式：

$$C_{water}=Q_{supply}\times W_1+Q_{drain}\times(W_2+C_2)$$

其中参数 Q_{supply} 为给水量、Q_{drain} 为排水量（按照给水量的 80% 计算）、W_1 为给水系统动力消耗产生的 CO_2 排放（取 0.3kg/m^3）、W_2 为给水系统

动力消耗产生的 CO_2 排放（取0.25kg/m^3）、C_2 为污水系统碳源转化产生的 CO_2（取0.7kg/m^3）。将上述数据代入上式可得传统住宅碳排放量为174.76t/a，绿色建筑碳排放量为142.02t/a。

根据前文对S小区绿色建筑的简述可知，本案例主要采用围护结构、节能电梯、高效照明系统、节水器具、雨水回收系统等绿色技术，技术增量成本为2021906元，直接经济效益（节电+节水）为344291.76元/年。该项目在采纳绿色技术前运营阶段碳排放量为2203.25吨/年，采用绿色建筑技术后运营阶段碳排放量为1790.48吨/年。

结合上述案例数据，对绿色住宅与传统住宅的经济指标进行分析，经济指标主要包含动态增量投资回收期 P_t'、增量净现值 ΔNPV、增量成本效益比。

8.2.3　未采取环境规制下项目经济性分析

不考虑碳排放政策因素，假设基准收益率 i=8%，建筑运营阶段寿命期为50年（任意环境规制下均采用相同参数设置）。

从表8-1计算可知，当政府不采取任何环境规制的情况下本项目中绿色住宅建筑的动态增量投资回收期 P_{t1}' 为 9-1+43385.56/172231.60=8.25年；10年的增量净现值 ΔNPV_{11} 为288319.73元，并运用增量净现值计算公式可得50年的 ΔNPV_{12} 为2189981.96元；50年全运营阶段采纳绿色建筑技术的增量成本效益比=2021906/(344291.76×(P/A, 8%, 50))=0.48，意味着每获得一个单位增量效益需付出0.48个单位增量成本。

表8-1　未采取环境规制下经济指标计算　　单位：元

计算期（年）	初始增量成本	年净现金流量	年净现金流量现值	累计年净现金流量现值
0	-2021906			-2021906
1		344291.76	318788.67	-1703117.33
2		344291.76	295174.69	-1407942.64
3		344291.76	273309.90	-1134632.74
4		344291.76	253064.72	-881568.02

续表

计算期（年）	初始增量成本	年净现金流量	年净现金流量现值	累计年净现金流量现值
5		344291.76	234319.19	-647248.83
6		344291.76	216962.21	-430286.62
7		344291.76	200890.94	-229395.69
8		344291.76	186010.13	-43385.56
9		344291.76	172231.60	128846.03
10		344291.76	159473.70	288319.73

8.2.4 统一型碳税环境规制项目经济性分析

在政府实行统一型碳税环境规制下，根据其他学者采用 DICE 模型及 CGE 模型研究结论可知，基于宏观就业视角和经济增长视角下 2020 年中国最优碳税税率为 57.61 元/吨[①]。因此，在案例分析中，统一型碳税用绿色建筑税率 S_1 = 57.61 元/吨。

对建筑业主实行统一碳税 $S_1 = S_2$ = 57.61 元/吨的背景下，采纳绿色建筑技术后，年碳排放量有所减少，从而能够节约碳税成本支出：

2203.25 吨/年 ×57.61 元/吨 −1790.48 吨/年 ×57.61 元/吨 = 23779.68 元/年

从表 8－2 计算结果可知，当政府对所有建筑业主实施统一碳税环境规制时，采纳绿色建筑技术的动态增量投资回收期 P'_{t2} 为 8 − 1 + 105589.88/198857.55 = 7.53 年，小于 P'_{t1}，缩短了技术增量成本的回收期将近一年，能更快地回收初始技术增量成本的投入；同时，从表 8－2 可知，统一型碳税环境规制下 10 年的增量净现值 ΔNPV_{21} = 447883.32 元比 ΔNPV_{11} 增长了 55%，根据净现值计算公式，可得 50 年的 ΔNPV_{22} = 2480890.31 元比 ΔNPV_{12} 提高了 13%，且是否采纳绿色建筑技术在增量净现值的差值会随着时间的增加而不断加大。此外，实行统一型碳税，采纳绿色建筑技术的全阶段增量成本效益比 = (2021906 − 23779.68 × (P/A, 8%, 50))/(344291.76 ×

① 姚昕，刘希颖．基于增长视角的中国最优碳税研究［J］．经济研究，2010，45（11）：48－58.

(P/A, 8%, 50)) =0.41，意味着每获得 1 个单位增量效益需付出 0.41 个单位增量成本，小于未采取环境规制下增量成本效益比，且在统一型碳税环境规制下每获得 1 个单位增量效益需付出的增量成本，比未采取任何环境规制下的增量成本减少了将近 15%。

表 8 – 2　　统一碳税环境规制下经济指标计算　　单位：元

计算期（年）	初始增量成本	年净现金流量	年净现金流量现值	累计年净现金流量现值
0	–2021906			–2021906
1		368071.44	340806.89	–1681099.11
2		368071.44	315561.93	–1365537.18
3		368071.44	292186.98	–1073350.20
4		368071.44	270543.50	–802806.71
5		368071.44	250503.24	–552303.47
6		368071.44	231947.44	–320356.03
7		368071.44	214766.15	–105589.88
8		368071.44	198857.55	93267.67
9		368071.44	184127.36	277395.03
10		368071.44	170488.29	447883.32

注：年净现金流量 = 年增量效益 – 年增量成本 = 344291.76 + 23779.68 = 368071.44 元。

因此，从动态增量投资回收期、增量净现值及增量成本效益比三个经济指标对比可知，在政府实施统一型碳税环境规制措施的背景下，建筑业主在经济层面上将逐渐倾向于采纳绿色建筑技术策略。在统一型碳税环境规制下，未采纳绿色建筑技术的建筑业主需为高碳排放量支付比采纳绿色建筑技术的建筑业主更多的碳税成本，换言之，建筑业主因采纳绿色建筑技术而获得直接增量经济收益的同时也节约碳税成本支出，出于自身利益最大化角度，建筑业主的选择将稳定于采纳绿色建筑技术策略。另外，碳税是一种税收，具有强制性、固定性的特征，这个区别于其他分配形式的特点，对建筑业主在进行策略选择初期能够很好进行方案经济指标计算对比，对选择策略带来的效益有明确的数值起到不可忽视的作用，同时建筑业主缴纳的碳税税收，能弥补政府行使履行监督审查及环境治理职责支出的成本，取之于民、用之于民。综上论证分析，碳税可以有效促进建筑业主采纳绿色建筑技术，长远推动绿色建筑的发展，对政府和建筑业主都能带来良好的循环效果。

8.2.5 碳排放权交易环境规制下项目经济性分析

根据碳排放交易网①所提供的 2015 ~ 2019 年中国碳交易市场价格。除了北京市碳交易市场价格较其他省市碳交易价格高之外，其余 7 个省市碳市场交易价格变动较为相近，最高为 50 元/吨，最低为 1.11 元/吨。在两个案例分析中采用此最高价格和最低价格分别计算。

（1）当政府实行碳排放权交易环境规制且碳排放权市场交易价格达到 50 元/吨时，采纳绿色建筑技术后因碳排放量低于政府发放的免费碳配额时，可将其多余碳配额在碳交易市场出售从而获得碳配额收入，同时未采纳绿色建筑技术因碳排放量过高，需从碳交易市场购买碳排放权导致多支付碳交易成本，此时采纳绿色建筑技术的建筑业主将比未采纳绿色建筑技术的建筑业主多获得每年碳排放增量效益：

$$(2203.25 - 1790.48)\text{吨/年} \times 50\text{ 元/吨} = 20638.5\text{ 元/年}$$

从表 8 - 3 可知，政府采取碳排放权市场交易且碳市场交易价格达到 50 元/吨，采纳绿色建筑技术的动态增量投资回收期 P'_{t3} 为 $8 - 1 + 121944.02/197160.46 = 7.62$ 年，小于政府没有采取碳排放环境规制措施下的动态增量投资回收期 8.25 年，在一定程度上加快了初始增量成本回收，但是大于采取统一型碳税下的动态增量投资回收期，可知从动态增量投资回收期的角度来看，采取统一型碳税环境规制比采取碳排放权市场交易环境规制可更快回收增量成本支出；同时，碳排放权交易环境规制下 10 年的 $\Delta NPV_{31} = 426805.75$ 元大于 ΔNPV_{11}，但比实行统一型碳税措施下 ΔNPV_{21} 降低了 5%，且根据净现值计算公式可得 50 年的 $\Delta NPV_{32} = 2442462.73$ 元高于 ΔNPV_{12}，但仍低于 ΔNPV_{22}，换言之从增量净现值 ΔNPV 经济指标而言，采取碳排放权市场交易措施下的增量净现值虽高于未能采取环境规制下的增量净现值，但仍低于统一型碳税措施下的增量净现值，且两者差值将随着时间的增加而

① 碳排放交易网 . http：//www. tanpaifang. com.

增大。此外，在实行碳排放权交易环境规制下，采纳绿色建筑技术的增量成本效益比 = 2021906/(364930.26 × (P/A, 8%, 50)) = 0.45，意味着每获得 1 个单位增量效益需付出 0.45 个单位增量成本，小于未采取环境规制下增量成本效益比，即表示在此环境规制下，每获得 1 个单位增量效益需追加的单位增量成本多于统一型碳税环境规制下追加的单位增量成本。

表 8 - 3　　碳排放权交易环境规制下经济指标计算　　单位：元

计算期（年）	初始增量成本	年净现金流量	年净现金流量现值	累计年净现金流量现值
0	-2021906			-2021906
1		364930.26	337898.39	-1684007.61
2		364930.26	312868.88	-1371138.73
3		364930.26	289693.41	-1081444.63
4		364930.26	268234.64	-813210.69
5		364930.26	248364.70	-564844.59
6		364930.26	229967.97	-334877.32
7		364930.26	212933.30	-121944.02
8		364930.26	197160.46	75216.44
9		364930.26	182555.99	257772.43
10		364930.26	169033.32	426805.75

注：年净现金流量 = 年增量效益 - 年增量成本 = 344291.76 + 20638.5 = 364930.26 元。

（2）当政府实行碳排放权交易环境规制且碳排放权市场交易价格仅为 1.11 元/吨时，建筑业主因采纳绿色建筑技术的碳排放量低于政府发放的免费碳配额，可将其多余碳配额在碳市场出售，从而获得碳排放权收益，同时未采纳绿色建筑技术因碳排放量过高，需从碳交易市场购买碳排放权致使多支付碳交易成本，此时选择采纳绿色建筑技术的建筑业主将比未采纳绿色建筑技术的建筑业主多获得每年碳排放增量效益：

(2203.25 - 1790.48) 吨/年 × 1.11 元/吨 = 458.17 元/年

从表 8 - 4 计算结果可知，当政府实行碳排放权市场交易环境规制且碳排放权市场交易价格仅为1.11元/吨时，绿色建筑技术的动态增量投资回收期P'_{t4}为9－1＋40752.60/172460.80＝8.24年，十分接近P'_{t1}，说明从动态增量投资回收期来看这种情况下，并没有加快初期增量成本的回收，即此时实施碳排放权交易环境规制在采纳绿色建筑技术策略上未起到良好的推动效果。同时，从表8－4可知，碳税环境规制下10年的ΔNPV_{41}＝291394.12元与ΔNPV_{11}两者很接近，并远小于统一型碳税措施下ΔNPV_{21}；根据净现值计算公式可得50年ΔNPV_{42}＝2195587.03元，相对于ΔNPV_{12}增长率接近于0，同时远小于ΔNPV_{22}。换言之，从增量净现值ΔNPV经济指标的角度，采取碳排放权市场交易措施的增量净现值接近于未采取环境规制下的增量净现值，这两者均远低于统一型碳税措施下的增量净现值。此外，在实行碳排放权交易环境规制时，采纳绿色建筑技术的增量成本效益比＝2021906/(344749.93×(P/A，8%，50))＝0.48，意味着每获得1个单位增量效益需付出0.48个单位增量成本，十分接近甚至等于未采取环境规制下增量成本效益比，两者都大于统一型碳税环境规制的增量成本效益比，即表示在此环境规制且碳排放权市场交易价格偏低时，相对于没有实行任何环境规制下达到同样的增量效益而未能达到减少追加增量成本的效果，且每获得1个单位增量效益需追加的增量成本均明显多于统一型碳税环境规制下需追加的增量成本。

表8－4　碳排放权交易环境规制下经济指标计算　单位：元

计算期（年）	初始增量成本	年净现金流量	年净现金流量现值	累计年净现金流量现值
0	－2021906			－2021906
1		344749.93	319212.90	－1702693.10
2		344749.93	295567.50	－1407125.60
3		344749.93	273673.61	－1133451.98
4		344749.93	253401.49	－880050.49
5		344749.93	234631.01	－645419.48
6		344749.93	217250.94	－428168.54
7		344749.93	201158.28	－227010.26

续表

计算期（年）	初始增量成本	年净现金流量	年净现金流量现值	累计年净现金流量现值
8		344749.93	186257.66	-40752.60
9		344749.93	172460.80	131708.20
10		344749.93	159685.92	291394.12

注：年净现金流量 = 年增量效益 - 年增量成本 =344291.76 +458.17 =344749.93 元。

总之，从动态增量投资回收期、增量净现值及增量成本效益比三个经济指标角度而言，此时实行碳排放权交易环境规制在建筑业主是否采纳绿色建筑技术未能起到推动作用，仍会处于政府未实施任何环境规制下建筑业主的不稳定策略状态，甚至保持当前传统建筑的选择策略。

综上分析，从目前已开通碳交易市场的八个试点省市情况来看，目前中国碳交易市场仍处在不成熟阶段，根据多个省市的碳交易价格曲线可知碳交易价格可高于 50 元/吨，而有时甚至低至 1 元/吨。根据动态增量投资回收期、增量净现值及增量成本效益比三个经济指标对比分析，过低的碳排放权市场交易价格对绿色建筑无法起到预期推动作用。所以政府若只单独实行碳排放权交易政策时，虽可能起到一定推动作用，但是无法获得建筑业主长远稳定选择采纳绿色建筑技术策略的显著效果。

另外，政府只实行统一型碳税环境规制下三个经济指标均优于碳排放权交易下经济指标，即在实行统一型碳税下采纳绿色建筑技术的意义更大。而碳交易价格不同于碳税具有固定性稳定性特征，这在一定程度上影响了建筑业主采纳绿色建筑技术的推动效果。从长远角度来看，单独实施碳排放权交易措施因其市场特性，建筑业主的选择无法稳定采纳绿色建筑技术，从而不利于绿色建筑的发展，而政府单独实施统一型碳税环境规制可促使建筑业主长远稳定于绿色建筑策略。因此运用实际案例项目进行上述经济指标分析可知，当政府选择单一环境规制措施工具时，采用统一型碳税环境规制优于实施碳排放权交易环境规制，统一型碳税环境规制是两者中较为有效推动绿色建筑技术采纳的措施。

8.2.6 统一型碳税和碳排放权交易复合型环境规制下项目经济性分析

（1）当政府采取统一型碳税和碳排放权交易复合型环境规制措施且统一碳税税率 =57.61 元/吨、碳排放权市场交易价格 =50 元/吨时，采纳绿色建筑技术不仅能节约碳税成本也能获得出售多余碳排放权收益。绿色建筑在运营阶段的每年碳排放量比传统建筑的年碳排放量有所减少从而能够节约碳税成本支出：

2203.25 吨/年 ×57.61 元/吨 －1790.48 吨/年 ×57.61 元/吨 =23779.68 元/年

采纳绿色建筑技术的建筑业主将比未采纳绿色建筑技术的建筑业主多获得每年碳排放增量效益：

(2203.25 －1790.48)吨/年 ×50 元/吨 =20638.5 元/年

从表 8－5 计算结果可知，当政府实行统一型碳税和碳排放权交易复合型环境规制且碳交易价格为 50 元/吨时，动态增量投资回收期 P'_{t5} 为 7 －1 + 224946.72/226808.52 =6.99 年，小于政府实行统一型碳税或者政府实行碳排放权交易的动态增量投资回收期，说明政府采用此种复合型环境规制措施能够更快地回收初期增量成本投入；根据表 8 － 5 可知 10 年的 ΔNPV_{51} = 586369.34 元，明显大于实行统一型碳税环境规制的 ΔNPV_{21} 及实行碳排放权交易且碳交易价格为 50 元/吨的 ΔNPV_{31}；且根据净现值计算公式可得 50 年的 ΔNPV_{52} =2733371.08 元，远大于只实行统一碳税的 ΔNPV_{22} 及只实行碳排放权交易且碳交易价格为 50 元/吨的 ΔNPV_{32}。此外，在实行复合型环境规制下采纳绿色建筑技术的增量成本效益比 =(2021906 －23779.68 ×(P/A, 8%, 50))/(364930.26 ×(P/A, 8%, 50)) =0.39，意味着每获得 1 个单位增量效益需付出 0.39 个单位增量成本，小于统一型碳税环境规制的增量成本效益比及碳排放权交易环境规制的增量成本效益比，即表示在政府实行统一型碳税环境规制同时加入碳排放权交易模式或者政府实行碳排放权交易环境规制下融入统一型碳税模式，可以达到投入更少的增量成本获得一样增量效益的效果，换言之，此环境规制下每获得 1 个单位增量效益需追加的增量成本均明显少于单一环境规制需追加的增量成本。

表 8－5　　复合型环境规制下经济指标计算表　　单位：元

计算期（年）	初始增量成本	年净现金流量	年净现金流量现值	累计年净现金流量现值
0	－2021906			－2021906
1		388709. 94	359916. 61	－1661989. 39
2		388709. 94	333256. 12	－1328733. 27
3		388709. 94	308570. 48	－1020162. 79
4		388709. 94	285713. 41	－734449. 38
5		388709. 94	264549. 45	－469899. 92
6		388709. 94	244953. 20	－224946. 72
7		388709. 94	226808. 52	1861. 79
8		388709. 94	210007. 89	211869. 68
9		388709. 94	194451. 75	406321. 42
10		388709. 94	180047. 91	586369. 34

注：年净现金流量＝增量效益－增量成本＝344291. 76＋23779. 68＝388709. 94 元。

（2）当政府采取统一型碳税和碳排放权交易复合型环境规制措施且统一碳税税率＝57. 61 元/吨、碳排放权交易价格＝1. 11 元/吨时，采纳绿色建筑技术不仅能节约碳税成本也能获得出售多余碳排放权收益。绿色建筑在运营阶段的每年碳排放量比传统建筑的年碳排放量有所减少，从而节约了碳税成本支出：

2203. 25 吨/年×57. 61 元/吨－1790. 48 吨/年×57. 61 元/吨＝23779. 68 元/年

采纳绿色建筑技术的建筑业主将比未采纳绿色建筑技术的建筑业主多获得每年碳排放增量效益：

（2203. 25－1790. 48）吨/年×1. 11 元/吨＝458. 17 元/年

从上述计算结果可知，当政府实行统一碳税和碳排放权市场交易复合型环境规制且碳交易价格仅为 1. 11 元/吨时，动态增量投资回收期 P'_{t6} 为 8－1＋103204. 45/199105. 08＝7. 52 年，小于政府实行统一型碳税以及政府实行碳排放权交易的动态增量投资回收期，说明政府采用此种复合型环境规制措施能够比单一环境规制下更快地回收初期增量成本投入；根据表 8－6 可知 10

年的 $\Delta NPV_{61}=450957.71$ 元，大于政府实行统一型碳税的 ΔNPV_{21} 及实行碳排放权交易且碳交易价格仅为 1.11 元/吨的 ΔNPV_{41}；且根据净现值计算公式可得 50 年的 $\Delta NPV_{62}=2486494.68$ 元，大于只实行统一碳税下的 ΔNPV_{22} 及远大于只实行碳排放权交易且碳交易价格仅为 1.11 元/吨的 ΔNPV_{42}。此外，在实行复合型环境规制下采纳绿色建筑技术的增量成本效益比 $=(2021906-23779.68\times(P/A, 8\%, 50))/(344749.93\times(P/A, 8\%, 50))=0.4$，意味着每获得 1 个单位增量效益需付出 0.4 个单位增量成本，小于实施统一型碳税时的增量成本效益比，且明显小于实施碳排放权交易时的增量成本效益比，而实行碳排放权交易（且碳交易价格偏低时）融入统一型碳税模式，可以达到投入更少的增量成本获得一样增量效益的显著效果，换言之，此环境规制下每获得 1 个单位增量效益需追加的增量成本少于单一环境规制下需追加的增量成本。

表 8-6　复合型环境规制下经济指标计算　单位：元

计算期（年）	初始增量成本	年净现金流量	年净现金流量现值	累计年净现金流量现值
0	-2021906			-2021906
1		368529.61	341231.12	-1680674.88
2		368529.61	315954.74	-1364720.13
3		368529.61	292550.69	-1072169.44
4		368529.61	270880.27	-801289.17
5		368529.61	250815.06	-550474.11
6		368529.61	232236.17	-318237.94
7		368529.61	215033.49	-103204.45
8		368529.61	199105.08	95900.63
9		368529.61	184356.56	280257.19
10		368529.61	170700.52	450957.71

注：年净现金流量 = 增量效益 - 增量成本 = 344291.76 + 24237.85 = 368529.61 元。

总之，从动态增量投资回收期 P_t'、增量净现值 ΔNPV 及增量成本效益比三个经济指标角度考虑，当统一碳税税率为 57.61 元/吨时加入碳排放权交易环境规制，随着碳排放权市场交易价格的上升，采纳绿色建筑技术的动态增量投资回收期会逐渐缩短、ΔNPV 不断增大且增量成本效益比减小，说明政府选择实行统一型碳税和碳排放权交易相结合的复合型环境规制措施时，碳排放权交易价格的增长能推动建筑业主更加倾向于选择绿色建筑策略；当在波动性大的碳排放权交易价格中融入统一碳税税率环境规制时，例如碳交易价格低至 1.11 元/吨，能够明显缩短动态增量投资回收期、增大 ΔNPV 且降低增量成本效益比，促使建筑业主从不稳定的策略选择概率转向明确采纳绿色建筑技术，表明政府选择实行统一碳税与碳排放权交易相结合的复合型环境规制措施时，统一型碳税政策能够在促进建筑业主采纳绿色建筑技术上发挥明显的推动力。

由此可见，碳税的稳定性和碳交易的市场性相结合为采纳绿色建筑技术的建筑业主不仅节约了运营阶段的税收投入，也在效益上为其带来碳排放权交易的增量收益。因此根据上述住宅项目数据经济指标分析，政府实施统一碳税与碳排放权交易相结合的复合型环境规制措施在经济上优于政府实施单一碳排放政策，能够为绿色建筑的发展带来良好的推动效果。

8.2.7　差异型碳税环境规制下项目经济性分析

在政府对不同建筑业主实行差异型碳税环境规制下，根据其他学者研究结论可知，基于宏观就业视角和经济增长视角下 2020 年中国最优碳税税率为 57.61 元/吨，考虑环境治理成本的碳税设计下 2020 年中国最优碳税税率为 67.76 元/吨，传统建筑会对环境造成一定的破坏而需支付一定的环境治理成本，因此本书案例在差异型碳税环境规制经济分析时，对采纳绿色建筑技术的建筑业主实行碳税税率 S_1 为 57.61 元/吨，传统建筑的建筑业主套用此最优碳税税率 S_2 为 67.76 元/吨。

在实行差异型碳税 S_1 = 57.61 元/吨、S_2 = 67.76 元/吨的背景下，绿色建筑在运营阶段的每年碳排放量比传统建筑的年碳排放量有所减少从而节约了碳税成本支出：

2203.25 吨/年 × 67.76 元/吨 − 1790.48 吨/年 × 57.61 元/吨 = 46142.67 元/年

从表 8 − 7 计算结果可知，当政府对不同建筑业主实行差异型碳税这一种环境规制措施且 S_1 = 57.61 元/吨、S_2 = 67.76 元/吨时，动态增量投资回收期 P'_{t7} 为 7 − 1 + 216974.63/227814.74 = 6.95 年，比政府单独采取统一碳税下缩短了动态增量投资回收期将近0.6年，与未采取任何环境规制的动态增量投资回收期相比大大缩短1.3年，表明政府采取差异型碳税环境规制措施比政府实行统一型碳税下采纳绿色建筑技术的建筑业主能以更快的速度回收初期技术增量成本，即基于动态增量投资回收期经济指标角度，政府对建筑业主实施差异型碳税比统一型碳税在绿色建筑的长远发展上更具有推动力。从表8-7上可知10年的$\Delta NPV_{71}=597940.79$元，大约是实行统一型碳税下$\Delta NPV_{21}$的1.34倍，比未采取任何环境规制的$\Delta NPV_{11}$增长了107%，根据净现值计算公式可得50年的$\Delta NPV_{72}=2754467.57$元，也明显大于$\Delta NPV_{22}$和$\Delta NPV_{12}$，换言之，从增量净现值ΔNPV方面来看，采取差异型碳税环境规制优于采取统一型碳税。此外，在实行差异碳税环境规制下采纳绿色建筑技术的增量成本效益比=(2021906-46142.67×(P/A，8%，50))/(344291.760×(P/A，8%，50))=0.35，表示每获得1个单位增量效益需追加付出0.35个单位增量成本，小于实行统一型碳税环境规制的增量成本效益比，即在此环境规制下每获得1个单位增量效益需付出的增量成本更少，从在同等增量效益的前提下追加的增量成本角度来看，对不同建筑业主实行差异型碳税税率措施能起到减少全周期增量成本投入而体现出采纳绿色建筑技术的优势。

表8-7　　差异型碳税下经济指标计算　　单位：元

计算期（年）	初始增量成本	年净现金流量	年净现金流量现值	累计年净现金流量现值
0	-2021906			-2021906
1		390434.43	361513.36	-1660392.64
2		390434.43	334734.59	-1325658.05
3		390434.43	309939.44	-1015718.61
4		390434.43	286980.96	-728737.65
5		390434.43	265723.11	-463014.54
6		390434.43	246039.92	-216974.63
7		390434.43	227814.74	10840.11
8		390434.43	210939.57	221779.68

续表

计算期（年）	初始增量成本	年净现金流量	年净现金流量现值	累计年净现金流量现值
9		390434. 43	195314. 42	417094. 10
10		390434. 43	180846. 68	597940. 79

注：年净现金流量 = 增量效益 - 增量成本 = 344291. 76 + 46142. 67 = 390434. 43 元。

因此，根据动态增量投资回收期、ΔNPV 与增量成本效益比三个经济指标对比分析，政府对采用绿色建筑技术的建筑业主和采用传统建筑技术的建筑业主采取差异型碳税可以显著促进建筑业主倾向绿色建筑策略。$S_1 < S_2$，即对采用绿色建筑技术的建筑业主征收的碳税税率低于采用传统建筑技术的碳税税率，政府对选择绿色建筑的建筑业主提供减税激励，能够激发建筑业主采纳绿色建筑的积极性，最终稳定在绿色建筑技术策略上，同时在经济指标对比上，采取差异型碳税环境规制均优于实行统一型碳税环境规制，更易促进建筑业主选择绿色建筑技术策略，为绿色建筑的长远发展带来良好稳定的效果。

8. 2. 8　差异型碳税和碳排放权交易复合型环境规制下项目经济性分析

（1）当政府采取差异型碳税和碳排放权交易复合型环境规制措施且对选择传统建筑实行碳税税率 S_2 为 67. 76 元/吨、对采纳绿色建筑技术的建筑业主的碳税税率 S_1 为 57. 61 元/吨、碳排放权市场交易价格为 50 元/吨时，采纳绿色建筑技术在运营阶段的每年碳排放量有所减少从而节约了碳税成本支出：

2203. 25 吨/年 ×67. 76 元/吨 －1790. 48 吨/年 ×57. 61 元/吨 =46142. 67 元/年

采纳绿色建筑技术的建筑业主将比未采纳绿色建筑技术的建筑业主多获得每年碳排放增量效益：

（2203. 25 －1790. 48）吨/年 ×50 元/吨 =20638. 5 元/年

从表 8 －8 计算结果可知，当政府对不同建筑业主实行差异型碳税与碳排放权交易相结合这一种复合型环境规制措施且 S_1 =57. 61 元/吨、S_2 = 67. 76 元/吨、碳排放权市场交易价格为 50 元/吨时，采纳绿色建筑技术的动态增量投资回收期 P'_{t8} 为 7 - 1 + 121564.62/239857.10 = 6.51 年，比 P'_{t1} 缩短了将近 2 年，相对 P'_{t7}、P'_{t5} 这两个环境规制下的动态增量投资回收期分别减少了 0.45 年、0.48 年，说明政府采取差异型碳税与碳排放权交易相结合的环境规制措施相比单独实行差异型碳税环境规制、统一碳税和碳排放权交易相结合的复合型环境规制，采纳绿色建筑技术的建筑业主能更快地回收初期技术增量成本。即基于动态增量投资回收期经济指标角度，政府若选择复合型环境规制措施时，实施差异型碳税和碳排放权交易环境规制比统一型碳税和碳排放权交易更能从经济层面推动建筑业主采纳绿色建筑技术。

表 8-8　　复合型环境规制下经济指标计算　　单位：元

计算期（年）	初始增量成本	年净现金流量	年净现金流量现值	累计年净现金流量现值
0	-2021906			-2021906
1		411072.93	380623.08	-1641282.92
2		411072.93	352428.78	-1288854.14
3		411072.93	326322.94	-962531.20
4		411072.93	302150.87	-660380.32
5		411072.93	279769.33	-380611.00
6		411072.93	259044.97	-121564.62
7		411072.93	239857.10	118291.78
8		411072.93	222089.91	340381.69
9		411072.93	205638.81	546020.50
10		411072.93	190406.30	736426.80

注：年净现金流量 = 增量效益 - 增量成本 = 344291.76 + 66781.17 = 411072.93 元。

再者，从表 8-8 可知 10 年的 ΔNPV_{81} = 736426.80 元，比统一碳税和碳排放权交易复合型环境规制下 ΔNPV_{51} 及差异碳税环境规制下的 ΔNPV_{71} 均增长了大约 23% 以上；根据净现值计算公式可得 50 年的 ΔNPV_{82} = 3006948.34 元，也明显大于 ΔNPV_{52} 和 ΔNPV_{72} 这两个环境规制下的增量净现值，换言之，从增量净现值 ΔNPV 方面来看，采取差异碳税和碳排放权交易环境规制优于采取统一碳税和碳排放权交易环境规制以及差异型碳税环境规制。

此外，在实行复合型环境规制时，采纳绿色建筑技术的增量成本效益比 = (2021906 - 46142.67 × (P/A, 8%, 50))/(364930.26 × (P/A, 8%, 50)) = 0.32，表示每获得 1 个单位增量效益只需付出 0.32 个单位增量成本，比未采取环境规制下的增量成本效益比减少了 34%，明显小于统一碳税和碳排放权交易复合型措施下的增量成本效益比，且低于差异型碳税下的增量成本效益比，即只实行碳排放权交易环境规制下融入差异型碳税模式比加入统一碳税环境规制可以达到投入更少的增量成本而收获同样增量效益的显著效果，换言之，此环境规制下每获得 1 个单位增量效益需追加的增量成本明显低于统一碳税和碳排放权交易复合型环境规制下需追加的增量成本。

（2）当政府采取差异型碳税和碳排放权交易复合型环境规制措施，且对选择传统建筑实行碳税税率 S_2 为 67.76 元/吨、对选择采纳绿色建筑技术策略的建筑业主的碳税税率 S_1 为 57.61 元/吨、碳排放权市场交易价格 R = 1.11 元/吨时，绿色建筑在运营阶段的每年碳排放量低于普通建筑的年碳排放量从而节约了碳税成本支出：

2203.25 吨/年 ×67.76 元/吨 - 1790.48 吨/年 ×57.61 元/吨 = 46142.67 元/年

采纳绿色建筑技术的建筑业主将比未采纳绿色建筑技术的建筑业主多获得每年碳排放增量效益：

(2203.25 - 1790.48) 吨/年 ×1.11 元/吨 = 458.17 元/年

从表 8 - 9 计算结果可知，当政府对不同建筑业主实行差异型碳税与碳排放权市场交易相结合这一种复合型环境规制措施，且 S_1 = 57.61 元/吨、S_2 = 67.76 元/吨、碳排放权市场交易价格为 1.11 元/吨时，采纳绿色建筑技术的动态增量投资回收期 P'_{t9} 为 7 - 1 + 214856.54/228082.08 = 6.94 年，少于政府只采取差异型碳税环境规制及实行统一碳税和碳排放权交易复合型环境规制时，采纳绿色建筑技术的动态增量投资回收期；从表 8 - 9 可知 10 年的增量净现值 ΔNPV_{91} = 601014.48 元，略大于差异型碳税环境规制下 ΔNPV_{71}，比 ΔNPV_{61} 增长了约 33%，同时根据净现值计算公式可得 50 年的 ΔNPV_{92} = 2760072.64 元，也明显大于政府实行统一碳税与碳排放权交易相结合的复合型环境规制下 ΔNPV_{62} 及差异碳税环境规制下 ΔNPV_{72}。此外，在实行复合型环境规制下采纳绿色建筑技术的增量成本效益比 = (2021906 - 46142.67 × (P/A, 8%, 50))/(344749.93 × (P/A, 8%, 50)) = 0.34，表示每获得 1 个单位增量效益只需付出 0.34 个单位增量成本，明显小于政府未采取环境规制下、统一碳税和碳排放权交易复合型措施下及差异型碳税环境规制下这三种情况的增量成本效益比，即实行碳排放权交易环境规制（且碳价格偏低）下融入差异型碳税模式，比加入统一碳税环境规制能够起到投入更少的增量成本而收获同样增量效益的更好效果，此环境规制下每获得 1 个单位增量效益需追加的增量成本明显低于统一碳税和碳排放权交易复合型环境规制下需追加的增量成本，增量成本越小说明该方案选择的意义更大。

表 8 - 9　　复合型环境规制下经济指标计算　　单位：元

计算期（年）	初始增量成本	年净现金流量	年净现金流量现值	累计年净现金流量现值
0	-2021906			-2021906
1		390892.60	361937.59	-1659968.41
2		390892.60	335127.40	-1324841.00
3		390892.60	310303.15	-1014537.85
4		390892.60	287317.73	-727220.12
5		390892.60	266034.94	-461184.48
6		390892.60	246328.65	-214856.54
7		390892.60	228082.08	13224.84
8		390892.60	211187.11	224412.65
9		390892.60	195543.62	419956.27
10		390892.60	181058.91	601014.48

注：年净现金流量 = 增量效益 - 增量成本 = 344291.76 + 46600.84 = 390892.60 元。

总之，从动态增量投资回收期、增量净现值 ΔNPV 及增量成本效益比三个经济指标来看，此种情况下动态增量投资回收期的缩短、增量净现值 ΔNPV 的增大及增量成本效益比降低，均能说明政府实行差异型碳税和碳排放权交易的复合型环境规制在经济对比上优于政府实行统一碳税和碳排放权交易环境规制、政府只实行差异型碳税环境规制这两类环境规制措施，建筑业主在进行前期经济方案对比上更易倾向于选择采纳绿色建筑技术策略。

依照表 8－8 和表 8－9 分析结果，当对不同建筑业主实施差异型碳税税率分别为 57.61 元/吨、67.76 元/吨下加入碳排放权交易环境规制时，随着碳排放权市场交易价格的提高，采纳绿色建筑技术的动态增量投资回收期逐渐缩短、增量成本效益比降低且 ΔNPV 不断增长，说明政府选择实行差异型碳税和碳排放权交易相结合的复合型环境规制措施时，碳排放权交易价格的提高会在经济层面上推动建筑业主更倾向采纳绿色建筑技术；当在较不稳定的碳排放权市场交易价格（尤其在碳排放权市场交易价格处在较低的状态下）加入差异型碳税环境规制时，此时碳税能起到明确并稳定于选择绿色建筑的建筑业主收益的效果，且差异型碳税比统一碳税较为拉大不同选择策略的建筑业主在运营阶段中的税收投入成本，对未采纳绿色建筑技术的建筑业主实行更高的碳税税率，在一定程度上也是为选择绿色建筑的建筑业主进行“减税”激励，从经济指标对比上来看，此种环境规制能明显缩短动态增量投资回收期、降低增量成本效益比、增大 ΔNPV 值，基于经济层面更易促使建筑业主从不稳定的选择策略转向甚至稳定于明确选择绿色建筑技术策略，因此政府选择实行碳税与碳排放权交易相结合的复合型环境措施下，差异型碳税环境规制比统一型碳税环境规制更能够促进建筑业主倾向选择绿色建筑技术策略。

8.3　某绿色公共建筑 Z 项目案例分析

8.3.1　工程概况及绿色建筑技术应用概述

Z 项目为某地中学的新建项目，位于夏热冬暖地区，依据绿色、智慧、可持续校园理念，突出浓厚文化底蕴原则和本地特色进行设计。总建筑面积为 15 余万 m^2，绿地率略大于 30%，包含行政楼、教学楼、体育馆、图书馆等多栋绿色建筑。本书选取申报三星级绿色建筑标识的行政楼进行分析，建筑面积为 9778m^2，该建筑空间布置合理，包含报告厅、展厅、行政办公用房、网络机房等部分，地下空间重点用于车库及设备用房等功能。

通过查阅 Z 项目相关资料，优化方案简述如下：

1. 节地与室外环境

在土地利用方面，根据土壤氡浓度检测报告，运用环境测氡仪 FD-216 测得项目土壤氡浓度平均值为 8585.4Bq/m^3，小于 20000Bq/m^3，符合《民用建筑工程室内环境污染控制规范》规定，可不采用防氡工程措施。同时充分开发利用地下空间，地下车库地面面积约为 1681m^2，布局合理。

在公共服务方面，学校范围 500m 内设有多个公交站点，有 8 条以上日常公交路线，确保日常交通便利。

在室外环境方面，在进行建筑朝向设计时，结合当地典型气象资料建立室外风环境模拟模型，得知本项目离地 1.5m 高度风速分布情况为：冬季主导风向时，最大风速可达 3.7m/s；夏季主导风向时，不存在涡旋或无风区，自然通风情况良好，符合入口处行人的舒适要求。此外，本项目昼间、夜间噪声最大值均满足相关标准 2 类要求。

在场地生态设计方面，本项目透水铺装比例约为 52%，采用镂空率较高的植草砖、透水地砖等材料，这些材料的使用可以减少地表径流，促进雨水下渗，在一定程度上能改善地面排水状态，其场地年径流总量控制率满足 70% 要求，获得了很好的生态效益。

2. 节能与能源利用

本项目结合自然条件及气候特征对建筑体型、朝向、窗墙比进行优化设计，朝向设为东向，体型系数达到 0.23，同时有效利用夏季主导风向，提高自然通风效率，办公用房内部窗地比为 0.32～0.5，通风路径满足自然通风条件。同时本项目采用了热工性能良好的围护结构，外窗采用断热铝合金中空玻璃（6 高透光单银 Low-E+12 空气+6 透明玻璃，气密性为 6 级）、屋顶增加挤塑聚苯板保温层、外墙采用加气混凝土砌块等，符合现行国家节能设计标准。此外，本工程配置高效节能灯具，采用三基色荧光灯、金属卤化物灯等，并配置高效低损耗电子镇流器。同时采用节能型电梯设备（内设灯具采用 LED 节能灯）进行电梯群控等节能控制措施。本项目还设置变冷煤流量空调、全空气、分体空调等三种空调系统，独立控制各房间温度，同时在行政办公等用房设置全热回收新风系统，从室外引进新风与室内回风进行热交换，降低能耗，也保证办公环境的舒适度。

3. 节水与水资源利用

本项目所在地雨水充沛，可通过回收雨水来达到节约校园自来用水的目的。在雨水收集利用方面，收集屋面及场地雨水，通过雨水管道汇至地下雨水处理机房，经过弃流之后进入蓄水池（设置多个收集水池），进行相应过滤和消毒后最终可用于室外绿化浇洒、道路冲洗、地下车库冲洗及洗车；同时绿化灌溉采用节水喷灌系统，每月的雨水收集量能够满足当月以上用途。此外卫生器具、水嘴、高压水枪等采用节水型器具，节水器具的推广使用率达到100%，符合其产品技术性能中用水效率 1 级的要求，严格按照国家相关标准。

4. 节材与材料资源利用

本项目未设置纯装饰性构件。在建设阶段本项目混凝土全部使用预拌混凝土，且采用 HRB400 级钢筋作为主筋的重量为 596. 5t，其比例大于 90%，可再循环材料使用重量占所有建筑材料总重量为 1293. 14t，占所有建筑材料总重量比例为 10. 19%。

5. 室内环境质量

室内环境一般考察室内的隔声、日照、采光、通风、温度、空气质量等方面。隔声：本项目隔墙的空气声隔声量约为 48dB，楼板的空气声隔声量达到 47db，楼板的撞击声声压级为 68db，满足国家标准的规定；日照：运用 SUNLIGHT 日照软件得出的场地日照分析报告，南向的普通教室冬至日底层满窗日照 2 小时；通风：合理设置建筑平面和通风开窗位置，主要功能房间均有可开启的外窗，利用楼梯间和电梯间与坡屋顶形成烟囱效应。同时地下车库采用 CO 浓度检测装置，当 CO 浓度超过设定值时气体实时监测控制器自动报警并联动打开该区域的送排风。

8. 3. 2　项目绿色建筑技术应用的增量成本效益测算

1. 项目增量成本测算

Z 项目充分考虑当地夏热冬暖特点，优化朝向设计、整体布局等方面，力求在达到绿色建筑星级标准的同时尽可能满足低投资要求，项目主要在围护结构、高效照明系统、空调系统、节能灯具、雨水回收系统及节水器具等选用上增加了投资费用。

高效照明系统包括地上照明系统和地下车库照明系统两部分，相对于一般照明系统的增量成本为 9778 元；节能型电梯共 3 台，比选用普通电梯增量成本为 48000 元；高效围护结构在屋顶材料、外窗玻璃及外墙材质选用相对于基准传统公共建筑增加成本 52628 元；热回收新风机组与空调系统采用更为高效能设备系统，满足低耗能高效率稳定性好要求，增量成本约为 157821 元。

设置雨水回收系统，传统公共建筑未采用此技术，其增量成本为 1120000 元/套；行政楼采用的节水型用水器具增加了成本 6540 元。

在地下车库设置 CO 浓度监测点，基准方案中传统建筑未设置，则这部分技术措施增量成本为 12000 元。

综上所述，行政楼绿色技术的增量成本共为 1406767 元。

2. 项目增量效益测算

高效照明系统：本项目的照明功率密度和地下车库照明功率密度分别按照目标值 $8W/m^2$、$1.8W/m^2$ 进行设计，普通行政楼分别采取现行值 $9W/m^2$、$2W/m^2$，则普通建筑的每年耗电量为 168487.22kWh，绿色办公楼照明每年耗电量 149811.24kWh，每年照明大约能节省电量为 18675.98kWh；节能电梯：行政楼采用节能电梯后每年总共能够节约用电量 29250kWh；围护结构：采用保温断热节能措施后，每年可节约用电量 27965.08kWh；通风与空调系统：在能耗上每年能够达到节耗量为 13689.2kWh。这几项绿色建筑技术带来的节耗量共为 101900.54kWh，节约电费共计 53324.55 元/年。

在节水方面采取雨水收集回收及节水灌溉措施用于绿化灌溉、道路清洗、车库冲洗等方面，在公共场所应用节水器具，行政楼每年耗水量为 $3905m^3$，每年总共能节约用水量 $37514.03m^3$，节水产生的直接经济效益为 120044.9 元/年，碳减排量达到 40.37t/a。

根据前文对 Z 行政楼的简述可知，本案例主要采用围护结构、节能电梯、高效照明系统、空调系统、节水器具、雨水回收系统等绿色技术，技术增量成本为 1406767 元，直接经济效益（节电 + 节水）为 173369.45 元/年。该项目在采纳绿色技术前运营阶段碳排放量为 501.54 吨/年，采用绿色建筑技术后运营阶段碳排放量为 378.59 吨/年。

结合上述案例数据，对绿色行政楼与传统行政楼的经济指标进行分析，经济指标同样包含动态增量投资回收期 P_t'、增量净现值 ΔNPV、增量成本效益比。

8.3.3　未采取环境规制下项目经济性分析

不考虑碳排放政策因素，假设基准收益率 i = 8%，建筑运营阶段寿命期为 50 年（任意环境规制下均采用相同参数设置）。

从表 8 - 10 计算可知，当政府不采取任何环境规制的情况下本项目中绿色行政楼的动态增量投资回收期 P_{t10}' 为 14 - 1 + 36493.71/59025.54 = 13.62 年；15 年的增量净现值 $ΔNPV_{13}$ 为 77185.11 元，并运用增量净现值计算公式可得 50 年的 $ΔNPV_{14}$ 为 714145.5 元；50 年全运营阶段采纳绿色建筑技术的增量成本效益比 = 1406767/(173369.45 × (P/A, 8%, 50)) = 0.66，意味着每获得一个单位增量效益需付出 0.66 个单位增量成本。

表 8 - 10　　未采取环境规制下经济指标计算　　单位：元

计算期（年）	初始增量成本	年净现金流量	年净现金流量现值	累计年净现金流量现值
0	-1406767			-1406767
1		173369.45	160527.27	-1246239.73
2		173369.45	148636.36	-1097603.37
3		173369.45	137626.26	-959977.11
4		173369.45	127431.72	-832545.39
5		173369.45	117992.33	-714553.06
6		173369.45	109252.16	-605300.90
7		173369.45	101159.41	-504141.49
8		173369.45	93666.12	-410475.37
9		173369.45	86727.89	-323747.48
10		173369.45	80303.60	-243443.88
11		173369.45	74355.19	-169088.69
12		173369.45	68847.39	-100241.30

续表

计算期（年）	初始增量成本	年净现金流量	年净现金流量现值	累计年净现金流量现值
13		173369.45	63747.59	-36493.71
14		173369.45	59025.54	22531.83
15		173369.45	54653.28	77185.11

8.3.4 统一型碳税环境规制下项目经济性分析

对建筑业主实行统一型碳税 $S_1 = S_2 = 57.61$ 元/吨的背景下，采纳绿色建筑技术后年碳排放量有所减少从而能够节约碳税成本支出：

501.54 吨/年 ×57.61 元/吨 -378.59 吨/年 ×57.61 元/吨 =7083.15 元/年

从表 8-11 计算结果可知，当政府对所有公共建筑业主实施统一型碳税环境规制时采纳绿色建筑技术的动态增量投资回收期 P'_{t11} 为 13 - 1 + 46862.13/66352.05 =12.71 年，小于 P'_{t10}，缩短了技术增量成本的回收期将近一年，能更快地回收初始技术增量成本的投入；同时，从表 8-11 可知统一型碳税环境规制下 15 年的增量净现值 ΔNPV_{23} =137813.18 元，比 ΔNPV_{13} 增长了 80%，且根据净现值计算公式可得 50 年的 ΔNPV_{24} =800797.1 元比 ΔNPV_{14} 也提高了 12%，且是否采纳绿色建筑技术在增量净现值的差值会随着时间的增加而不断加大。此外，在实行统一型碳税环境规制下采纳绿色建筑技术的增量成本效益比 =（1406767 - 7083.15 ×（P/A，8%，50））/（173369.45 ×（P/A，8%，50））=0.62，意味着每获得 1 个单位增量效益需付出 0.62 个单位增量成本，小于未采取环境规制下增量成本效益比，且在统一型碳税环境规制下每获得 1 个单位增量效益需付出的增量成本，比未采取任何环境规制下的增量成本减少了将近 7%。

表 8-11　　统一碳税环境规制下经济指标计算　　单位：元

计算期（年）	初始增量成本	年净现金流量	年净现金流量现值	累计年净现金流量现值
0	-1406767			-1406767
1		180452.60	167085.74	-1239681.26

续表

计算期（年）	初始增量成本	年净现金流量	年净现金流量现值	累计年净现金流量现值
2		180452.60	154709.02	-1084972.24
3		180452.60	143249.09	-941723.15
4		180452.60	132638.05	-809085.10
5		180452.60	122813.01	-686272.09
6		180452.60	113715.75	-572556.35
7		180452.60	105292.36	-467263.99
8		180452.60	97492.92	-369771.06
9		180452.60	90271.23	-279499.84
10		180452.60	83584.47	-195915.37
11		180452.60	77393.03	-118522.34
12		180452.60	71660.21	-46862.13
13		180452.60	66352.05	19489.91
14		180452.60	61437.08	80926.99
15		180452.60	56886.19	137813.18

注：年净现金流量 = 年增量效益 - 年增量成本 = 173369.45 + 7083.15 = 180452.6 元。

因此，从动态增量投资回收期、增量净现值及增量成本效益比三个经济指标对比可知，在政府进行统一型碳税环境规制措施的背景下，公共建筑业主在经济层面上也将逐渐倾向于采纳绿色建筑技术策略。在公共建筑中，碳税也可以有效促进建筑业主采纳绿色建筑技术，长远推动绿色建筑的发展，对政府和建筑业主都能带来良好的循环效果。

8.3.5　碳排放权交易环境规制下项目经济性分析

（1）当政府实行碳排放权交易环境规制措施且碳排放权市场交易价格达到 50 元/吨时，采纳绿色建筑技术的建筑业主将比未采纳绿色建筑技术的建筑业主多获得每年碳排放增量效益：

$$(501.54 - 378.59)\text{吨/年} \times 50\ \text{元/吨} = 6147.5\ \text{元/年}$$

从表 8 - 12 计算结果分析可知，政府采取碳排放权市场交易环境规制且碳市场交易价格达到 50 元/吨，采纳绿色建筑技术的动态增量投资回收期 P'_{t12} 为 13 − 1 + 53913.26/66008.01 = 12.82 年，小于 13.63 年，在一定程度上加快了初始增量成本回收，但大于采取统一型碳税下的动态增量投资回收期，可知从动态增量投资回收期的角度来看，采取统一型碳税环境规制比采取碳排放权市场交易环境规制可更快回收增量成本支出；同时，碳排放权交易环境规制下 15 年的 ΔNPV_{33} = 129804.51 元，大于 ΔNPV_{13}，但比 ΔNPV_{23} 降低了 6%，且根据净现值计算公式可得 50 年的 ΔNPV_{34} = 789350.85 元，高于 ΔNPV_{14}，但是仍然低于 ΔNPV_{24}，换言之从增量净现值 ΔNPV 经济指标而言，采取碳排放权市场交易措施下的增量净现值虽高于未能采取环境规制下的增量净现值，但仍低于统一型碳税措施下的增量净现值，且两者差值将随着时间的增加而增大。此外在实行碳排放权交易环境规制下，采纳绿色建筑技术的增量成本效益比 = 1406767/(179516.95 × (P/A, 8%, 50)) = 0.64，意味着每获得 1 个单位增量效益需付出 0.64 个单位增量成本，小于未采取环境规制下增量成本效益比，但在统一型碳税环境规制下的增量成本效益比，即表示在此环境规制下，每获得 1 个单位增量效益需追加的单位增量成本多于统一型碳税下追加的单位增量成本。

表 8−12　碳排放权交易环境规制下经济指标计算　　单位：元

计算期（年）	初始增量成本	年净现金流量	年净现金流量现值	累计年净现金流量现值
0	−1406767			−1406767
1		179516.95	166219.40	−1240547.60
2		179516.95	153906.85	−1086640.75
3		179516.95	142506.34	−944134.41
4		179516.95	131950.32	−812184.09
5		179516.95	122176.22	−690007.87
6		179516.95	113126.13	−576881.74
7		179516.95	104746.42	−472135.33
8		179516.95	96987.42	−375147.90
9		179516.95	89803.17	−285344.74

续表

计算期（年）	初始增量成本	年净现金流量	年净现金流量现值	累计年净现金流量现值
10		179516.95	83151.08	-202193.65
11		179516.95	76991.74	-125201.91
12		179516.95	71288.65	-53913.26
13		179516.95	66008.01	12094.75
14		179516.95	61118.53	73213.28
15		179516.95	56591.23	129804.51

注：年净现金流量 = 年增量效益 - 年增量成本 = 1696922.3 + 6147.5 = 179516.95 元。

（2）当政府实行碳排放权交易环境规制且碳排放权市场交易价格仅为 1.11 元/吨时，选择采纳绿色建筑技术的建筑业主将比未采纳绿色建筑技术的建筑业主多获得每年碳排放增量效益：

(501.54 - 378.59) 吨/年 × 1.11 元/吨 = 136.47 元/年

从表 8-13 计算结果可知，当政府实行碳排放权市场交易环境规制且碳排放权市场交易价格仅为 1.11 元/吨时，绿色建筑技术的动态增量投资回收期 P'_{t13} 为 14 - 1 + 35415.05/59072.01 = 13.6 年，十分接近没有采取碳排放环境规制措施的动态增量投资回收期，说明从动态增量投资回收期来看这种情况下，并没有加快初期增量成本的回收，即此时实施碳排放权交易环境规制在采纳绿色建筑技术策略上未起到良好的推动效果；同时，从表 8-13 可知碳税环境规制下 15 年的 ΔNPV_{43} = 78353.26 元与 ΔNPV_{13} 两者很接近，并远小于实行统一型碳税措施下 ΔNPV_{23}；根据净现值计算公式可得 50 年 ΔNPV_{44} = 715815.06 元，相对于 ΔNPV_{14} 增长率接近于 0，同时远小于采取统一型碳税措施 ΔNPV_{24}。换言之，从增量净现值 ΔNPV 经济指标的角度，采取碳排放权市场交易措施的增量净现值接近于未采取环境规制下的增量净现值，这两者均远低于统一型碳税措施下的增量净现值。此外，在实行碳排放权交易环境规制时采纳绿色建筑技术的增量成本效益比 = 1406767/(173505.92 × (P/A, 8%, 50)) = 0.66，意味着每获得 1 个单位增量效益需付出 0.66 个单位增量成本，十分接近甚至等于未采取环境规制下增量成本效益比，两者都大于统一型碳税环境规制的增量成本效益比，即表示在此环境规制且碳排放权市场交易价格偏低时，相对于没有实行任何环境规制下达到同样的增量效益而未能达到减少追加增量成本的效果，且每获得 1 个单位增量效益需追加的增量成本均明显多于统一型碳税环境规制下需追加的增量成本。

表 8-13　　碳排放权交易环境规制下经济指标计算　　单位：元

计算期（年）	初始增量成本	年净现金流量	年净现金流量现值	累计年净现金流量现值
0	-1406767			-1406767
1		173505.92	160653.63	-1246113.37
2		173505.92	148753.36	-1097360.00
3		173505.92	137734.60	-959625.40
4		173505.92	127532.03	-832093.37
5		173505.92	118085.22	-714008.15
6		173505.92	109338.16	-604669.99
7		173505.92	101239.04	-503430.95
8		173505.92	93739.85	-409691.10
9		173505.92	86796.16	-322894.94
10		173505.92	80366.81	-242528.12
11		173505.92	74413.72	-168114.41
12		173505.92	68901.59	-99212.82
13		173505.92	63797.77	-35415.05
14		173505.92	59072.01	23656.96
15		173505.92	54696.30	78353.26

注：年净现金流量 = 年增量效益 - 年增量成本 = 173369.45 + 136.47 = 173505.92 元。

总之，从动态增量投资回收期、增量净现值及增量成本效益比三个经济指标角度来看，对公共建筑的建筑业主而言，此时实行碳排放权交易环境规制是否对采纳绿色建筑技术未能起到推动作用，仍会处于政府未实施任何环境规制下建筑业主的不稳定策略状态，甚至保持当前传统建筑的选择策略。

根据上述多种环境规制的动态增量投资回收期、增量净现值及增量成本效益比三个经济指标对比分析，在公共建筑案例中，过低的碳排放权市场交易价格对绿色建筑也无法起到预期推动作用。所以政府若只单独实行碳排放权交易政策时，虽可能起到一定推动作用，但是无法获得公共建筑业主长远稳定选择绿色建筑策略的显著效果。因此运用公共建筑案例进行经济指标分析可知，当政府选择单一环境规制措施工具时，采用统一型碳税环境规制还是优于实施碳排放权交易环境规制，统一型碳税才是两者中较为有效推动绿色建筑技术采纳的措施。

8.3.6　统一型碳税和碳排放权交易复合型环境规制下项目经济性分析

（1）当政府采取统一型碳税和碳排放权交易复合型环境规制措施且统一碳税税率 = 57.61 元/吨、碳排放权市场交易价格 = 50 元/吨时，采纳绿色建筑技术不仅能节约碳税成本也能获得出售多余碳排放权收益。绿色建筑在运营阶段的每年碳排放量比传统建筑的年碳排放量有所减少从而能够节约碳税成本支出：

$$501.54 \text{ 吨/年} \times 57.61 \text{ 元/吨} - 378.59 \text{ 吨/年} \times 57.61 \text{ 元/吨} = 7083.15 \text{ 元/年}$$

采纳绿色建筑技术的建筑业主将比未采纳绿色建筑技术的建筑业主多获得每年碳排放增量效益：

$$(501.54 - 378.59) \text{ 吨/年} \times 50 \text{ 元/吨} = 6147.5 \text{ 元/年}$$

从表 8 - 14 计算结果可知，当政府实行统一型碳税和碳排放权交易复合型环境规制且碳交易价格为 50 元/吨时，动态增量投资回收期 P'_{t14} 为 $13 - 1 + 534.09/68612.47 = 12.01$ 年，小于政府实行统一型碳税环境规制或者政府实行碳排放权交易环境规制的动态增量投资回收期，说明政府采用此种复合型环境规制措施能够更快地回收初期增量成本投入；根据表 8 - 14 可知 15 年的 $\Delta NPV_{53} = 190432.57$ 元，明显大于实行统一型碳税的 ΔNPV_{23} 及实行碳排放权交易且碳交易价格为 50 元/吨的 ΔNPV_{33}；且根据净现值计算公式可得 50 年的 $\Delta NPV_{54} = 876002.45$ 元，远大于只实行统一型碳税的 ΔNPV_{24} 及只实行碳排放权交易且碳交易价格为 50 元/吨的 ΔNPV_{34}。此外，在实行复合型环境规制下采纳绿色建筑技术的增量成本效益比 = $(1406767 - 7083.15 \times (P/A, 8\%, 50))/(179516.95 \times (P/A, 8\%, 50)) = 0.6$，意味着每获得 1

个单位增量效益需付出0.6个单位增量成本，小于统一型碳税环境规制的增量成本效益比及碳排放权交易环境规制的增量成本效益比，即表示在政府实行统一型碳税环境规制同时加入碳排放权交易模式或者政府实行碳排放权交易环境规制下融入统一碳税模式，可以达到投入更少的增量成本获得一样增量效益的效果，换言之此环境规制下每获得1个单位增量效益需追加的增量成本均明显少于单一环境规制需追加的增量成本。

表8-14　复合型环境规制下经济指标计算　单位：元

计算期（年）	初始增量成本	年净现金流量	年净现金流量现值	累计年净现金流量现值
0	-1406767			-1406767
1		186600.10	172777.87	-1233989.13
2		186600.10	159979.51	-1074009.62
3		186600.10	148129.18	-925880.45
4		186600.10	137156.64	-788723.80
5		186600.10	126996.89	-661726.91
6		186600.10	117589.72	-544137.19
7		186600.10	108879.37	-435257.83
8		186600.10	100814.23	-334443.60
9		186600.10	93346.51	-241097.09
10		186600.10	86431.95	-154665.14
11		186600.10	80029.58	-74635.56
12		186600.10	74101.47	-534.09
13		186600.10	68612.47	68078.38
14		186600.10	63530.06	131608.44
15		186600.10	58824.13	190432.57

注：年净现金流量=增量效益-增量成本=173369.45+13230.65=186600.1元。

（2）当政府采取统一型碳税和碳排放权交易复合型环境规制措施且统一碳税税率=57.61元/吨、碳排放权交易价格=1.11元/吨时，采纳绿色建筑技术不仅能节约碳税成本也能获得出售多余碳排放权收益。绿色建筑在运营阶段的每年碳排放量比传统建筑的年碳排放量有所减少从而节约了碳税成本支出：

501.54 吨/年 ×57.61 元/吨 −378.59 吨/年 ×57.61 元/吨 =7083.15 元/年

采纳绿色建筑技术的建筑业主将比未采纳绿色建筑技术的建筑业主多获得每年碳排放增量效益：

(501.54 −378.59)吨/年 ×1.11 元/吨 =136.47 元/年

从表 8 −15 计算结果可知，当政府实行统一碳税和碳排放权市场交易复合型环境规制且碳交易价格仅为 1.11 元/吨时，动态增量投资回收期 P'_{t15} 为 13 −1 +45833.65/66402.23 =12.69 年，小于政府实行统一型碳税环境规制以及政府实行碳排放权交易环境规制的动态增量投资回收期，说明政府采用此种复合型环境规制措施能够比单一环境规制下更快地回收初期增量成本投入；根据表 8 −15 可知 15 年的 ΔNPV_{63} =138981.33 元，大于政府实行统一型碳税环境规制的 ΔNPV_{23} 及实行碳排放权交易且碳交易价格仅为 1.11 元/吨的 ΔNPV_{43}；且根据净现值计算公式可得 50 年的 ΔNPV_{64} =802466.66 元，大于 ΔNPV_{24} 和 ΔNPV_{44} 这两个环境规制下的动态增量投资回收期。此外，在实行复合型环境规制下采纳绿色建筑技术的增量成本效益比 = (1406767 − 7083.15 × (P/A, 8%, 50))/(173505.92 × (P/A, 8%, 50)) =0.62，意味着每获得 1 个单位增量效益需付出 0.62 个单位增量成本，小于在统一型碳税环境规制的增量成本效益比且明显小于碳排放权交易环境规制的增量成本效益比，而实行碳排放权交易（且碳交易价格偏低时）融入统一碳税模式可以达到投入更少的增量成本获得一样增量效益的显著效果，换言之，此环境规制下每获得 1 个单位增量效益需追加的增量成本少于单一环境规制下需追加的增量成本。

表 8 −15　　复合型环境规制下经济指标计算表　　单位：元

计算期（年）	初始增量成本	年净现金流量	年净现金流量现值	累计年净现金流量现值
0	−1406767			−1406767
1		180589.07	167212.11	−1239554.89

续表

计算期（年）	初始增量成本	年净现金流量	年净现金流量现值	累计年净现金流量现值
2		180589.07	154826.02	-1084728.87
3		180589.07	143357.43	-941371.44
4		180589.07	132738.36	-808633.08
5		180589.07	122905.89	-685727.19
6		180589.07	113801.75	-571925.44
7		180589.07	105371.99	-466553.45
8		180589.07	97566.66	-368986.79
9		180589.07	90339.50	-278647.30
10		180589.07	83647.68	-194999.61
11		180589.07	77451.56	-117548.06
12		180589.07	71714.41	-45833.65
13		180589.07	66402.23	20568.58
14		180589.07	61483.54	82052.12
15		180589.07	56929.21	138981.33

注：年净现金流量 = 增量效益 - 增量成本 = 173369.45 + 7219.62 = 180589.07 元。

总之，依据公共建筑案例中动态增量投资回收期 P_t'、增量净现值 ΔNPV 及增量成本效益比三个经济指标角度考虑，当在统一型碳税机制中加入碳排放权交易环境规制，随着碳交易价格的上升，采纳绿色建筑技术的动态增量投资回收期会逐渐缩短、ΔNPV 不断增大且增量成本效益比减小，说明政府选择实行统一型碳税和碳排放权交易相结合的复合型环境规制时，碳排放权交易价格的增长也能推动公共建筑业主更加倾向于选择绿色建筑策略；当在波动性大且较低的碳排放权交易价格中融入统一型碳税税率环境规制时，能够明显缩短动态增量投资回收期、增大 ΔNPV 且降低增量成本效益比，促使公共建筑业主采纳绿色建筑技术，表明政府选择实行统一碳税与碳排放权交易相结合的复合型环境规制措施时，统一型碳税政策能够在促进公共建筑业主采纳绿色建筑技术上发挥明显的推动力。由此可见，对于公共建筑而言，政府实施统一碳税与碳排放权交易相结合的复合型环境规制措施在经济上还是优于政府实施单一碳排放政策，能够为绿色建筑的发展带来良好的推动效果。

8.3.7　差异型碳税环境规制下项目经济性分析

在实行差异型碳税 $S_1=57.61$ 元/吨、$S_2=67.76$ 元/吨的背景下，绿色建筑在运营阶段的每年碳排放量比传统建筑的年碳排放量有所减少从而节约了碳税成本支出：

501.54 吨/年 ×67.76 元/吨 −378.59 吨/年 ×57.61 元/吨 =12173.78 元/年

从表 8 - 16 计算结果可知，当政府对不同公共建筑业主实行差异型碳税环境规制措施且 $S_1=57.61$ 元/吨、$S_2=67.76$ 元/吨时，动态增量投资回收期 P'_{t16} 为 13 − 1 + 8498.74/68223.86 = 12.12 年，比政府单独采取统一型碳税环境规制下缩短了动态增量投资回收期将近 0.6 年，与 P'_{t10} 相比大大减少了 1.5 年，表明政府采取差异型碳税环境规制措施比实行统一型碳税环境规制下采纳绿色建筑技术的公共建筑业主能以更快的速度回收初期技术增量成本，即基于动态增量投资回收期经济指标角度，政府对公共建筑业主实施差异型碳税环境规制比统一型碳税环境规制在绿色建筑的长远发展上推动力更大；从表 8 - 16 上可知 15 年的 $\Delta NPV_{73}=181386.33$ 元，大约是实行统一型碳税环境规制下 ΔNPV_{23} 的 1.32 倍，比未采取任何环境规制的 ΔNPV_{13} 增长了 135%，根据净现值计算公式可得 50 年的 $\Delta NPV_{74}=863073.26$ 元，也明显大于实行统一型碳税下 ΔNPV_{24} 及未采取任何环境规制下的 ΔNPV_{14}，换言之，从增量净现值 ΔNPV 方面来看采取差异型碳税环境规制优于采取统一型碳税环境规制。此外，在实行差异型碳税环境规制下采纳绿色建筑技术的增量成本效益比 = (1406767 − 12173.78 × (P/A, 8%, 50))/(173379.45 × (P/A, 8%, 50)) = 0.59，表示每获得 1 个单位增量效益需追加付出 0.59 个单位增量成本，小于实行统一型碳税环境规制的增量成本效益比，即在此环境规制下每获得 1 个单位增量效益需付出的增量成本更少，从在同等增量效益的前提下追加的增量成本角度来看，对不同公共建筑业主实行差异碳税税率措施能起到减少全周期增量成本投入而体现出采纳绿色建筑技术的优势。

表8-16　　差异型碳税下经济指标计算表　　单位：元

计算期（年）	初始增量成本	年净现金流量	年净现金流量现值	累计年净现金流量现值
0	-1406767			-1406767
1		185543.23	171799.29	-1234967.71
2		185543.23	159073.41	-1075894.30
3		185543.23	147290.20	-928604.10
4		185543.23	136379.81	-792224.29
5		185543.23	126277.61	-665946.68
6		185543.23	116923.71	-549022.97
7		185543.23	108262.69	-440760.28
8		185543.23	100243.23	-340517.05
9		185543.23	92817.81	-247699.24
10		185543.23	85942.42	-161756.82
11		185543.23	79576.31	-82180.51
12		185543.23	73681.77	-8498.74
13		185543.23	68223.86	59725.12
14		185543.23	63170.24	122895.36
15		185543.23	58490.96	181386.33

注：年净现金流量 = 增量效益 - 增量成本 = 173369.45 + 12173.78 = 185543.23 元。

因此，根据动态增量投资回收期、ΔNPV 与增量成本效益比三个经济指标对比分析，政府对采用绿色建筑技术的公共建筑业主和采用传统建筑技术的公共建筑业主采取差异型碳税可以显著促进建筑业主倾向采纳绿色建筑技术策略。同时在经济指标对比上，采取差异性碳税环境规制均优于实行统一型碳税环境规制，更易促进公共建筑业主选择绿色建筑策略，为绿色建筑的长远发展带来良好稳定的效果。

8.3.8　差异型碳税和碳排放权交易复合型环境规制下项目经济性分析

（1）当政府采取差异型碳税和碳排放权交易复合型环境规制措施且对

选择传统建筑实行碳税税率 S_2 为 67.76 元/吨、对采纳绿色建筑技术的建筑业主的碳税税率 S_1 为 57.61 元/吨、碳排放权市场交易价格为 50 元/吨时，采纳绿色建筑技术在运营阶段的每年碳排放量有所减少从而节约了碳税成本支出：

501.54 吨/年 ×67.76 元/吨 −378.59 吨/年 ×57.61 元/吨 =12173.78 元/年

采纳绿色建筑技术的建筑业主将比未采纳绿色建筑技术的建筑业主多获得每年碳排放增量效益：

(501.54 −378.59) 吨/年 ×50 元/吨 =6147.5 元/年

从表 8 −17 计算结果可知，当政府对不同公共建筑业主实行差异型碳税与碳排放权市场交易相结合的复合型环境规制措施且 S_1 = 57.61 元/吨、S_2 =67.76 元/吨、碳排放权市场交易价格为 50 元/吨时，采纳绿色建筑技术的动态增量投资回收期 P'_{t8} 为 12 −1 +38293.73/76123.03 =11.5 年，比政府未采取环境规制措施的动态增量投资回收期缩短了 2.12 年，相对于 P'_{t16}、P'_{t14} 分别减少了 0.6 年、0.51 年，说明政府采取差异型碳税与碳排放权交易相结合的环境规制措施相比单独实行差异型碳税环境规制、统一型碳税和碳排放权交易相结合的复合型环境规制，采纳绿色建筑技术的公共建筑业主能更快地回收初期技术增量成本。这意味着考虑动态增量投资回收期经济指标角度，政府若选择复合型环境规制措施时，实施差异型碳税和碳排放权交易环境规制比统一碳税和碳排放权交易环境规制更能从经济层面推动建筑业主采纳绿色建筑技术。

表 8 −17　　复合型环境规制下经济指标计算表　　单位：元

计算期（年）	初始增量成本	年净现金流量	年净现金流量现值	累计年净现金流量现值
0	−1406767			−1406767
1		191690.73	177491.42	−1229275.58
2		191690.73	164343.90	−1064931.68
3		191690.73	152170.28	−912761.40
4		191690.73	140898.41	−771862.99
5		191690.73	130461.49	−641401.50

续表

计算期（年）	初始增量成本	年净现金流量	年净现金流量现值	累计年净现金流量现值
6		191690.73	120797.68	-520603.82
7		191690.73	111849.70	-408754.12
8		191690.73	103564.54	-305189.58
9		191690.73	95893.09	-209296.49
10		191690.73	88789.90	-120506.59
11		191690.73	82212.87	-38293.73
12		191690.73	76123.03	37829.30
13		191690.73	70484.28	108313.58
14		191690.73	65263.23	173576.81
15		191690.73	60428.91	234005.72

注：年净现金流量 = 增量效益 - 增量成本 = 173369.45 + 18321.28 = 191690.73 元。

再者，从表 8 - 17 可知 15 年的 ΔNPV_{83} = 234005.72 元，比统一碳税和碳排放权交易复合型环境规制下 ΔNPV_{53} 及差异碳税环境规制下的 ΔNPV_{73} 均增长了大约 22% 以上；根据净现值计算公式可得 50 年的 ΔNPV_{84} = 938278.61 元，也明显大于统一碳税和碳排放权交易复合型环境规制下的 ΔNPV_{54} 及差异型碳税环境规制下的 ΔNPV_{74}，换言之，从增量净现值 ΔNPV 方面来看，采取差异碳税和碳排放权交易环境规制优于采取统一碳税和碳排放权交易环境规制以及差异型碳税环境规制。此外，在实行复合型环境规制时，采纳绿色建筑技术的增量成本效益比 = (1406767 - 12173.78 × (P/A, 8%, 50))/(6147.5 × (P/A, 8%, 50)) = 0.57，表示每获得 1 个单位增量效益只需付出 0.57 个单位增量成本，比未采取环境规制下的增量成本效益比减少了 14%，明显小于统一碳税和碳排放权交易复合型措施下的增量成本效益比，且低于差异型碳税环境规制下的增量成本效益比，即只实行碳排放权交易环境规制下融入差异型碳税模式比加入统一碳税环境规制可以达到投入更少的增量成本而收获同样增量效益的显著效果，此环境规制下每获得 1 个单位增量效益需追加的增量成本明显低于统一碳税和碳排放权交易复合型环境规制下需追加的增量成本。

（2）当政府采取差异型碳税和碳排放权交易复合型环境规制措施，且对选择传统建筑实行碳税税率 S_2 为 67.76 元/吨、对选择绿色建筑策略的公共建筑业主的碳税税率 S_1 为 57.61 元/吨、碳排放权市场交易价格 R = 1.11 元/吨时，绿色建筑在运营阶段的每年碳排放量低于传统建筑的年碳排放量从而节约了碳税成本支出：

501.54 吨/年 ×67.76 元/吨 −378.59 吨/年 ×57.61 元/吨 =12173.78 元/年

采纳绿色建筑技术的建筑业主将比未采纳绿色建筑技术的建筑业主多获得每年碳排放增量效益：

(501.54 −378.59) 吨/年 ×1.11 元/吨 =136.47 元/年

从表 8 − 18 计算结果可知，当政府对不同公共建筑业主实行差异型碳税与碳排放权市场交易相结合的复合型环境规制措施，且 S_1 = 57.61 元/吨、S_2 = 67.76 元/吨、碳排放权市场交易价格为 1.11 元/吨时，采纳绿色建筑技术的动态增量投资回收期 P'_{t18} 为 13 − 1 + 7470.26/68274.04 = 12.11 年，少于政府只采取差异型碳税环境规制及实行统一碳税和碳排放权交易复合型环境规制时，采纳绿色建筑技术的动态增量投资回收期；从表 8 − 18 可知 15 年的增量净现值 ΔNPV_{93} = 182554.48 元，略大于 ΔNPV_{73}，比政府实行统一碳税和碳排放权交易环境规制下的 ΔNPV_{63} 增长了约 31%，同时根据净现值计算公式可得 50 年的 ΔNPV_{94} = 864742.82 元，也明显大于政府实行统一型碳税与碳排放权交易相结合的复合型环境规制下 ΔNPV_{64} 及差异型碳税环境规制下 ΔNPV_{74}。此外，在实行复合型环境规制下采纳绿色建筑技术的增量成本效益比 = (1406767 − 12173.78 × (P/A, 8%, 50))/(136.47 × (P/A, 8%, 50)) = 0.59，表示每获得 1 个单位增量效益只需付出 0.59 个单位增量成本，明显小于政府未采取环境规制下、统一型碳税和碳排放权交易复合型措施下及差异型碳税环境规制下这三种情况的增量成本效益比，即实行碳排放权交易环境规制（且碳价格偏低）下融入差异型碳税模式，比加入统一型碳税环境规制能够起到投入更少的增量成本而收获同样增量效益的更好效果，此环境规制下每获得 1 个单位增量效益需追加的增量成本明显低于统一碳税和碳排放权交易复合型环境规制下需追加的增量成本，增量成本越小说明该方案选择的意义更大。

表 8-18　　复合型环境规制下经济指标计算表　　单位：元

计算期（年）	初始增量成本	年净现金流量	年净现金流量现值	累计年净现金流量现值
0	-1406767			-1406767
1		185679.71	171925.65	-1234841.35
2		185679.71	159190.42	-1075650.93
3		185679.71	147398.54	-928252.39
4		185679.71	136480.13	-791772.27
5		185679.71	126370.49	-665401.78
6		185679.71	117009.71	-548392.07
7		185679.71	108342.32	-440049.74
8		185679.71	100316.97	-339732.78
9		185679.71	92886.08	-339732.78
10		185679.71	86005.63	-160841.07
11		185679.71	79634.84	-81206.22
12		185679.71	73735.97	-7470.26
13		185679.71	68274.04	60803.79
14		185679.71	63216.71	124020.49
15		185679.71	58533.99	182554.48

注：年净现金流量 = 增量效益 - 增量成本 = 173369.45 + 12310.26 = 185679.71 元。

总之，从动态增量投资回收期、增量净现值 ΔNPV 及增量成本效益比三个经济指标来看，此种情况下动态增量投资回收期的缩短、增量净现值 ΔNPV 的增大及增量成本效益比降低，均能说明政府实行差异型碳税和碳排放权交易的复合型环境规制在经济层面对比上优于政府实行统一型碳税和碳排放权交易、政府只实行差异型碳税这两类环境规制措施，公共建筑业主在进行前期经济方案对比上也更易倾向于选择绿色建筑策略。

依照表 8-17 和表 8-18 分析结果，当对不同公共建筑业主实施差异型碳税税率与碳排放权交易环境规制时，随着碳排放权市场交易价格的提高，采纳绿色建筑技术的动态增量投资回收期逐渐缩短、增量成本效益比降低且

ΔNPV 不断增长，说明政府选择实行差异型碳税和碳排放权交易相结合的复合型环境规制措施时，碳排放权交易价格的提高会在经济层面上推动公共建筑业主更倾向采纳绿色建筑技术；当在较不稳定且处在较低状态的碳排放权市场交易价格加入差异型碳税环境规制时，此时碳税能起到明确并稳定于选择绿色建筑的公共建筑业主收益的效果。从经济指标对比上来看，此种环境规制能明显缩短动态增量投资回收期、降低增量成本效益比、增大 ΔNPV 值，基于经济层面更易促使公共建筑业主稳定于明确选择绿色建筑策略。因此在公共建筑中，政府选择实行碳税与碳排放权交易相结合的复合型环境措施下，差异型碳税环境规制比统一型碳税环境规制更能够促进公共建筑业主倾向选择采纳绿色建筑技术策略。

8.4　研究结论

本章首先阐述了工程经济分析理论，以某二星级绿色建筑住宅小区与某三星级绿色公共建筑中绿色建筑技术采纳应用为案例，收集项目实际数据和资料，运用动态增量投资回收期、增量净现值以及增量成本效益比等经济指标，分析项目在未采取环境规制、统一型碳税环境规制、碳排放权交易环境规制、统一型碳税和碳排放权交易复合型环境规制、差异型碳税环境规制、差异型碳税和碳排放权交易复合型环境规制下的经济性。研究结果表明：无论是绿色住宅建筑还是绿色公共建筑，实施差异型碳税和碳排放权交易相结合的复合型环境规制经济性最优，验证了本书演化博弈和仿真分析的研究结论。

根据动态增量投资回收期 P_t' 指标分析，无论是绿色住宅还是公共建筑项目，对于单一环境规制政策，实施差异型碳税环境规制的投资回收期均为最短，实施碳排放权交易环境规制的投资回收期较长；对于复合型环境规制政策，差异型碳税和碳排放权交易构成的复合型环境规制的投资回收期较短。

从增量净现值 ΔNPV 指标看，实施碳排放权交易环境规制下的增量净现值最小，差异型碳税环境规制下的增量净现值大于统一型碳税环境规制下的增量净现值，采用复合型环境规制政策时，差异型碳税和碳排放权交易构成的复合型环境规制政策的增量净现值最大。

对比增量成本效益比指标，实施复合型环境规制的增量成本效益比小于单一环境规制的增量成本效益比。当仅实施单一环境规制时，差异型碳税情形下的增量成本效益比小于统一型碳税环境规制，实施统一型碳税环境规制下的增量成本效益比小于碳排放权交易环境规制；当实施复合型环境规制时，差异型碳税和碳排放权交易的复合型环境规制增量成本效益比小于统一型碳税和碳排放权交易的复合型环境规制。

根据三个经济指标对比分析，在两个项目案例中，当政府实施差异型碳税和碳排放权交易的复合型环境规制时，绿色建筑的增量净现值最大、动态增量投资回收期最短、增量成本效益比最小，经济可行性优于单一环境规制和其他复合型环境规制，更有利于促进采纳绿色建筑技术。可以说在绿色住宅建筑还是绿色公共建筑中，实施差异型碳税和碳排放权交易相结合的复合型环境规制的经济效益最大，对绿色建筑技术采纳的促进作用也更大。

综上所述，在绿色住宅建筑还是绿色公共建筑中，实施差异型碳税和碳排放权交易相结合的复合型环境规制的经济效益最大，对绿色建筑技术采纳的促进作用也更大。这两个项目案例的计算分析结果与演化博弈分析得到的结论相一致，验证了本书研究结论。

第9章

总结与研究展望

9.1 研究结论

如何有效促进建筑业主采纳绿色建筑技术，推动绿色建筑市场长远发展，受到了越来越多的关注。虽然有大量文献研究碳交易对绿色发展的促进作用，但是针对绿色建筑在碳税、碳交易环境规制方面的研究不多，尤其对环境规制下绿色建筑技术采纳的研究较少。因此，本书在对我国绿色建筑发展现状和国内外碳减排环境规制分析的基础上，以绿色建筑技术采纳为研究对象，运用分类统计与社会网络分析的方法探讨绿色建筑专利技术研发现状和申请人合作网络，运用问卷调查法和统计分析法分析命令控制型环境规制、市场激励型环境规制、配套服务型政策工具、建筑业主资源与意识对绿色建筑技术采纳意愿的影响，运用演化博弈理论和工程经济分析理论对绿色建筑关键主体的技术采纳行为进行分析，在实施静态、动态环境规制情景下，构建政府与建筑业主的演化博弈模型，分析两者互动关系，并利用 Matlab 软件进行仿真，分析碳税、碳交易等环境规制对绿色建筑技术采纳的影响，为实施环境规制推动绿色建筑发展提供建议。

本书的主要研究结论如下：

1. 基于专利的绿色建筑技术分析

在 Patentics 专利数据库中检索 2012 ~ 2021 年的绿色建筑相关的授权专

利43000条，运用分类统计与社会网络分析方法，应用Gephi软件，挖掘相关专利在数量、类型、地域、技术等方面的分布情况以及申请人合作情况，探究绿色建筑专利技术研发现状和申请人合作网络。研究表明：

（1）2012～2021年间，我国绿色建筑技术专利授权数量整体呈上涨趋势，以实用新型专利为主，发明专利数量较少。专利地域分布存在差异，江苏、山东、北京、广东、浙江、上海等地区授权专利数量较多。绿色建筑所涉技术以及行业较广，但是目前国内相关专利研究主题和涉及行业都较为集中，难以满足《绿色建筑评价标准》构建的评价体系中六要素的要求，技术覆盖面不广。高被引专利极少，大部分专利未被引用，专利整体质量不高。绿色建筑技术专利有效率偏低。绿色建筑技术的单独申请专利中，企业在申请人数量和专利数量中都占较大比例，是绿色建筑技术专利研发的中坚力量，但是研发效率却低于高校和科研院所。

（2）2012～2021年间，我国绿色建筑技术的合作专利数量总体上有所上涨，但合作专利占总授权专利的比例较低。申请人合作网络整体较为稀疏，只有个别模块密度较高；合作网络节点的平均度低，合作对象少，并且大规模合作较少，大多数为小规模合作；整体合作频率也较低。在各类申请人中企业参与度最高，个人次之，高校与科研院所合作参与度偏低。绿色建筑专利合作网络中最大规模的合作模块大多数为同体系内各公司的合作；申请人跨地域合作较少，多为同地区间合作；企业与个人更偏向于同类合作，而高校和科研院所更偏向于跨类合作。

2. 环境规制与绿色建筑技术采纳意愿的关系的实证分析

结合已有理论研究和我国绿色建筑发展实践，分析命令控制型环境规制、市场激励型环境规制、配套服务型政策以及建筑业主资源与意识等绿色建筑技术采纳的影响因素，确定研究变量，提出研究假设，并构建环境规制对绿色建筑技术采纳影响的理论模型。运用多元线性回归分析和Bootstrap中介作用检验等实证研究方法，对建立的模型与研究假设进行检验，研究环境规制对绿色建筑技术采纳意愿的影响。研究表明：

（1）命令控制型环境规制、市场激励型环境规制、配套服务型政策不仅能直接显著的正向影响绿色建筑技术采纳意愿，而且能通过建筑业主资源与意识因素间接显著的正向影响绿色建筑技术采纳意愿。

（2）分析建筑业主资源与意识的中介作用表明，命令控制型环境规制、市场激励型环境规制、配套服务型政策三大维度的间接效应值占比均低于直接效应值。从总效应值和直接效应值来看，市场激励型环境规制相比于命令控制型环境规制和配套服务型政策，对绿色建筑技术采纳意愿的正向影响作用更为显著。这在一定程度上反映出建筑业主对政策市场环境变化具有较高的敏感性，并且因为我国国情与绿色建筑技术推广的特殊性，亟须政府相关部门通过政策工具手段对此进行干预与助推。

（3）在市场激励型环境规制的七个维度对绿色建筑技术采纳意愿的影响分析中，影响程度较大的因素分别是实行碳交易制度、现行财政补贴以及征收碳税制度，而现行财政补贴不一定能够完全弥补建筑业主支出的增量成本，且给当地政府带来了巨大的财政压力，无法全地区覆盖长期实行，在实践中也出现开发商主动放弃绿色建筑财政补贴现象。因此本书的实证研究表明，实现碳交易制度、征收碳税制度的环境规制政策对绿色建筑技术采纳意愿具有重要影响。

3. 静态环境规制下绿色建筑技术采纳行为分析

在静态环境规制下，构建政府与建筑业主博弈模型，利用数值仿真进一步对比分析碳税、碳排放权交易和复合型环境规制政策对绿色建筑技术采纳的影响。研究表明：

（1）当政府选择实行单一环境规制政策时，实施碳排放权交易环境规制并不能长远激励建筑业主选择并稳定在采纳绿色建筑技术的策略上，而实施碳税环境规制可以更好地促进建筑业主选择绿色建筑技术。因此，实施碳税环境规制是较为有效的选择。

（2）当碳税环境规制分为统一型碳税环境规制和差异型碳税环境规制时，差异型碳税环境规制比统一型碳税环境规制更能促进建筑业主采纳绿色建筑技术。

（3）与单一环境规制政策相比，由碳税与碳排放权交易政策相结合的复合型环境规制能更好地促进建筑业主采纳绿色建筑技术。其中，差异型碳税和碳排放权交易相结合的复合型环境规制比统一型碳税和碳排放权交易相结合的复合型环境规制，更能激励建筑业主采纳绿色建筑技术，从而促使绿色建筑持续发展。

4. 动态环境规制下绿色建筑技术采纳行为分析

当政府监管审查成本介于不同建筑业主所需缴纳税收之间、实施复合型环境规制后采纳绿色建筑技术的建筑业主增量收益大于未采纳绿色建筑技术时，静态复合型环境规制不存在稳定策略，呈现循环周期模式。所以，进一步引入政府动态碳税和动态碳排放权交易策略，对比分析静态、不同动态组合下碳税和碳排放权交易的复合型环境规制政策对绿色建筑技术采纳的影响，剖析政府和建筑业主双方策略的互动机制。研究表明：

（1）在政府环境规制力度不变时，即实施静态差异型碳税和静态碳交易的复合型环境规制，建筑业主选择采纳绿色建筑技术策略的概率存在较大波动，无法趋于稳定，此时政府与建筑业主的演化轨迹也围绕着均衡点周期循环，不会自动稳定到均衡点。

（2）差异型碳税税额、碳配额交易市场价格与建筑业主选择策略行为有关，即政府采用动态差异型碳税和静态碳交易复合型规制、静态差异型碳税和动态碳交易复合型规制、动态差异型碳税和动态碳交易复合型规制这三种动态复合型环境规制组合时，建筑业主选择采纳绿色建筑技术策略的概率最终都会演化到稳定均衡点，双方博弈系统存在演化稳定策略；这三种动态复合型环境规制的实施结果均优于静态复合型环境规制，此时系统最终都会随着时间推移而趋于稳定；在动态复合型环境规制中，政府如果实行静态差异型碳税和动态碳交易复合型环境规制可以更好地促进建筑业主选择采纳绿色建筑技术策略，从而激发绿色建筑市场活力、推动绿色建筑的稳定发展，其达到的效果优于其他两种动态复合型环境规制。

（3）在政府与建筑业主博弈中，单一参数的变化对政府选择策略和建筑业主选择策略会产生影响。在静态差异型碳税与动态碳排放权交易的复合型环境规制下，建筑业主选择采纳绿色建筑技术的概率与碳税税率 S_2、碳排放权交易价格 R 及罚金数额 F 成正相关，与政府监管审查成本 H 呈负相关；政府选择实施环境规制概率与碳税税率 S_2、碳排放权交易价格 R、罚金数额 F 以及监管审查成本 H 均呈负相关。表明当建筑业主选择采纳传统建筑技术策略向政府交纳碳税税率 S_2 提高时，与 S_1 之间的差距增大，传统建筑的建筑业主感知碳税压力增大，承担的传统建筑成本就会提高，会转而采纳绿色建筑技术，因此建筑业主选择采纳绿色建筑技术概率会明显提高，政府选择实施环境规制策略概率就会降低；当碳配额市场交易价格 R 处于较低水平但上升阶段时，选择绿色建筑的建筑业主获得的碳减排收益增加，选择传统建筑的建筑业主会因需支付的碳排放权交易金额提高，从而转向选择采纳绿色建筑技术策略，概率增长幅度较小，然而当碳配额市场交易价格 R 增长至较高程度时，建筑业主选择绿色建筑的概率明显提高，此时建筑业主因绿色建筑收益较高明显转而倾向稳定于采纳绿色建筑技术策略，政府实施环境规制的概率随之提高而下降；当采纳传统建筑技术缴纳的罚金金额 F 越高时，建筑业主会因多支出的这部分成本转而选择采纳绿色建筑技术，政府实施环境规制的概率会随之提高而降低；当政府监管审查成本 H 越高时，政府会因成本较高而放弃监管，选择实施环境规制的概率会越低，则建筑业主选择采纳绿色建筑技术的概率会越低。

综上所述，政府实施差异型碳税和碳排放权交易的复合型环境规制达到的效果最优，尤其是静态差异型碳税和动态碳排放权交易的复合型环境规制系统最能长远稳定有效地推动建筑业主采纳绿色建筑技术。在此系统中，适当提高碳税税额、碳排放权交易价格和罚金数额以及降低政府监管审查成本，能增加建筑业主选择采纳绿色建筑技术的概率；而降低碳税税率、碳排放权交易价格、罚金数额和监管审查成本，会促使政府更多选择实施环境规制。

5. 环境规制下绿色建筑技术应用的经济性分析

以绿色住宅小区和绿色公共建筑等两个实际工程项目案例，分析了采纳绿色建筑技术所带来的增量成本和增量效益，采用动态增量投资回收期 P'_t、增量净现值 ΔNPV、增量成本效益比三个经济指标对绿色建筑项目进行了经济性评价分析。研究表明：

（1）依据动态增量投资回收期对比分析，复合型环境规制的投资回收期短于实施单一环境规制，仅实施碳排放权交易政策的投资回收期较长。

（2）从增量净现值指标来看，实施碳排放权交易政策的增量净现值最小，差异型碳税下的增量净现值大于统一型碳税下的增量净现值，采用差异型碳税和碳排放权交易的复合型环境规制时增量净现值最大。

（3）对比增量成本效益比指标，实施复合型环境规制的增量成本效益比小于单一环境规制的增量成本效益比。当仅实施单一环境规制时，差异型碳税情形下的增量成本效益比小于统一型碳税环境规制，实施统一型碳税环境规制下的增量成本效益比小于碳排放权交易环境规制；当实施复合型环境规制时，差异型碳税和碳排放权交易的复合型环境规制增量成本效益比小于统一型碳税和碳排放权交易的复合型环境规制。

（4）根据三个经济指标对比分析，当政府实施差异型碳税和碳排放权交易的复合型环境规制时，项目的动态增量投资回收期最短、增量净现值最大、增量成本效益比最小，经济可行性优于单一环境规制和其他复合型环境规制，更有利于促进绿色建筑技术采纳。

综上所述，在绿色住宅建筑和绿色公共建筑中，实施差异型碳税和碳排放权交易相结合的复合型环境规制的经济效益最大，对绿色建筑技术采纳的促进作用也更大。这两个项目案例的计算分析结果与演化博弈和仿真分析得到的结论相一致，验证了本书的研究结论。

9.2 政策建议

为更有效地通过环境规制促进绿色建筑技术采纳，促进绿色建筑技术提升，推动绿色建筑发展，根据本书研究，提出以下建议：

第一，我国绿色建筑技术专利仍处于发展阶段，应关注绿色建筑技术专利质量不高，覆盖面不广，地域分布不均，合作规模较小，合作频率较低等问题。一方面，加强制定激励性政策和奖励机制鼓励各类申请人以及各行各业积极参与绿色建筑专利研发，更多鼓励不同类型单位合作研究，以促进绿色建筑专利技术研发和转化应用相衔接。另一方面，立足于绿色建筑评价体系的全面要求，扩大我国绿色建筑研发的技术领域，推动多样化的绿色建筑技术研发，注重全生命周期各阶段绿色建筑专利技术的研发。

第二，环境规制政策应根据建筑业主行为策略进行动态调整。现阶段绿色建筑技术成本高于传统建筑，实施静态差异型碳税和静态碳排放权交易环境规制时，建筑业主行为策略是波动、不确定的，不利于推动绿色建筑技术采纳。政府应运用监管等手段关注建筑业主行为，配合市场动态调整环境规制措施，选择实施静态差异型碳税与动态碳排放权交易相结合的动态复合环境规制措施，将更好地激励建筑业主采纳绿色建筑技术。

第三，政府实施差异型碳税对建筑业主选择策略有明显的正向作用，对采纳绿色建筑技术的引导效果较好，政府应积极将建筑业的碳税纳入税收系统，且依据不同建筑业主的不同碳排放水平征收不同税率的碳税。合理碳税设置是必要的，在兼顾社会经济发展的基础上，对传统建筑的建筑业主实施高额碳税税率，高碳税支出会增加传统建筑成本，碳税间差距越大，给传统建筑的建筑业主带来碳税压力越大，直接影响其在市场上的竞争力，将会在一定程度上引导激励建筑业主采纳绿色建筑技术、选择绿色建筑。在经济稳步发展的情况下，可适当逐步提高碳税税率。

第四，政府应该逐步完善碳配额交易市场，在碳配额交易市场发展的初级阶段中，政府需发挥主要引导控制作用，建设好管理好一批高质量高水平的从事碳交易的金融机构，制定完善一套行之有效的规章制度，为建筑业主参与碳配额交易保驾护航。同时，政府通过调节碳排放权交易价格，避免碳配额市场出现供大于求而价格过低，从而降低建筑业主碳减排积极性的现象，让市场形成的碳排放权交易价格能真正促进有效的资源配置。

第五，政府应该加强监管，设置合理的罚金范围并有效降低政府监管审查成本。政府的监管审查应对建筑业主形成约束作用，在初期阶段政府不应该因监管审查成本过高而放弃实施环境规制措施，而应该加大对传统建筑高排放量的严格监管力度，提高监管人员的专业水平，完善相应规制制度，结合智慧科技手段，制定合理信息披露制度，提高监管效率，对高排放量的建筑业主从重从严处罚，促进建筑业主积极参与碳减排。

第六，加强宣传引导，大力引导建筑业主提高参与碳减排意识，鼓励建筑业主采纳绿色建筑技术。结合环境规制措施，通过强化生态绿色意识，绿色建筑示范试点工程评选等方法，推动建筑业主从被动参与到主动趋向选择采纳绿色建筑技术策略。

9.3 研究展望

本书针对环境规制对绿色建筑技术采纳的影响开展研究，获得相关研究结论。由于时间、精力和能力所限，本研究还存在一些不足，可以在以下方面持续深化研究：

第一，未考虑其他利益相关者在绿色建筑市场上发挥的影响作用。本书将政府和建筑业主作为博弈双方主体，但碳排放与绿色建筑的参与方较多，碳排放第三方审查机构、设计院、施工单位等多主体在促进绿色建筑发展、建筑碳减排也具有作用，未来可以考虑更多的参与方，构建多方博弈模型，进一步深化研究。

第二，本书涉及碳排放权交易仅限于建筑业，未将其他行业领域参与碳交易市场纳入分析范围。我国碳交易发展目标是建立全国范围内所有行业的统一碳交易市场，进一步研究中可以考虑建筑业碳交易衔接全国统一型碳交易市场下绿色建筑技术采纳的影响分析。

第三，目前碳排放权交易初始分配方式较多，主要有免费分配、拍卖以及两者混合型分配。本书仅涉及免费分配碳排放权方式，对其他两种分配方式未深入分析，对其他两种碳排放权交易的分配方式下采纳绿色建筑技术的影响有待进一步研究。

第四，我国目前还未开始实施碳税政策，本书研究提供了参考，但未考虑征收碳税时可能涉及的更多具体细节问题。在案例分析中采用的碳税税率是基于我国多位学者研究模型得出的数据，未来的研究可考虑收集已成功实施碳税政策的其他国家的数据样本进行进一步实证检验。

参 考 文 献

［1］中国城市科学研究会．中国绿色建筑（2020）［M］．中国城市出版社，2020.

［2］丹尼尔·F. 史普博．管制与市场［M］．上海人民出版社，1999.

［3］易余胤．基于演化博弈论的企业合作与背叛行为研究［M］．经济科学出版社，2009.

［4］乔根·W. 威布尔著．王永钦译．演化博弈论［M］．上海人民出版社，2015.

［5］约翰·梅纳德·史密斯著．潘春阳译．演化与博弈论［M］．复旦大学出版社，2008.

［6］王恩茂．工程经济学［M］．科学出版社，2010.

［7］李倩文，龙如银，陈红．普遍信任视角下城市居民绿色住宅支付意愿的影响因素：中国部分一线城市的证据［J］．系统工程理论与实践，2021，41（1）.

［8］曹申，董聪．绿色建筑全生命周期成本效益评价［J］．清华大学学报（自然科学版），2012，52（6）.

［9］朱昭，李艳蓉，陈辰．绿色建筑全生命周期节能增量成本与增量效益分析评价［J］．建筑经济，2018，39（4）.

［10］金占勇，孙金颖，刘长滨，等．基于外部性分析的绿色建筑经济激励政策设计［J］．建筑科学，2010，26（6）.

［11］占松林，韩青苗，刘长滨．基于行为选择理论的建筑节能市场需求影响因素分析［J］．北京交通大学学报（社会科学版），2009，8（1）.

［12］孟凡生，韩冰．政府环境规制对企业低碳技术创新行为的影响机

制研究 [J]. 预测, 2017, 36 (1).

[13] 马晓国, 熊向阳. 绿色建筑碳排放的计量与交易机制探讨 [J]. 统计与决策, 2015 (23).

[14] 计国君, 胡李妹. 考虑碳税的企业碳减排演化博弈分析 [J]. 统计与决策, 2015 (12).

[15] 冯威, Nina Z. Khanna, 等. 美国绿色建筑发展、经验及对中国的启示 [J]. 工业建筑, 2016, 46 (12).

[16] 施骞, 柴永斌. 推动我国绿色建筑发展的政策与措施分析 [J]. 建筑施工, 2006, 28 (3).

[17] 张瑶. 房地产开发企业绿色住宅绿标认证意愿影响因素研究 [D]. 西安建筑科技大学, 2019.

[18] 周强, 王海鹏, 薛海燕. 绿色建筑发展的驱动机制研究 [J]. 西安建筑科技大学学报 (社会科学版), 2019, 38 (1).

[19] 刘玉明. 北京市发展绿色建筑的激励政策研究 [J]. 北京交通大学学报 (社会科学版), 2012, 11 (2).

[20] 陈双, 庞宏威. 基于增量成本的绿色地产市场演化博弈研究 [J]. 湖北大学学报 (哲学社会科学版), 2013, 40 (5).

[21] 桑培东, 姚浩娜, 张琳. 绿色住宅利益相关者协同推广演化博弈 [J]. 土木工程与管理学报, 2019, 36 (4).

[22] 郭斌, 冯子芸. 动态博弈视角下绿色住宅激励模式优选研究 [J]. 生态经济, 2018, 34 (1).

[23] 梁喜, 付阳. 政府动态奖惩机制下绿色建筑供给侧演化博弈研究 [J]. 中国管理科学, 2021, 29 (2).

[24] 王莹, 张路平. 绿色住宅市场激励政策优化仿真研究——以西安市为例 [J]. 系统工程, 2018, 36 (5).

[25] 臧朋, 邵必林. 生态视角下的绿色建筑评价方法研究 [J]. 建筑科学, 2014, 30 (2).

[26] 何小雨, 杨璐萍, 吴韬, 等. 群层次分析法和证据推理法在绿色建筑评价中的应用 [J]. 系统工程, 2016, 34 (2).

[27] 赵华, 张峰, 王嘉惺. 发展绿色建筑的环境效益分析 [J]. 施工技术, 2017, 46 (S2).

[28] 李秀珍. 低碳概念下的绿色建筑设计策略 [J]. 产业创新研究, 2020 (16).

[29] 陈奕, 宋晨, 谢鹏程, 等. 绿色办公建筑碳排放分析 [J]. 建设科技, 2019 (Z1).

[30] 毛艳辉, 王云海. 基于碳排放的绿色建筑容积率奖励额度测算 [J]. 建筑经济, 2016, 37 (6).

[31] 刘科, 冷嘉伟. 亚洲绿色建筑评价体系 CO_2 减排指标比较研究 [J]. 建筑技艺, 2020 (7).

[32] 郭春梅, 黄梦娜, 楚尚玲. 绿色公共建筑运营阶段二氧化碳排放量分析 [J]. 系统工程, 2018, 36 (5).

[33] 翟博文, 陈辉林, 马丽丽. 绿色建筑增量成本可视化设计与应用研究 [J]. 建筑经济, 2019, 40 (4).

[34] 熊峰, 蔺玥, 涂淑琪. 基于 CASBEE 的绿色建筑市场价值评估 [J]. 深圳大学学报 (理工版), 2016, 33 (2).

[35] 马晓国. 基于实物期权的绿色建筑增量成本效益评价 [J]. 技术经济与管理研究, 2015 (5).

[36] 靳家佳, 郝生跃. 节能建筑推广利益相关者行为分析 [J]. 工程管理学报, 2012, 26 (4).

[37] 马素贞, 孙大明, 邵文晞. 绿色建筑技术增量成本分析 [J]. 建筑科学, 2010, 26 (6).

[38] 赵华, 张峰, 高立新, 等. 绿色建筑部品全生命周期成本与效益评价方法研究 [J]. 施工技术, 2011, 40 (23).

[39] 陈小龙, 刘小兵. 交易成本对开发商绿色建筑开发决策的影响 [J]. 同济大学学报 (自然科学版), 2015, 43 (1).

[40] 黄定轩, 陈梦娇, 黎昌贵. 绿色建筑项目供给侧主体行为演化博弈分析 [J]. 桂林理工大学学报, 2019, 39 (2).

[41] 张波. 政府规制理论的演进逻辑与善治政府之生成 [J]. 求索, 2010 (8).

[42] 熊鹰, 徐翔. 政府环境监管与企业污染治理的博弈分析及对策研究 [J]. 云南社会科学, 2007 (4).

[43] 姜亚, 马艳娜, 付文磊. 环境规制对区域生态效率的影响研究

[J]. 企业科技与发展，2018 (8).

[44] 肖璐. FDI 与发展中东道国环境规制的关系研究 [D]. 江西财经大学，2010.

[45] 王分棉，贺佳，孙宛霖. 命令型环境规制、ISO 14001 认证与企业绿色创新——基于《环境空气质量标准 (2012)》的准自然实验 [J]. 中国软科学，2021 (9).

[46] 张嫚. 环境规制与企业行为间的关联机制研究 [J]. 财经问题研究，2005 (4).

[47] 原毅军，谢荣辉. 环境规制的产业结构调整效应研究——基于中国省际面板数据的实证检验 [J]. 中国工业经济，2014 (8).

[48] 周海华，王双龙. 正式与非正式的环境规制对企业绿色创新的影响机制研究 [J]. 软科学，2016，30 (8).

[49] 赵玉民，朱方明，贺立龙. 环境规制的界定、分类与演进研究 [J]. 中国人口·资源与环境，2009，19 (6).

[50] 董景荣，张文卿，陈宇科. 环境规制工具、政府支持对绿色技术创新的影响研究 [J]. 产业经济研究，2021 (3).

[51] 马富萍，茶娜. 环境规制对技术创新绩效的影响研究——制度环境的调节作用 [J]. 研究与发展管理，2012，24 (1).

[52] 丁潇君，房雅婷. 中国环境规制与绿色创新关系研究——基于元分析方法的实证分析 [J]. 价格理论与实践，2018 (6).

[53] 王红梅. 中国环境规制政策工具的比较与选择——基于贝叶斯模型平均 (BMA) 方法的实证研究 [J]. 中国人口·资源与环境，2016 (9).

[54] 贾瑞跃，赵定涛. 工业污染控制绩效评价模型：基于环境规制视角的实证研究 [J]. 系统工程，2012，30 (6).

[55] 胡珺，黄楠，沈洪涛. 市场激励型环境规制可以推动企业技术创新吗？——基于中国碳排放权交易机制的自然实验 [J]. 金融研究，2020 (1).

[56] 王丹舟，王心然，李俞广. 国外碳税征收经验与借鉴 [J]. 中国人口·资源与环境，2018，28 (S1).

[57] 刘畅，杜伟，庞淑娟. 征收碳税对我国二氧化碳减排的影响 [J]. 中国能源，2014，36 (9).

[58] 徐文成，毛彦军．碳税改革的低碳发展效应［J］．北京理工大学学报（社会科学版），2019，21（2）．

[59] 白玮．我国建筑节能经济激励政策初探［J］．暖通空调，2009，39（12）．

[60] 孙建．环保政策、技术创新与碳排放强度动态效应——基于三部门DSGE模型的模拟分析［J］．重庆大学学报（社会科学版），2020，26（2）．

[61] 王坤，赵道致．差异碳税下企业的最优生产和减排决策研究［J］．软科学，2014，28（8）．

[62] 黄欣，袁志杰．基于微分博弈理论下的碳税减排策略分析［J］．合肥工业大学学报（自然科学版），2019，42（2）．

[63] 许士春，张文文．不同返还情景下碳税对中国经济影响及减排效果——基于动态CGE的模拟分析［J］．中国人口·资源与环境，2016，26（12）．

[64] 倪娟．碳税与碳排放权交易机制研析［J］．税务研究，2016（4）．

[65] 鲁书伶，白彦锋．碳税国际实践及其对我国2030年前实现“碳达峰”目标的启示［J］．国际税收，2021，（12）．

[66] 陈小龙，刘小兵．基于碳税/补贴的建筑碳排放管制政策研究——以欧盟的建筑碳排放政策为例［J］．城市发展研究，2013，20（10）．

[67] 张涑贤，路明．碳税政策下建筑企业工程项目决策［J］．科技管理研究，2014，34（23）．

[68] 杨亚萍，谢颖．开征碳税对建筑业发展的预期影响［J］．经济师，2014（11）．

[69] 卫志民．中国碳排放权交易市场的发展现状、国际经验与路径选择［J］．求是学刊，2015，42（5）．

[70] 胡东滨，汪静，陈晓红．配额免费分配法下市场结构对碳交易市场运行效率的影响［J］．中国人口·资源与环境，2017，27（2）．

[71] 朱磊，梁壮，谢俊，等．全国统一碳市场对电力行业减排的影响分析［J］．环境经济研究，2019，4（2）．

[72] 陈晓红，胡维，王陟昀．自愿减排碳交易市场价格影响因素实证研究——以美国芝加哥气候交易所（CCX）为例［J］．中国管理科学，

2013，21（4）.

［73］马晓明，郇洵，谷硕，等.基于LMDI的中国建筑碳排放增长影响因素研究［J］.现代管理科学，2016（11）.

［74］张涑贤，郭朦朦.公共建筑碳排放权交易体系研究［J］.生态经济，2016，32（4）.

［75］丁勇，王雨，白佳令，等.建筑碳交易过程的碳排放核算［J］.建筑节能，2019，47（3）.

［76］郑生钦，司红运，姜永生，等.既有公共建筑碳减排激励政策影响［J］.土木工程与管理学报，2017，34（1）.

［77］李月寒，胡静，刘佳.面向碳交易的上海市建筑运营维护阶段碳排放基准线研究［J］.环境与可持续发展，2019，44（3）.

［78］徐盈之，吕璐.基于投入产出分析的我国碳减排责任分配优化研究［J］.东南大学学报（哲学社会科学版），2014，16（3）.

［79］魏琦，李东亮.基于碳交易的房地产企业与购房者双赢机制设计［J］.南方金融，2019（2）.

［80］李健，朴胜任.个人碳交易模式和运行机制研究［J］.干旱区资源与环境，2014，28（10）.

［81］郭道燕，陈红，龙如银.消费端碳交易市场中政府初始碳配额分配策略研究——基于政府和家庭演化博弈的视角［J］.中国人口·资源与环境，2018，28（4）.

［82］周广来，鹿翠.房地产开发项目碳减排能力评价［J］.建筑节能，2015，43（4）.

［83］高沂，刘晓君.基于成本效率的绿色建筑碳排放权的确定和分配［J］.西安建筑科技大学学报（自然科学版），2016，48（5）.

［84］高泉平.低碳理念下绿色建筑的经济效益分析［J］.武汉理工大学学报，2010，32（15）.

［85］娄秉文，万丁乙.中小企业低碳技术创新与政府行为演化博弈［J］.中国集体经济，2019（30）.

［86］陈立文，赵士雯，张志静.绿色建筑发展相关驱动因素研究——一个文献综述［J］.资源开发与市场，2018，34（9）.

［87］郝晨宇.政策工具对绿色建筑开发意愿的影响研究［D］.西安建

筑科技大学，2017.

[88] 阳扬．我国绿色建筑的政策影响力研究［D］．华东师范大学，2013.

[89] 张建国，谷立静．房地产企业开发绿色建筑的影响因素和对策建议［J］．中国能源，2014，36（2）.

[90] 刘晓君，贺丽，胡伟，刘梁．中国绿色建筑全产业链政策评价［J］．城市问题，2019（6）.

[91] 徐佳，沈其明．制约绿色建筑发展的原因及策略分析［J］．重庆交通大学学报，2008，27（1）.

[92] 王肖文，刘伊生．绿色住宅市场化发展驱动机理及其实证研究［J］．系统工程理论与实践，2014，34（9）.

[93] 牛犇，杨杰．我国绿色建筑政策法规分析与思考［J］．东岳论丛，2011，32（10）.

[94] 周珂，尹兵．我国低碳建筑发展的政策与法律分析［J］．新视野，2010（6）.

[95] 刘俊颖，何溪．房地产企业开发绿色建筑项目的影响因素［J］．国际经济合作，2011（3）.

[96] 林敏．绿色住宅发展初期的财政补贴细则研究［J］．生态经济，2014，30（4）.

[97] 开彦，万育玲，陈大鹏．中美绿色建筑激励政策绩效的国际化比较［J］．住宅产业，2011（4）.

[98] 孙昭．S市绿色建筑发展问题及政策研究［D］．辽宁师范大学，2019.

[99] 徐振强．我国省级地方政府绿色建筑激励政策研究与顶层政策设计建议［J］．建设科技，2014（2）.

[100] 程彦，黄俊璋．绿色建筑政策的发展与比较［J］．施工技术，2017，46（12）.

[101] 王嘉，郭立德．总量约束条件下城市更新项目空间增量分配方法探析——以深圳市华强北地区城市更新实践为例［J］．城市规划学刊，2010（S1）.

[102] 毛晓杰，徐扬，关国恒．国际碳中和背景下我国开征碳税的策

略选择 [J]. 银行家, 2022 (1).

[103] 魏立佳, 彭妍, 刘潇. 碳市场的稳定机制: 一项实验经济学研究 [J]. 中国工业经济, 2018 (4).

[104] 刘云霞, 卢昱杰. 政策工具协同视角下新加坡政府绿色建筑促进政策 [J]. 政府治理评论, 2018, 4 (2).

[105] 于春普. 关于推动绿色建筑设计的思考 [J]. 建筑学报, 2003 (10).

[106] 温忠麟, 叶宝娟. 中介效应分析: 方法和模型发展 [J]. 心理科学进展, 2014, 22 (5).

[107] 李高扬, 刘明广. 房地产项目质量监管的演化博弈分析 [J]. 项目管理技术, 2013, 11 (9).

[108] 焦建玲, 陈洁, 李兰兰, 李方一. 碳减排奖惩机制下地方政府和企业行为演化博弈分析 [J]. 中国管理科学, 2017, 25 (10).

[109] 姚昕, 刘希颖. 基于增长视角的中国最优碳税研究 [J]. 经济研究, 2010, 45 (11).

[110] 陈立文, 赵士雯, 张志静. 绿色建筑发展相关驱动因素研究——一个文献综述 [J]. 资源开发与市场, 2018, 34 (9).

[111] 仇保兴. 城市碳中和与绿色建筑 [J]. 城市发展研究, 2021, 28 (7).

[112] 宋月箫, 庄驰, 侯云, 刘慧远, 郭奇. 绿色节能建筑领域中国专利申请状况分析 [J]. 中国发明与专利, 2013 (8).

[113] 吴津东, 翁建涛, 滕逢时, 汤一凡. 浙江省绿色建筑的发展和技术应用 [J]. 科技导报, 2021, 39 (15).

[114] 张凯, 陆玉梅, 陆海曙. 双碳目标背景下我国绿色建筑高质量发展对策研究 [J]. 建筑经济, 2022, 43 (3).

[115] 徐迎, 张薇. 专利与技术创新的关系研究 [J]. 图书情报工作, 2013, 57 (19).

[116] 何培育, 刘艳文. 我国智能网联汽车产业专利合作网络结构及演化研究 [J]. 世界科技研究与发展, 2022, 44 (5).

[117] 李楠楠. 绿色建筑全寿命周期增量成本的综合效益分析 [D]. 东北财经大学, 2012.

［118］焦琳璐. 住房全生命周期成本分析及国际比较［D］. 江苏科技大学，2019.

［119］梁潘好. 房地产项目绿色管理模式的应用分析［D］. 华南理工大学，2009.

［120］任燕. 碳减排视角下的绿色建筑成本效益评价研究［D］. 北京交通大学，2017.

［121］强国凤. 绿色建筑政策供需匹配研究——以陕西省为例［D］. 西安建筑科技大学，2020.

［122］曾华华. 房地产企业绿色建筑开发意愿影响因素研究［D］. 浙江大学，2013.

［123］马辉. 绿色住宅驱动因素及调控机制研究［D］. 天津大学，2010.

［124］康骁. 基于演化博弈的中国住宅产业化激励政策研究［D］. 北京交通大学，2018.

［125］许沛. 绿色建筑节能经济性评价及其敏感性分析研究［D］. 上海交通大学，2017.

［126］以人为本推进绿色建筑高质量发展 解读新版《绿色建筑评价标准》［EB/OL］. 中国建设新闻网 . 2019 – 08 – 02.

［127］中华人民共和国住房和城乡建设部 . GB/T50378 – 2019. 中华人民共和国国家标准——量与单位. 中国建筑工业出版社，2019 – 08 – 01.

［128］Soleri Paolo. Arcology：cities in the image of man［M］. MIT Press，1969.

［129］Salamon L M. The tools of government：A guide to new governance［M］. Oxford University Press，2002.

［130］Lisa Fay Matthiessen，Peter Morris. Costing green：A comprehensive cost database and budgeting methodology［J］. Davis Langdon，2004.

［131］Zhang X，Platten A，Shen L. Green property development practice in China：Costs and barriers［J］. Building and Environment，2011，46（11）.

［132］Hyun Seok Kim and Won W. Koo. Factors affecting the carbon allowance market in the US［J］. Energy Policy，2009，38（4）.

［133］Meltzer J. A carbon tax as a driver of green technology innovation and the implications for international trade [J]. Energy Law Journal, 2014, 35 (1).

[134] Edwin H. W. Chan, Queena K. Qian, Patrick T. I. Lam. The market for green building in developed Asian cities—the perspectives of building designers [J]. Energy Policy, 2009, 37 (8).

[135] Olanipekun Ayokunle Olubunmi, Paul Bo Xia, Martin Skitmore. Green building incentives: A review [J]. Renewable and Sustainable Energy Reviews, 2016, 59.

[136] He L H, Chen L Y. The incentive effects of different government subsidy policies on green buildings [J]. Renewable and Sustainable Energy Reviews, 2021, 135.

[137] Yihui Tian, Kannan Govindanb. A system dynamics model based on evolutionary game theory for green supply chain management diffusion among Chinese manufacturers [J]. Journal of Cleaner Production, 2014, 80.

[138] Kuo C F J, Lin C H, Hsu M W, et al. Evaluation of intelligent green building policies in Taiwan—Using fuzzy analytic hierarchical process and fuzzy transformation matrix [J]. Energy and Buildings, 2017, 139.

[139] González A B R, Díaz J J V, Wilby M R. Dedicated tax/subsidy scheme for reducing emissions by promoting innovation in buildings: the eco – tax [J]. Energy Policy, 2012, 51 (4).

[140] Park S. Evaluating the efficiency and productivity change within government subsidy recipients of a national technology innovation research and development program [J]. R&D Management, 2014, 45 (5).

[141] Ka Yan Mok, Geoffrey Qiping Shen, Rebecca Yang. Stakeholder complexity in large scale green building projects [J]. Engineering, Construction and Architectural Management, 2018, 25 (11).

[142] Rakhyun Kim, Sungho Tae, Seungjun Roh. Development of low carbon durability design for greenapartment buildings in South Korea [J]. Renewable and Sustainable Energy Reviews, 2017, 77.

[143] Zhao X, Yin H, Zhao Y. Impact of environmental regulations on the efficiency and CO_2, emissions of power plants in China [J]. Applied Energy, 2015, 149.

[144] Pearce D. The role of carbon taxes in adjusting to global warming [J]. Economic Journal, 1991, 101.

[145] Ralf Martin and Laure B. de Preux and Ulrich J. Wagner. The impact of a carbon tax on manufacturing: Evidence from microdata [J]. Journal of Public Economics, 2014, 117.

[146] Chunjie Chi and Tieju Ma and Bing Zhu. Towards a low – carbon economy: Coping with technological bifurcations with a carbon tax [J]. Energy Economics, 2012, 34 (6).

[147] Xaquin Garcia – Muros, Anil Markandys, Desiderio Romero – Jordan, et al. The distributiongal effects of carbon – based food taxes [J]. Journal of Cleaner Production, 2017, 140.

[148] Carolyn Fischer, Michael Springborn. Emissions targets and the real business cycle: Intensity targets versus caps or taxes [J]. Journal of Environmental Economics and Management, 2011, 62 (3).

[149] Qingwei Shi, Hong Ren, Weiguang Cai, et al. How to set the proper level of carbon tax in the context of Chinese construction sector? A CGE analysis [J]. Journal of Cleaner Production, 2019, 240.

[150] Tsai W H, Yang C H , Huang C T, et al. The impact of the carbon tax policy on green building strategy [J]. Journal of Environmental Planning and Management, 2017, 60 (8).

[151] Yucai Hu, Shenggang Ren, Yangjie Wang, et al. Can carbon emission trading scheme achieve energy conservation and emission reduction? Evidence from the industrial sector in China [J]. Energy Economics, 2020, 85.

[152] Haijun Zhang, Maosheng Duan, Zhe Deng. Have China's pilot emissions trading schemes promoted carbon emission reductions? —the evidence from industrial sub – sectors at the provincial level [J]. Journal of Cleaner Production, 2019, 234.

[153] Bjart Holtsmark, Ottar Mæstad. Emission trading under the Kyoto Protocol—effects on fossil fuel markets under alternative regimes [J]. Energy Policy, 2002, 30 (3).

[154] Congjun Rao, Yong Zhao, Chuanfeng Li. Asymmetric Nash equilib-

rium in emission rights auctions [J]. Technological Forecasting & Social Change, 2012, 79 (3).

[155] Shen L Y, Song X N, Wu Y, Liao S J, Zhang X L. Interpretive structural modeling based factor analysis on the implementation of emission trading system in the Chinese building sector [J]. Journal of Cleaner Production, 2016, 127.

[156] Zhu Q, Sarkis J, Lai K H. Institutional - based antecedents and performance outcomes of internal and external green supply chain management practices [J]. Journal of Purchasing and Supply Management, 2017, 19 (2).

[157] Mohammad, Izran Sarrazin, Zainol, Nurul Nadiah. Critical factors that lead to green building operations and maintenance problems in Malaysia [J]. Theoretical and Empirical Researches in Urban Management, 2014 (2).

[158] Darko A, Chan A P C. Strategies to promote green building technologies adoption in developing countries: The case of Ghana [J]. Building and Environment, 2018, 130.

[159] Shazmin S A A, Sipan I, Sapri M. Property tax assessment incentive for green building: A review [J]. Renewable and Sustainable Energy Reviews, 2016, 60.

[160] Chen C, Pearlmutter D, Schwartz M. A Game theory—based assessment of the implementation of green building in Israel [J]. Building & Environment, 2017: 125.

[161] Michael Sauer, Khalid Siddiqi. Incentives for green residential construction [J]. Construction Research Congress: Building A Sustainable Future 2009.

[162] Zhonglin Wen, Herbert W. Marsh, Kit - Tai Hau. Structural equation models of latent interactions: An appropriate standardized solution and its scale - free properties [J]. Structural Equation Modeling: A Multidisciplinary Journal, 2010, 17 (1).

[163] Carlos P. Roca and José A. Cuesta and Angel Sάnchez. Evolutionary game theory: Temporal and spatial effects beyond replicator dynamics [J]. Physics of Life Reviews, 2009, 6 (4).

[164] Maynard Smith J, Price G R. The logic of animal conflicts [J]. Nature, 1973 (246).

[165] Taylor Peter D, Jonker Leo B. Evolutionary stable strategies and game dynamics [J]. Mathematical Biosciences, 1978, 40 (1 -2).

附　　录

环境规制对绿色建筑技术采纳的影响研究调查问卷

尊敬的女士/先生：

您好！我们是福建工程学院“环境规制对绿色建筑技术采纳的影响研究”课题组，正在开展绿色建筑的相关研究，非常荣幸邀请您参加此次问卷调查，调查不记名，数据和资料仅用于学术研究，感谢您为我们提供宝贵见解。祝您工作顺利，生活愉快！

一、基本信息

请在对应框中打钩。

1. 年龄：[单选题]

○≤30 岁　○31~40 岁　○41~50 岁　○51 岁及以上

2. 在相关领域的工作年限：[单选题]

○≤5 年　○6~10 年　○11~15 年　○15~20 年　○>20 年

3. 工作岗位：[单选题]

○高层管理者　○中层管理者　○基层人员　○其他：________

4. 执业资格、职称（可多选）：[多选题]

○国家一级注册执业资格　○国家二级注册执业资格　○高级职称　○中级职称　○其他________

5. 学历程度：[单选题]

○硕士及以上　○本科　○大专　○其他________

6. 所在单位的类型：[单选题]

○建设单位　○施工单位　○设计单位　○监理单位　○政府部门　○科研部门　○高校　○物业管理单位　○其他________

7. 所在单位主营业务收入：[单选题]（如果是建设单位、施工单位、设计单位、监理单位、物业管理部门请填此题，其他类型可不填）

○≤10 亿　○10～20 亿　○20～50 亿　○50～100 亿　○ >100 亿

8. 所在单位的性质：[单选题]

○央企　○国企　○民企　○其他：________

9. 所在单位拥有：[多选题]

○国家高新技术企业　○国家级产业基地

○国家级试验室　○省级企业技术中心

○省级实验室　○其他________

10. 您认为所在企业对工程技术创新投入和重视程度：[单选题]

○非常重视　○比较重视　○一般重视　○比较不重视　○非常不重视

二、了解程度

请在对应框中打钩。

1. 对绿色建筑技术的了解程度：[单选题]

○非常了解　○比较了解　○一般了解　○比较不了解

○非常不了解

2. 对绿色建筑现行政策了解程度：[单选题]

○非常了解　○比较了解　○一般了解　○比较不了解

○非常不了解

3. 参与的绿色建筑项目的数量：[单选题]

○未参与过　○1 个　○2～4 个　○5 个以上

4. 参与的绿色建筑项目星级：（可多选）（上题填写“未参与过”这题跳过不填）[多选题]

○三星级　○二星级　○一星级　○其他绿色建筑评定或奖________

三、绿色建筑技术采纳的影响因素

请按照您的经验，做出判断以下因素对推动绿色建筑技术采纳的影响程度，并在对应框中打钩。影响程度分为：非常大、比较大、一般、小、非常小。

1. 政府颁布的现行法律法规的影响程度：[单选题]

○非常大　○比较大　○一般　○小　○非常小

2. 政府颁布的现行强制性规划、设计标准的影响程度：[单选题]

○非常大　○比较大　○一般　○小　○非常小

3. 政府对不采纳绿色建筑技术进行惩罚的影响程度：[单选题]

○非常大　○比较大　○一般　○小　○非常小

4. 现行财政补贴的影响程度：[单选题]

○非常大　○比较大　○一般　○小　○非常小

5. 现行税收优惠的影响程度：[单选题]

○非常大　○比较大　○一般　○小　○非常小

6. 现行信贷优惠的影响程度：[单选题]

○非常大　○比较大　○一般　○小　○非常小

7. 现行容积率优惠的影响程度：[单选题]

○非常大　○比较大　○一般　○小　○非常小

8. 现行返还城市配套费的影响程度：[单选题]

○非常大　○比较大　○一般　○小　○非常小

9. 征收碳税制度的影响程度：[单选题]

○非常大　○比较大　○一般　○小　○非常小

10. 实行碳交易制度的影响程度：[单选题]

○非常大　○比较大　○一般　○小　○非常小

11. 制定绿色建筑发展规划的影响程度：[单选题]

○非常大　○比较大　○一般　○小　○非常小

12. 加大宣传力度的影响程度：[单选题]

○非常大　○比较大　○一般　○小　○非常小

13. 示范试点工程的影响程度：[单选题]

○非常大　○比较大　○一般　○小　○非常小

14. 加大绿色建筑技术人才培养的影响程度：[单选题]

○非常大　○比较大　○一般　○小　○非常小

15. 参与方（包括设计单位、供应商、施工单位等）能力与水平的影响程度：[单选题]

○非常大　○比较大　○一般　○小　○非常小

16. 企业的资金资源的影响程度：[单选题]

○非常大　○比较大　○一般　○小　○非常小

17. 企业的绿色环保意识的影响程度：[单选题]

○非常大　○比较大　○一般　○小　○非常小

四、绿色建筑技术采纳的意愿

请在对应框中打钩。

1. 在绿色建筑技术研发与运用维护中投入资金的意愿：[单选题]

○非常大　○比较大　○一般　○小　○非常小

2. 给采纳绿色建筑技术的项目享受各类资源的优先权的意愿：[单选题]

○非常大　○比较大　○一般　○小　○非常小

3. 在建筑项目中提高绿色建筑技术运用的占比的意愿：[单选题]

○非常大　○比较大　○一般　○小　○非常小

4. 提高建筑项目的绿色性能要求的意愿：[单选题]

○非常大　○比较大　○一般　○小　○非常小

5. 将绿色建筑技术的采纳作为长期发展目标与战略的意愿：[单选题]

○非常大　○比较大　○一般　○小　○非常小

若您对本研究有其他建议，请不吝指点，我们将感激不尽，您的建议：[填空题]

____

问卷到此结束，再次感谢您的支持。祝工作顺利！